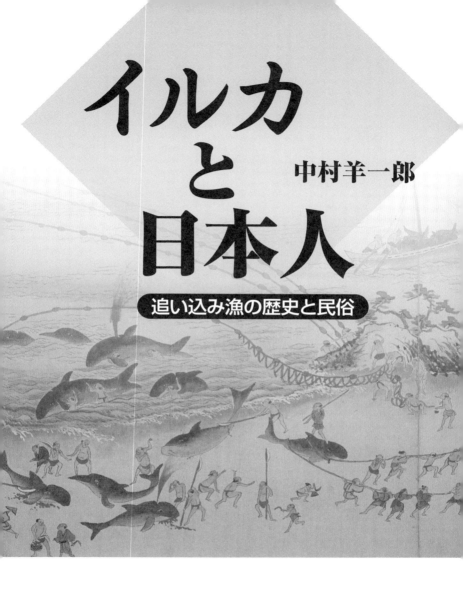

イルカと日本人

追い込み漁の歴史と民俗

中村羊一郎

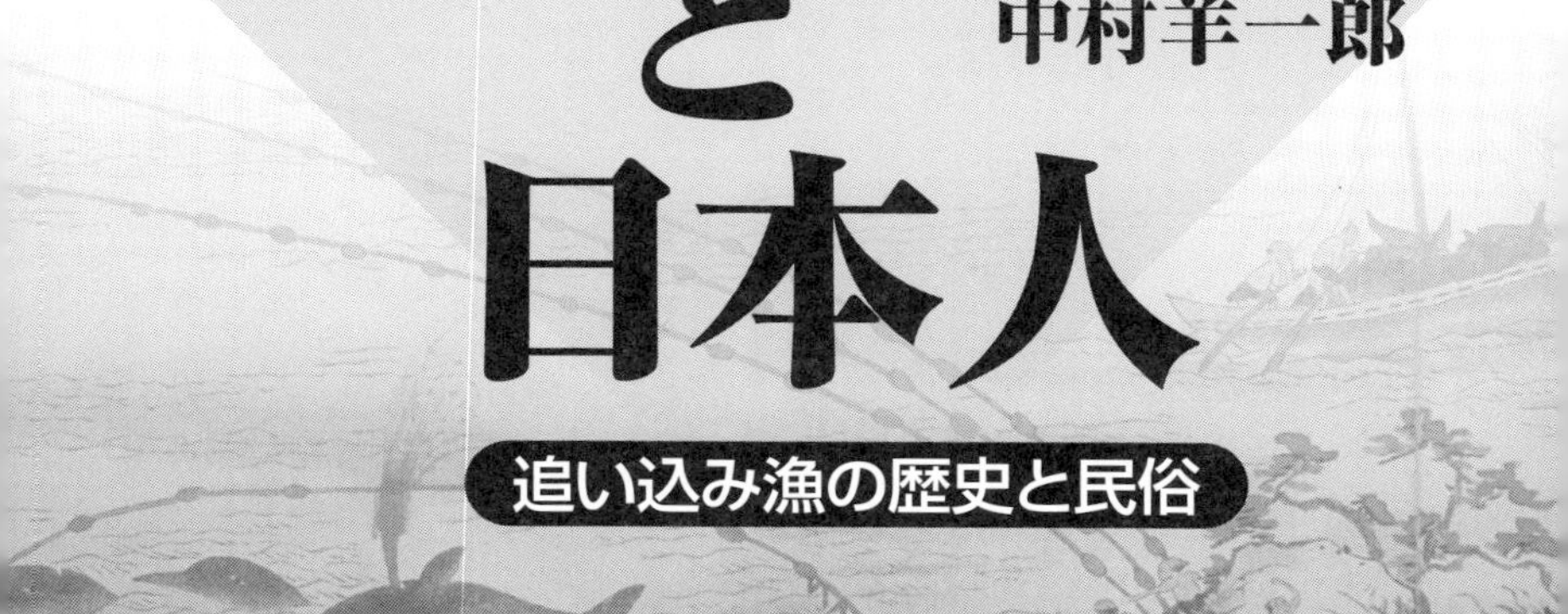

吉川弘文館

はじめに

イルカ追い込み漁

イルカといえば真っ先に思い浮かぶのが水族館のイルカショーだ。見事なジャンプに観客は拍手喝采、最近は前列に座り、あえて水をかけられるのが流行りで、簡易雨具を着て叫ぶことを楽しむ人が増えている。ところが、平成二十七年（二〇一五）五月十日、この人気者が見られなくなるかもしれないというニュースが流れた。世界動物園水族館協会が、日本の水族館が和歌山県太地《たいじ》町の追い込み漁で捕獲したイルカを入手しているのは倫理規範違反であるとして、動物園と水族館からなる日本の協会の会員資格を停止したというのである。

太地は現在日本でイルカの追い込み漁を行っている唯一の町で、捕獲したイルカは食用として販売されるほか、生体として国内外の水族館などの施設に売却されている。追い込み漁というのは、イルカの群れを沖合から入り江に追い込み、網で囲い込んで捕獲するという漁法で、かつては全国各地で行われていた。太地の追い込み漁は映画「ザ・コーヴ」で一方的に批判されていたから、今回の措置は、その延長線上の出来事に違いないと思った人も多いだろう。世界協会から除名されると、希少動物の繁殖や交換といった動物園の本来の目的を達成するネットワークの外に追いやられてしまう。これでは太地での追い込み漁の歴史や住民の生活文化を云々するまでもない。停止措置を受け入れるかどうかという会員投票の結果は予想通りであった。同月二十一日の朝刊各紙のほとんどが一面でこの結果を報じており、見出しもほぼ同じだった。すなわち「追い込み漁イルカ入手断念」に続き、それぞれ社会面において水族館のコメント、太地の反応などを書いていたが、この決定は止むを得ないというのが基本的な論調である。しかしこの出来事は、単にイルカの追い込み漁継続の当否が問われたということではない。この背景には、野生動物保護さらには動物の権利・福祉を叫ぶ世界的な運動がある。もっとも親しみやすく、知能も高い動物とされているイルカは、このような運動にとって戦略的に格好の素材となっているのである。

イルカ殺しとイルカ食

イルカ漁に対しては、それに批判的な立場から「イルカ殺し」という言い方が早くからなされている。たとえば藤原英司は、『海からの使者イルカ』において、「日本人とイルカ—皆殺しの歴史」という項をたて、静岡県伊東市の富戸《ふと》や川奈《かわな》、同県賀茂郡安良里《あらり》など伊豆半島各港でのイルカ漁における「イルカ殺し」を厳しく糾弾している。しかし、この刺激的な言い回しは、人殺しに通じる倫理的な価値観を連想させるものである。少なくとも江戸時代から伊豆各地で生業の一部として継続されてきたイルカ追い込み漁に対する冷静な表現とはいえない。イルカ漁が絶対的な悪行であるということを前提にしているからだ。来日のもとで動物を殺すことは必ずしも禁忌ではない。中国や東南アジアでは、春節を前にしてご馳走となる豚を殺すところを子どもたちが周りで見守っている。主婦たちは豚の腹腔に溜まった血液を器に汲みとる。小腸に詰めてソーセージ状にするのである。そこには一片の惻隠《そくいん》の情《じょう》もない。これを見て「豚殺し」というような感情は全く湧かなかった。野生動物なら不可、飼育下にあるなら可、という区分に説得力はない。

ヒトは他の生き物の生命を断つことで初めて生存が可能であり、そこではヒト以外、すべての生命体が対象になる。静岡市に生まれ育った私は幼児期から当たり前のおかずとしてイルカを食べてきた。ところが、進学して他県の友人との間で、イルカを食べるということが話題になったとき、なんて野蛮なんだと馬鹿にされた。大げさに言えば食文化の地域性を、きつい言葉で否定されたのである。しかし、イルカは決して静岡県だけで食材とされているわけではない。解剖学者で鯨類の研究者でもあった小川鼎三《ていぞう》は塩釜《しおがま》や石巻《いしのまき》など東北地方の魚市場でイルカを入手して研究をスタートさせており、また太平洋戦争中には東京の一流レストランでイルカが出されたと書いている。明治中期には伊豆で捕れたイルカが小田原・東京に出荷されていた記録もある。日本各地でイルカ漁が行われ、長きにわたってイルカを捕獲し、食卓に載せてきたのである。

イルカ漁に対する批判が国の内外からこれまでにないほど高まっている今、賛否両論、いずれの立場にかかわらず冷静な判断を下すために、日本人はイルカとどのような関係を持ち続けてきたのか、その実態を詳しく知ることが必要である。いまから二〇年くらい前、日本にはイルカブームが起きていた。すでに昭和四十一年（一九六六）からテレビで「わんぱくフリッパー」が放映されてイルカ人気は高まっていたが、神経生理学者ジョン・C・リリーによる『イルカと話す日』が一九九四年に出版され、異種間コミュニケーションの可能性に期待が寄せられるようになった。「イルカはなんとか私たちとコミュニケーションをかわそうとしている」というのがこの本の趣旨であった。これに呼応するかのように美しいイルカ写真集も次々と刊行され、いっぽうでは、イルカと接することで癒しを得るというヒーリングも流行し、さらにはイルカと泳ぐことで癌がなおったというような、一種の「イルカ教」ともいえそうな書籍も続々と刊行された。

その後、イルカとの会話の可能性はほとんど話題にならなくなったが、ヨーロッパ人が古代から継承してきたイルカ聖視の意識のもとに、環境問題の象徴的存在、あるいは野生動物保護運動の核心としての位置づけがなされるようになって、冒頭に示したような状況を生み出している。

イルカの集団自殺

水族館のイルカ問題が報じられるちょうど一ヵ月前の平成二十七年（二〇一五）四月十日、茨城県鉾田《ほこた》市の海岸に一五〇頭ほどのイルカが乗り上げているのが発見された。体長二メートルほどのカズハゴンドウという種類で、生態など不明なことが多い。地元民が集まってきてなんとか救いたいと、水をかけたり濡れタオルをかぶせたり、あるいは海に戻そうと力を合わせている様子が報道された。しかしせっかく波のなかに戻してやっても自力で沖に向かう力はなく、ほとんどが死んでしまった。数頭が海上保安庁の船に乗せられて海に還ったものの、残されたおびただしい死骸は砂に埋めるしかなかった。このあたりの海岸にイルカが座礁することは珍しくない。平成十三年二月には同県波崎町《はさきまち》（現神栖《かみす》市）の海岸にやはりカズハゴンドウ五三頭が打ち上げられ、数頭が近くの大洗《おおあらい》水族館に運ばれたが、「海の恵みじゃ」としてきれいに解体されてしまった個体もあったと写真週刊誌が報じている。

このように鯨類が自ら海浜に乗り上げて死んでしまうことをストランディング（座礁）といい、決して珍しい出来事ではない。世界のあちこちでクジラやイルカのストランディングが報じられていて、どこでもボランティアが救助を試みるものの、たいていは徒労に終わっている。日本鯨類研究所のホームページには明治三十四年（一九〇一）から平成二十四年（二〇一二）にわたる都道府県別のストランディングレコードが掲載されており、こうした現象が決して稀有なものではないことがわかる。

ではなぜ、このような事態が起こるのか。いろんな原因が想定されているが答えは見つかっていない。イルカは超音波を発して外界の情報を得ているので、地磁気の変化などでその受信システムが狂ったのではないかとか、群れのリーダーが方向を間違えたのではとか、寄生虫によって方向感覚が狂ったとか、さまざまな見解が出されている。大量のストランディングに対して「イルカの集団自殺」という、ショッキングな表現もされるが、イルカが群れごと自らの意思で死を選ぶということは、たぶん無いだろう。

寄り鯨

平成十二年（二〇〇〇）の四月六日、静岡県大須賀町《おおすかちょう》（現掛川市《かけがわ》）の海岸に大きなマッコウクジラがストランディングしたことがあった。そのころ筆者は高校の校長をしていて翌七日が入学式であった。テレビニュースやラジオで刻々と救助作戦の様子が報道される。どうしても現場を見たい。入学式が終わるや礼服をジーンズに着替えて車を飛ばした。上空にはヘリが舞っている。残念ながら現場到着前にカーラジオからクジラは息を引き取りました（死んだとは言っていなかった）と聞こえてきたが、海岸についてみると、巨大なマッコウクジラが体を半分波に洗われながら横たわり、大勢の見物人が集まっていた。

この翌日、私は町長に会いに行った。なんとかこのクジラを骨格標本にして地元で展示できないだろうか。大須賀町は農業地帯で豊かな水田を背後に控えている。江戸時代、鯨油《げいゆ》は水田の害虫駆除のため広く使用され、藤枝《ふじえだ》市にあった田中藩では農民に鯨油を配給したという記録もある。鯨油と稲作との深い関係、というよりも海と農業との関わりを具体的に示す格好の教材になるし、観光的にも意味があるだろう。しかも鯨がやってきたのは、大須賀町民が熱狂する三熊野《みくまの》神社の祭礼当日だった。偶然ではあっても、鯨が祭囃子《まつりばやし》にひかれてやってきたという、いわば最高の物語性をもっているのである。残念ながらこの提言は採用されなかった。鯨は海岸に埋められ、のちクリーニングされた骨格が現在は東京の国立科学博物館に収蔵されている。

この時、町長から聞いた興味深い話を紹介しよう。鯨をなんとか救おうと大勢の人が海岸でバケツリレーをしていた最中に一人のおじいさんが空のバケツをもって町長室に現われた。町長が「あんたも鯨を助けに来たのか」と尋ねたら、「そうじゃない、おれの分け前をこれに入れてくれ」と言ったのである。海岸にクジラやイルカが漂着したとき、新鮮であれば肉を業者に販売し、同時に村人で分けあって食べる。これらは寄り物といい、天の恵みと考えられてきた。おじいさんが手にしていたバケツは、遠《えん》州灘《しゅうなだ》におけるこのような民俗を象徴していたのだった。

ひるがえって、さきの鉾田海岸におけるイルカ救出作戦の報道には、イルカを食用として配分したという記事は見られなかった。たぶんそういう話はなかったからだろう。そこでもうひとつ思い出すのが、これよりもさらに一〇年前、平成二年（一九九〇）十一月三日、九州五島《ごとう》列島の福江島《ふくえじま》（長崎県五島市）三井楽《みいらく》に五〇〇頭にのぼるイルカが上陸したので、地元民が海岸に集結し、争ってイルカの息の根を止め、解体して持ち帰ったという「事件」である。この状況が一斉に全世界に流され、イギリスの大衆紙は「ジャップがまたやってくれた」というようなどぎつい見出しで非難の記事を載せた。それに便乗したわけではあるまいが、日本国内のマスコミも地元民の行動を非難する論調に終始し、口を極めて批判したテレビキャスターもいた。

しかし、冷静に考えてみれば、イルカが大量にやってきたら、それをありがたく頂くのは昔からの日本人の伝統である。非難の声があれほど高まったのは、イルカを食べるという習慣を日本人の間でも知る人が少なかったのが最大の原因である。この三井楽の大騒動のあと私は現地を訪れて関係者からいろいろ話を聞いた。するとこの「事件」の背景が明確に浮かび上がってきた。現地には戦前から「いるか組合」という組織があり、海辺の集落が協力してイルカ捕獲のための取り決めをしてあったし、当日もそうした流れのなかで、従来どおりに作業したのであった。それがとんでもないこととして大きく報じられてしまったのだ。地元ではイルカ漁によって殺したイルカの慰霊碑を建立し、毎年その前で関係者が慰霊祭を行っている。一基は海を見下ろす高所にあり、もう一基はかつてイルカ捕獲を盛んに行っていたという海辺にあって、それには「海豚神」という文字が刻んである。碑の前には陽光にさらされて真っ白になったイルカの頭蓋骨がいくつか、さりげなく置いてあった。三井楽には積極的にイルカ追い込み漁を行ってきた歴史があったのである。

なお水産庁が定めた「鯨類座礁対処マニュアル」(平成二十四年度改訂版)のなかに「食用利用」という項があり、過去に「寄り鯨」として食用を含めて利用してきた歴史があるが、食中毒発生などの事例もあることから専門家による慎重な判断が必要であるとしている。

イルカと紡いできた日本文化

イルカ殺しという言説にも、三井楽に対する非難にも、歴史的な事実を押さえて分析するという視点が完全に欠如している。イルカ食用の痕跡は縄文遺跡においてすでにみられるだけでなく、遅くとも中世以降、イルカ群の回遊を天の賜物《たまもの》として村落あげての追い込み漁が行われていたことを忘れてはならない。イルカ肉は周辺山間部にも流通して貴重なタンパク源になり、村内においては公共財の保持、働けない世帯への配分など、きわめて社会的な意義をもっていたのである。つまり、イルカ問題を考えるための基礎的な作業として、日本人は食資源としてイルカを捕獲してきたという事実を正確に知ることが必要である。その上に立って、今日の諸問題を冷静に考える、いってみれば当たりまえの作業が行われてこなかったことは、イルカにとっても、日本人にとってもまことに不幸なことである。

イルカは一頭ずつ銛《もり》などで仕留めることができ、原始時代からの素朴な漁法として継続されてきた。しかし、本書で対象とするのは、村落挙げてイルカ群を追い込み、一挙に大量のイルカを捕獲する追い込み漁である。そこには、集団で湾内に回遊してくるというイルカの特性に対応して、村落はどういう仕組みでイルカを捕獲したのか、捕獲したイルカはどのように配分されたのか、イルカの回遊を日本人はどうみていたのかなどが具体的に表れている。筆者は国内で現在知られている限りの追い込み漁実施地区をすべて訪れ、地域に残る文献を渉猟し、体験者からの聞き取りを重ねてきた。

本書の目的は、日本各地で行われていたイルカ追い込み漁の実態を記録するとともに、イルカについての議論を多角的に展開するための素材を提供することにある。結果的には自然保護、動物の権利を求める世界的な風潮のなかで、とくにイルカを聖視するヨーロッパ的な思考とは一線を画するものになるが、同時に、イルカ漁や鯨食を日本の伝統文化として維持するという論理についても客観的な評価をしてみたい。今日のイルカ問題は、感情に流れ過ぎているようにみえる。議論の焦点は、食物連鎖の頂点に位置するヒトはどういう立ち位置にあるべきか、という、その一点に集約されるべきだと考えている。

目次

I　イルカ追い込み漁の歴史

二 近代のイルカ追い込み漁 109

Ⅱ　イルカと生きる

序　イルカという「魚」

1　イルカの種類

漁か猟か

イルカを捕獲することについて、二つの書き方がある。ひとつはイルカ「漁」、もう一つはイルカ「猟」である。これは単なる文字の違いではなく、イルカをどのようなものとしてとらえるかを示す重要な差異である。つまり、猟と書けば英語のhunting、漁と書けばfishing、前者なら動物を捕らえる捕獲、後者なら魚を捕る漁獲という意味になる。動物学者や国際的な論調からいえば猟の方が多いようである。イルカは哺乳類であり、れっきとした動物なのだという認識があるからだ。しかし、筆者は漁にこだわる。論拠はきわめて単純だ。日本ではイルカは魚の一種とみられてきたからであり、クジラでさえも勇魚《いさな》と呼んでいた。「ナ」は魚の古語である。だから捕獲するのは猟師ではなく漁師である。もちろん近世の文書には漁師のことを猟師、漁船を猟舟と書いてある例も少なからずみられる。しかし、それは猟の「禽獣《きんじゅう》をとらえる」という意味を援用した単純な表現であり、対象が動物なのか、魚なのかを区分しての表記ではなかった。日本人は、イルカは大きな魚の一種として認識してきたのであるから、本書ではイルカ「漁」という表記を使用する。

イルカが「予兆を示す魚」とみられていた例がある。源平最後の戦い、壇ノ浦合戦での最終局面に、源氏側に天空から白幡《しらはた》が舞い降りたころ、平家側には源氏の方から「いるかといふ魚一二千」が海面に頭を出したり沈めたりしながら平家の方に向かってきた。総大将平宗盛《たいらのむねもり》が陰陽師《おんみようじ》晴信《はれのぶ》を呼んで、「イルカは珍しいものではないが、こういう状況はみたことがない、どういうことか」と占わせた。晴信は「このイルカが戻って行くなら源氏が滅び、このまま通り過ぎれば味方は危うい」と答えているうちに、イルカの群れは平家の舟の下を通り抜けて行った。晴信は「平家の世はこれで極まりました」と申し上げた（『平家物語』巻第十一）。イルカの群れは平家を滅ぼさんとする源氏の意思と力を込めて現われたことになる。イルカに寄せる日本人の信仰の諸相は第Ⅱ部で述べよう。

イルカの種類

イルカは漢字では、海豚、江豚、鱏、入鹿、鯆などさまざまに表記され、人名では蘇我入鹿《そがのいるか》、地名では入鹿池（愛知県犬山《いぬやま》市）、鯆越《いるかごし》（愛媛県愛南《あいなん》町）のようにも使われている。現代中国語では日本語と共通の海豚、あるいは海猪と書かれる。また鯆の甫は大きい、鱏の𠬝には早いという意味がある。いずれにしてもイルカという生物の特徴に対して、このようなイメージで表現される魚の一種であると認識されていたのであろう。イルカ漁を行っていたところでは大魚という語でイルカを意味している場合もある。

いっぽう生物学的にはイルカは海生の哺乳類であり、小型鯨類に分類される。クジラといえば、ときに体長が三〇メートルを超えることもあるシロナガスクジラや、近年頻繁に捕獲のニュースが流れるダイオウイカを深海で捕食しているマッコウクジラが代表格である。巨大なシロナガスクジラには歯がない。オキアミなどを一挙に口に含み口中のヒゲで海水を濾して獲物を飲み込む。ゆえにヒゲクジラといい、ナガスクジラ、セミクジラ、ミンククジラなどがその仲間である。いっぽうマッコウクジラはダイオウイカをも噛み切れる歯を有することからハクジラといわれ、同じ仲間には海の王者シャチが含まれる。魚やイカを食べるイルカはこのハクジラに分類される。

その意味で、イルカとクジラとの本質的な違いはない。ハクジラの中で体長四、五メートル以下のものがイルカとよばれる。この体長による仕分けはきわめて便宜的なものなので、その境界線上にあるゴンドウと呼ばれる仲間は、ゴンドウクジラといういい方もあれば、大型のイルカとみる人もいる。ゴンドウは巨頭・権頭・午頭とか入道海豚などと表記されることが多く、丸い頭の形が特徴的である。ただし、ゴンドウ類中で最も大型のコビレゴンドウなどは文字通りの小型鯨類として捕鯨銃が使用されたり、沖縄県ではゴムを利用した石弓（俗称パチンコ）によっても捕獲されている。

日本近海で捕獲されてきたイルカにはどのような種類があるのか、表1にまとめてみた。本書冒頭に出てきた鉾田市の海岸に乗り上げたイルカは、歯がたくさんあるところから数歯と命名されたカズハゴンドウという種類である。なお英語ではイルカをporpoiseあるいはdolphinというが、パーポスは背びれがなく円筒状のイルカ、ドルフィンは背びれのあるものをさす。

イルカは生息域によって、温かい海域と冷たい海域を好むものとに分けることができる。日本列島は太平洋側は三陸沖くらいまでが暖流域であるが、黒潮の分流は対馬《つしま》海域から日本海に入り能登半島から

表１　日本近海で捕獲対象となる主要なイルカ

種名	体長	特徴	分布域	備考
イシイルカ	2m 前後 130 ～ 200kg	体色によって白色部の広いリクゼンイルカ型とイシイルカ型がある	北太平洋	突棒で捕獲、現在もっとも大量に捕獲されている
ネズミイルカ	1.5m 前後、 40 ～ 60kg	くちばしが無い。背びれは三角形。鼠色	北半球の温帯、亜寒帯	北九州方面でネズミイルカというのは、マイルカ科をさすことがある
カマイルカ	2.5m 以下、 70 ～ 90kg	背びれが鎌型	北太平洋の温帯域	1882 年に岩手県で 2385 頭捕獲記録、賢く捕獲しにくいとされる
マイルカ	2.5m 以下、 75kg以下	ほっそりした流線型	温暖な海域に広く分布	地元で普通のイルカをマイルカと呼ぶこともある
スジイルカ	2.5m 以下、 100kg以下	眼の後方から黒っぽい筋がある	世界中の暖海と熱帯域	日本近海では黒潮に乗る
アラリイルカ (マダライルカ)	2m 以下、 100 kg以下	成熟すると明瞭なまだら模様が出る	熱帯と温帯	伊豆半島の安良里で確認された
ハンドウイルカ (バンドウイルカ)	1.9 ～ 4m、 90 ～ 650kg	大きさに個体群で変異あり、沿岸定住群もあり	冷温帯から熱帯域まで	生け捕りされ水族館などで展示、イルカウオッチングの人気者、フリッパー
コビレゴンドウ	3 ～ 5m、 1 ～ 4 t	系統群で体長に大差	熱帯、亜熱帯、暖かな温帯域	マゴンドウは黒潮系、タッパナガは三陸系、沖縄でヒート
オキゴンドウ	5m 前後、 1 ～ 2 t	全身黒色	熱帯、亜熱帯、暖かな温帯域	しばしば集団座礁をする
ハナゴンドウ	3m 以上、 500kg	闘争の結果体表面に傷跡が多く、マツバともいわれる	熱帯・温帯の沖合	他種と混群をつくることが多い

大隅清治監修、笠松不二男・宮下富夫著『クジラとイルカのフィールドガイド」東京大学出版会、1991 年。

アンソニー・マーティン編著、粕谷俊雄監訳『クジラ・イルカ大図鑑』平凡社、1991 年。

新潟県沖あたりまで北上している。日本近海で大きな群れを形成して追い込み漁の対象となるのはこの暖流性のイルカである。いっぽう、寒流を好むイルカは東北沖からオホーツク海に生息する種類で、腹が白くずんぐりした体形のイシイルカである。イシイルカは腹の白い部分の大きさによって明瞭に二つのタイプに分けられる。白い部分が胸鰭《むなびれ》にまで伸びているのがリクゼン型イシイルカ、白い部分が狭いのがイシイルカ型と呼ばれ、リクゼン型は三陸から北海道東岸に分布し、イシイルカ型は日本海側から樺太《からふと》に至る海域という、明確な棲《す》み分けがみられる。イシイルカに対しては突棒（ツキンボ）すなわち手投げの銛による捕獲が行われてきたが、これは専門漁師による沖合での漁業であり、村落挙げての大規模な追い込み漁の対象にはならないので、本書では概要を述べるにとどめる。

イルカの群れが漁場に出現するや魚群が消えてしまうので漁師は海のギャングなどと呼ぶ。それがイルカ駆除という問題を引き起こすことになる。昭和五十五年（一九八〇）、壱岐《いき》島でブリ漁の被害にたまりかねた地元民が勝本《かつもと》港にイルカの群れを囲い込んだところ、アメリカ人がその網を切ってイルカを逃がすという事件があった。ちなみに当時、イルカは駆除の対象であり捕獲すれば補助金も支給されていた。イルカ追い込み漁はこのような群れで行動するイルカが対象となるため、一度に二、三千頭を捕獲した記録もある。その場合はマイルカ、スジイルカ、ネズミイルカなどが中心である。カマイルカは頭がよくて網で囲うこと自体がなかなかむずかしく、囲ってもわずかな隙間をみつけて脱出してしまうので、伊豆半島では最初からカマイルカの追い込みはあきらめていたこともあった。またゴンドウは動きは遅いが水中に長く潜っていることができるので、追い込みにかかったときに、広めの範囲を意識しなければ逃げられてしまう、などの特徴が意識されていた。

イルカ追い込み漁

群れでやってきたイルカを文字通り一網打尽とするのが追い込み漁であるが、イルカが回遊してくればどこでもできるというわけではない。追い込み漁が行われていた地区を地図で示したが、そこには次のような共通点がみられる。まずは追い込みに適した巾着《きんちゃく》型の湾があること、その湾には一定の深さがあり、かつ大量のイルカを引き揚げて処理するための砂浜が必要である。それにはリアス式の海岸線がもっともふさわしく、長崎県の対馬、五島列島、静岡県の伊豆半島、三陸海岸、能登半島の富山湾側などがあげられる。また深く入りこんだ入江の湾口に波よけとなる小島がある山口県青海《おうみ》島、京都府伊《い》根《ね》なども追い込み漁の適地となる。入江をつくる岬の先端や小島が、イルカを囲い込む網の端を固定する上に便利だからである。漁法そのものにはほとんど地域差がないが、偶然に湾内に入った群れを囲い込むという単純な例、湾内に来た群れを威嚇して所定の位置に追い込むというマグロやボラ漁などとも共通する例、そして湾の外に探索船を出して発見した群れを多くの船で湾まで追い込んでくる大規模な漁という三つのタイプがあった。これは時代的な発展段階をも示している。

そもそもは、イルカ群が自然に湾内に入ってくるというまったくの偶然を契機に行われたのがイルカ追い込み漁の始まりである。この過程で、イルカの性質についての観察も進んだ。群れの行動を制御するための網は目が大きいものであってもイルカがくぐり抜けることはない。これはイルカが超音波を発して対象を探るエコロケーションという能力があるからである。イルカの群れを目的の方向に移動させるためには、他の魚類と同様に白い板を結びつけた綱を海中で動かしたりするほか、竹竿で海面を叩く、棒で船端を叩く、あるいは太鼓を打つなど、音で威嚇しながら追い込む方法が工夫された。

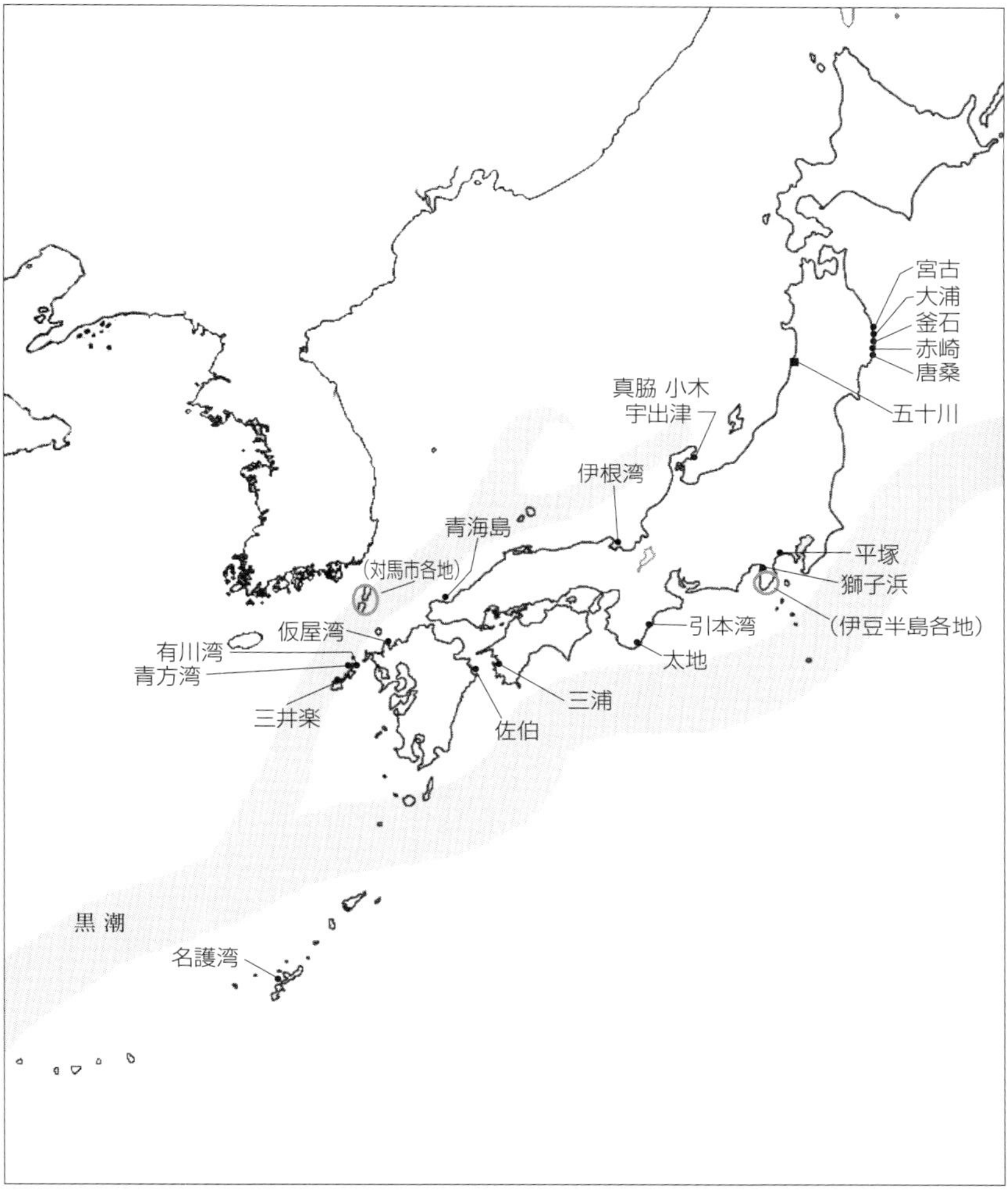

全国イルカ追い込み漁実施地区

表2　全国イルカ追い込み漁実施地区

	実施地区	文献初出	網など	特記事項	出典
1	岩手県宮古市	明治四年			岩手県漁業史
2	岩手県山田湾大浦	享保十二年（一七二七）			陸中大浦のイルカ漁
3	岩手県釜石市	明治期			岩手県公文書
4	岩手県大船渡湾赤崎村	享保三年（一七一八）	荒手（鰯網）		赤崎村史料
5	宮城県気仙沼市唐桑	寛文十年（一六七〇）		近世の記録のみ	陸前唐桑史料
6	神奈川県平塚市新宿	明治期	地引網		日本水産捕採誌
7	静岡県熱海市網代	近世	揚操網・ねこさい網	鯆地蔵	静岡県水産誌
8	静岡県伊東市松原	延享二年（一七四五）	六畳の引網	十分一税	村明細帳
9	静岡県伊東市湯川	天明五年（一七八五）	ゆるか網七畳	十分一税	村明細帳
10	静岡県伊東市湯川・松原	嘉永二年（一八四九）	二艘張りの地引網		伊東誌
11	静岡県伊東市川奈	明治二十一年（一八八八）海豚漁記念碑	遠海より追い込み	清水に出荷	現場確認
12	静岡県伊東市富戸	明治三十年代			富戸の民俗
13	静岡県東伊豆町稲取	文政十年（一八二八）供養塔		捕鯨砲によるゴンドウ漁も	現場確認
14	静岡県下田市須崎〜伊浜	明治期	建切網三張		静岡県水産誌
15	静岡県南伊豆町入間	天保期に新設			静岡県水産誌
16	静岡県南伊豆町妻良・子浦	明治期	建切網		イルカ組合資料
17	静岡県西伊豆町田子	明治十年代に海豚狩網新設	海豚狩網・鎌海豚網		静岡県水産誌
18	静岡県賀茂村安良里	文化九年（一八一二）		清水湊に出荷	清水市史資料編
19	静岡県沼津市土肥・戸田	明治十年代に海豚狩網新設	海豚狩網		静岡県水産誌
20	静岡県沼津市西浦江梨	宝暦十年（一七〇六）		海運上三分の一	村差出帳
21	静岡県沼津市内浦重寺	貞享元年（一六八四）		立物場四か所、網船四艘	重寺村判例書
22	同重須・長浜	元和五年（一六一九）		両村取り分取極め	豆州内浦漁民史料五〇号
23	同三津・小海・長浜	寛文六年（一六六六）		取り分取極め	豆州内浦漁民史料二七四号

24	静岡県沼津市静浦獅子浜など五ヵ村	永禄六年（一五六三）		イルカ狩り込み督励	植松家文書
25	三重県尾鷲市引本浦	明治十一年漁法発明		生肉として尾張・伊勢に	三重県水産図解
26	和歌山県太地町（ゴンドウ漁は明治期）	昭和四十年代はじめ		伊豆から漁法習得	現地調査
27	愛媛県宇和島市三浦	宝暦十三年（一七六三）以降		佐伯から漁法伝授	三浦田中文書
28	大分県佐伯市某所	宝暦十三年（一七六三）以前から		宇和島市三浦に漁法伝授	三浦田中文書
29	佐賀県玄海・肥前町仮屋湾	近世？		三ヵ浦共同	現地調査
30	長崎県五島市福江島三井楽	近世起源？		六集落で海豚組合	現地調査
31	長崎県新上五島町中通島青方湾	永和三年（一三七七）	ゆるかあみ（網代）		青方文書
32	同有川湾	貞享五年（一六八八）	四五〇〇尋の網で追い込み	旧有川・魚目・北魚目	五島魚目郷土史
33	長崎県対馬市	応永十一年（一四〇四）		一三集落以上で実施、組合	長崎県史史料編第一
34	同佐賀浦	寛永十四年（一六三七）		対馬藩から奉行派遣	対馬藩毎日記
35	同伊奈（志多留・女連も）	寛永十八年（一六四一）		イルカ奉行帰る	対馬藩毎日記
36	同瀬戸	延宝二年（一六七四）	海士イルカ建込む		豊玉町誌
37	同千尋藻（四ケ浦）	貞享四年（一六八四）	イルカ二六二二頭		豊玉町誌
38	同奴加岳村小綱	文政二年（一八一九）	配分規定		対馬漁業史
39	沖縄県名護市名護湾	明治期	網不使用	多数の集落関与	名護市史
40	山口県長門市青海島大日比・通浦	元文四年（一七三九）	鰯網・三頭網	大日比中心、通村は捕鯨	上利家文書
41	京都府伊根湾平田・亀島	享保九年（一七二四）		鰤株との関係	平田漁株文書
42	石川県能登半島富山湾真脇	天保九年（一八三八）		縄文期真脇遺跡イルカ骨	能登国採魚図絵
43	同小木	明治期			日本水産捕採誌
44	同宇出津	明治期			日本水産捕採誌

年代が明確な事例のみ掲載。伊豆半島は別に表10参照、対馬は地図(三八頁)を参照。

追い込みに使用する鉄管　水中に差し入れ叩いて威嚇する（和歌山県太地港）。

明治期になると、イルカの商品としての需要が高まり販路も拡大したことにより、偶然の回遊に頼らず、積極的に群れの探索を行い、統制のとれた行動によって沖合から地元の海岸あるいは港へ追い込むという、大規模な漁業へと発展していく。スピードが出る動力船の普及も大きい。偶然を待つのではなく、生業として漁業組合の事業として展開されるようになる。この方式をもっとも積極的に行ったのが伊豆半島の集落であり、東海岸の静岡県伊東市川奈と同市富戸、西海岸の賀茂村安良里《あらり》が全国的に知られた。音で威嚇するための長い鉄管の先にラッパ状の板を付け、これを海中に入れて船上で先端部を叩くという、俗にホチョウキ（補聴器）と呼ぶ用具も開発された。この方法が昭和戦後になって伊豆から太地に伝わり、今日の太地でも使用されている。

2　『肥前州産物図考』にみる近世のイルカ漁

イルカ追い込み漁の方法はほぼ全国共通で、近世の史料にも略述されている例がかなりある。そのなかで、唐津藩《からつ》（佐賀県）の諸産業の実態を付図とともに具体的に描写した『肥前州産物図考《ひぜんのくにさんぶつずこう》』（以下『図考』と略記）が注目される。壱岐水道に突き出した形の佐賀県東松浦半島の東側は唐津城のある唐津湾、西側は仮屋湾《かりや》である。半島の先端部にある呼子《よぶこ》町の沖合に浮かぶ小川島は近世から捕鯨漁の基地として栄えた。天保《てんぽう》十一年（一八四〇）に著された『小川島捕鯨絵巻』は当地の捕鯨業の実態を示すものとして名高い。イルカ漁が捕鯨と同じ地域で行われていたことは後述する。『図考』には捕鯨と並んで「江猪（江豚）」漁の様子が、描かれている。その場所は特定できないが、九州沿岸における詳細な記録である。著者は木崎盛標《きざきもりすえ》（悠々軒《ゆうゆうけん》）で成立は安永《あんえい》から天明《てんめい》にかけてのころとされるから、おおよそ十八世紀後半の状況を示すものとみてよい。しばらく同書によって九州沿岸部でのイルカ追い込み漁の実際を確認しておくことにしよう。

一、漁人の江豚の群れヲ見付ると勢子船《せこぶね》ヲ出し沖よりそろそろとおどして己が浦らへ追ひよする也。浦近く成りたる時網にて二重三重に張り切り、夫《それ》より段々磯近くよせて取り揚る事大概図の如し。但しにうどふ、はんどふ、はぜは寄よし。ねずみ、しらたごは早くして寄せにくし。

一、大《おおき》サにうどふ、はんどふは七尋《ななひろ》位迄ある也。はぜも大概是に准ず。ねずみ、しらたごは又ちいさし。大がひ二尋内外なり。

一、魚の白身赤身臓《ぞう》腑《ふ》開《かい》の事等大がひ鯨のごとし。

一、黒皮甚だ薄し、白皮ハ余ほど有り。油の方吉《よし》、尤油ヲとる事ハにうどふ、はんどふ斗なり。

一、赤身其外の所も皆食料也。少々匂ひあり。

一、はぜ、ねずみ、しらたごは食料斗也。皮付故価貴し。

一、筋ハ丸切斗少々外の所は取らず。然し大白ニハあらず。然れども鯨の筋といるかの筋は弦にしてハ見分けがたし、水に入れて見分能也。

一、油ハ鯨油の次なり、ともり吉、減り強く油煙多し。

一、口中は常に大魚と同じ、其他名所大概鯨のことし。

本文に付随する絵も非常に詳細であり、現代のイルカ漁とほとんど変わらない状況を読み取ることができる。湾内に入ったイルカに対して、まず入江の口を三重に網で仕切る。そしてその内側にイルカを岸に引き寄せるための網（取り網）をかけて地引き網のように両側から引く。囲い込まれたイルカに対しては海中に入った男たちがとりついて網をかけている。そして浜にあげられたイルカは長い包丁でもって解体されるが、なかには血の混じった噴気をあげているイルカもみられる。海岸でいくつかに分断された胴体は馬の背に付けたり、船に載せてどこかに運ばれている。なお囲い込まれた網の中から逃げだそうとするイルカに対しては、棒切れに綱を付けたものを海中に投げ入れ、投げ入れして脅している様子もみえる。絵の端の方に羽織を着した人物がみえるのは、もしかしたら作者（悠々軒）と従者の姿かもしれない。そして興味深いことは、その近くにイルカ一頭まるごと綱をつけて引っ張っている男がおり、それを棒をもって追いかけている様子がみえることである。同じく、右の方には左手に鎌を持ち、右手に肉片らしきものを持って逃げていく子どもがいる。これらには説明こそないが、水揚げの一部を公然とくすねるカンダラであろう。そして画面のいちばん端には女性を交えて宴を張っている姿もある。全体を通してまさに祝祭的な空間が現出しており、いくつもある捕鯨関係の図像とも共通する雰囲気である。

捕獲対象となったイルカの種類ごとにも説明がある。「にうどふ」「はんどふ」はともに頭が少し太い。両者の違いはわずかである。また「はぜ」「ねずみ」「しらたご」は口が少し細くて長いが、わずかな違いである。なお「しらたご」は少し白みがかっているとある。ハゼはマイルカのことらしい。現在でも

『肥前州産物図考』（国立公文書館蔵）にみるイルカ漁

①追い込んだイルカを浜に引寄せて解体する。

②解体したイルカを馬や船を使って搬出する。

③堂々とカンダラをしている。

④漁の後の宴会。

「にゅうどうはんどう」と「しらたご」という呼称が聞けたが、ゴンドウ、ハンドウ、マイルカなどと混同していることもあり、厳密な比定はできていない。

注目すべき点は、筋や油も重視されていたことで、イルカ油は鯨油につぐ品質であって点火しやすく持ちがいいが油煙が多いとされた。また肉は当然食用とされるが、油をとらない小型イルカの場合は皮に脂肪層がついたままの部分が高く売れたことがわかる。

肥前国における近代の追い込み漁

『図考』の内容は全般として現地で実際に見聞したことをもとにした記述とみてよい。残念ながらその場所は特定できないが、九州の肥前国内では仮屋湾以外ではイワシ漁などに際して偶然にイルカを追い込んだという場合以外、組織的にイルカ追い込み漁を行っていたという記録はない。そこで、『図考』の内容は近年まで追い込み漁を行っていた仮屋湾での実態を具体的に示していると仮定して、現代における聞き取りの結果を次に紹介することとする。

仮屋湾（佐賀県玄海《げんかい》町・肥前町）は南に向かって深く切れ込んでいて追い込み漁にふさわしい地形をしているが、沿岸集落のうちイルカ漁に関わった集落は、湾内の西岸に位置する玄海町仮屋、東岸にある肥前町京泊《きょうどまり》と菖津《しょうづ》で、総称して三ヵ浦《さんがうら》と呼ばれ、常に共同でイルカ漁にあたった。他の集落はイルカが来ても捕獲できないので見物するだけであったという。現在ではイルカ漁は行われないが、ときたまイルカが湾内に入ってきて生産に力を入れているナマコを全部食われてしまうことがある。ナマコは冬が一番の漁期であり、イルカの回遊時期とほぼ一致する。ただしイルカの群れが沖を通るとイワシが湾内に入ってくることがあり、これは「イルカヨセ」といって歓迎される。かつてイルカ漁をしていたころには、「イルカは必ずお礼参りにくる」といわれていた。その意味は明確に伝承されていないが、現在の解釈では、「ここでとれたら必ず来年も来る、仲間がとられた所に必ず来る」という意味だとされる。イルカが来るのは春先の二月末から三月上旬が多い。

昔はイルカをとること自体が面白かったと語られる。区長が保管しているほら貝が鳴らされると畑仕事の最中であろうと出なければならなかった。イルカ群を網で仕切ると三ヵ浦の人が全部集まる。お祭

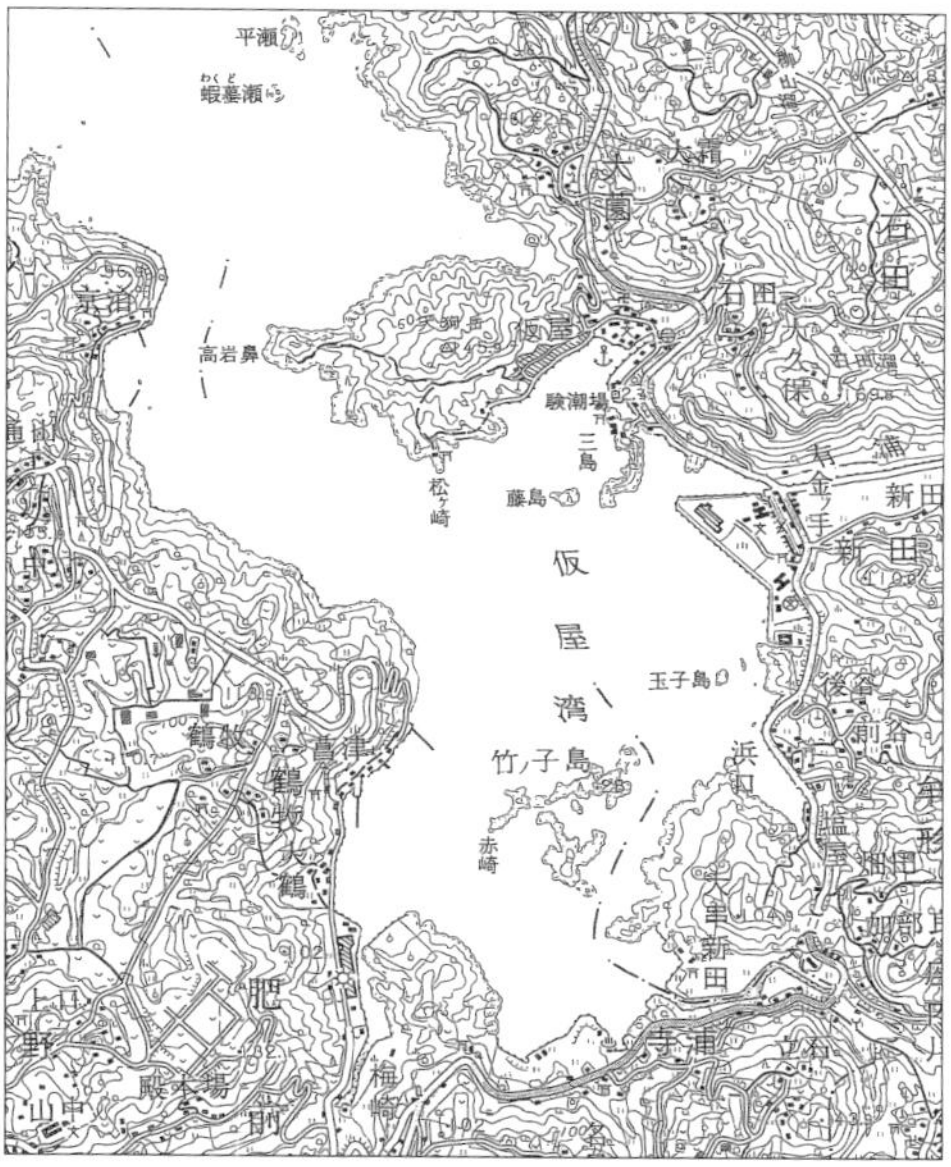

仮屋湾の地図（5万分の1地形図「唐津」）

格天井に描かれたイルカ（佐賀県肥前町菖津）

りは集落ごとの行事だが、イルカ漁は三ヵ浦全体の行事となる。昭和三十年（一九五五）に三ヵ浦の組合が合併して肥前漁協となった。最後のイルカ漁もそのころで、水族館に何頭か売った。大規模なイルカ漁は昭和三年一月五日に仮屋の浜に揚げたのが最後だった。このときは最初からイルカを狙ったわけではなく、偶然発見された群れを追い込んだものだった。イルカを追い込み、取り揚げる場所は入江の一番奥にあたるウラガシラで、当時そこは浜であったが、現在は埋め立てられ漁協が建っている。このときはハンドウニュウドウが三〇〇頭以上揚がり、一週間かけて処理した。この大漁のときは肥前（莒津など対岸の集落のこと）がトリアミをもっていたため仮屋よりも分け前が多かった。そこで仮屋でも皆で材料を買ってきて網を編んだ。しかしその後大漁はないままに網は現在も倉庫（もとの消防小屋）にまとめて保管してある。長さは一〇〇《メートル》以上もありそうだが、実際に使用する機会はほとんどなかったようで、昭和二十二年ころにほんの二、三頭とれた程度ではなかったかという。

追い込み漁の実際

イワシ漁の漁場は湾内各所にあり、それぞれで漁をしているので、イルカの群れが入ってきたときの反応は早い。最初に発見者が声をあげ、竹竿の先に布をつけて合図をする。まずシラアミ（いわし網で目は三尺（一尺は約三〇《センチ》））で仕切り、最後にイルカトリアミで囲った。この網は麻製で縄の太さは五《ミリ》くらい。網目は四、五寸（一寸は約三《センチ》）である。イルカ発見者には、あとでミチン（見賃）といってイルカが一本与えられ、真先に網を入れた者には、センアミチン（先網賃）といって特別な分け前がある。追い込む場所は地形の関係でいつも仮屋の方となる。

イルカを取り揚げるのは青年の役目である。裸になって海に入り、イルカをオカの方に向けると自然にその方に向かって行く。青年たちはシャツ一枚だけ、冬の海は非常に冷たい。イルカはぬくとかった（温かい）からわざと抱きついたものだが、こういうときにイルカはおとなしかった。追い上げたイルカの体半分ほどがオカに揚がったらロープをかけて皆で引っ張る。昭和三年のときには、ウラガシラに置ききれなくなって、近くの田の浦にも揚げた。オカに揚げたイルカはまず鎌で腹を割いた。鎌の柄は長さ一尋《ひろ》（一尋の長さは約一・八メートル）くらいで専用の刃をつけたものだが名称はとくになかった。あとは包丁で処理した。腹を割って内蔵を取り出すと一メートルくらいの胎児が入っていたこともある。イルカのオバキ（尻尾）で払われて大怪我をした人もいる。青年たちは海からあがったら浜で火にあたって暖をとり、粥を炊いて酒を飲む。イルカの身は「シオケ」として配分した。シオケとはオカズという意味である。詳細は不明だが青年団としても配分を受けていたようで、これをヌレシオといった。なお、若い衆がカンダラといって、イルカに縄をつけて海に沈め海上には印を浮かべて置いてあとで引き上げて売り払った。

つぎはやはり三ヵ浦のひとつ、仮屋の対岸にあたる菖津在住の宮崎兼一さん（大正九年生まれ）、宮崎孝俊さん（昭和十三年生まれ）、宮崎武士さん（昭和三年生まれ）から聞いた話である。

イルカの群れは年に何回かやって来るが、菖津は仮屋湾のいちばんウラソコに位置するので、ここで群れを発見しても間に合わない。湾口にある京泊で発見したイルカが湾内に入ると、連絡を受けて一斉に行動する。高い所から見ていて笹の枝でもって網を入れる所を指示する。三〇〇～四〇〇間（一間は約一・八メートル）くらいの網で仕切る。仕切りの網はイワシ網（船引き網）で三尺目である。これで仕切って最後はトリアミで囲む。トリアミの目は三寸～三寸五分。縄の太さは五ミリ、素材はオー（苧）を手ですいて本目編みとした。これとは別にカリマタという編み方もあってその方がずれにくいというが、ホンメの網の方が水中で立ちやすいという。

菖津は、船当津《ふなとづ》・堂脇《どんわき》・中組・浦口の四組に分かれていて一組が一四、五軒からなる。この組ごとにトリアミとトリカギが用意してある。トリアミ一枚は長さ、深さともに五間ほどで、海の深さや取り方に合わせ、持ち寄った現場でロープを使って仕立てた。オモリはアジ（沈子）、浮きはアバという。イルカが競り合うと、どうしても底が浮いてくる。トリアミの深さは八尋《やひろ》、びっしり並べた船に網をくくりつけて船をアバのかわりにする。網の綱を引く人が両岸に並び、「ヨイト、ヨイト」と掛け声をかけながら引く。トリアミの上にイルカを乗せる形になる。トリカギはトビグチ様のもので刃はついていない。柄はカシの木で長さ一間半。イルカが思うように動かないときに使う。網を引いてイルカを寄せ、乳下くらいの深さになったところで人間が二、三人で組になって海に入り、イルカを浜に揚げた。菖津でも、イルカは温かいので「よかオナゴに抱きつくよりも気持ちがよかった」という感想をもらす人がいた。自分が冷えているのでホッカホカしているのが気持ちよく感じたのである。シラタコ（マイルカ）、ハンドウ（当地ではゴンドウのこと）、ネズミの三種類があった。シラタコは知恵があってとりにくいとされる。

漁獲物の配分では、全体の中から必要部分を除いて、残りを戸数と出た人数によって集落ごとに分ける。そのなかからシオケが全戸に配分される。菖津ではそのシオケワケに際してメクラクジという方法を用いた。これはイルカに限らず、ほとんどの漁のときに分け前を配るときの方法である。まず戸数分にイルカの肉を分け、ある人が後ろをむく。そして別の人が並んだ肉のどれかに触れて「これはだがすか?」と声をかける。すると後ろを向いた人が、たとえば虎雄さんなら、「トラ」といえば、それは虎雄さんのものになる。こうして不公平のないようにしたのである。

イルカの肉は生で食べることもあったが、いくぶん臭みがあるので普通は一回湯がいてから汁を捨て、ネギといっしょに味噌煮とする。内蔵は湯がいてから小さく切り、醤油で煮て食べる。マメワタ（肺臓）がコリコリして一番美味しい。湯がいたものを干して保存しておき、湯に戻して食べる。ヒレを煮て食べることもあったが固かった。食べきれないものは売った。唐津の魚市場などに船に乗せて運んで行ったという（このあたり、『図考』の絵と類似している）。

仮屋湾におけるイルカ追い込み漁は、集落全員参加で、しかも網元・網子というような関係もなく、直接イルカに接した感覚の表現やカンダラ、水揚げしたイルカの配分についても古風を示しており、図像とあいまって近世の典型的な姿を示すと考えられる。したがって、追い込み漁のイメージを描くのに最適と判断して詳しく紹介した。全国各地の事例はそれぞれの特徴を描くことを中心に第Ⅰ部で詳述する。

次に、イルカ漁業として位置づけられることになった明治以降の水産行政との関わりをみていくことにしよう。

3　近代の水産行政

明治新政府の漁業政策

近世においては海面の利用、とくに磯物の採取、網漁については村落の地先での操業が原則であるが、その境界をめぐりしばしば激しい争論が起きている。また遠方からやってきて網漁や釣りを行う船に対する抗議がなされるなど、個別の事案について長年にわたる係争が何度も繰り返された例が少なくない。また、領主対漁民の場合は、所定の申請をおこない一定の貢納と引き換えに独占権が認められたり、漁獲物は藩の会所を通すよう定められたことがあった。イルカ追い込み漁については、漁があるたびに賦課の対象としていた例（対馬藩など）や漁業権を入札による請負制とした例（南部藩など）があるが、一年間にあるかないかというイルカの湾入を全くの僥倖《ぎようこう》とみて、正規の課税対象にはしていなかったところも多い。

明治新政府になってからは、全国の土地の統一的管理と税収確保を目的に地租改正《ちそかいせい》が断行され地券が交付されたが、漁業に関しても同じような思想にもとづいて新たな法整備が進められ、明治八年（一八七五）、地域の慣行のもとに継承されてきた江戸時代以来の漁場の権利及び領主に対する納税制度に大変更が加えられた。すなわち漁場占有の対価として領主に納入してきた雑税は廃止し、漁場たる海面はすべて官有としたうえで「捕魚採藻」を希望する者は借用願を提出させ調査のうえ許可するということにしたのである。

すると地域によっては旧来の網元と網子との間に海面使用許可の競願が起きたりしたため、混乱をおそれた政府は同九年七月に旧来の慣行をできるだけ維持し、結果的に幕末における漁業生産機構をそのまま継承させる方向に変換した。また廃止した雑税にかわり、府県税を賦課して府県ごとに漁業取締規則を制定させ、府県の権限によって漁業管理を行わせることとした。同十九年にいたって政府は漁業組合準則を定めたが、これは組合を作らせることで旧来の漁業慣行を維持しようというものであったから、各地で結成された組合の規約の多くは旧藩以来の慣行とか、従来の慣行によるという文言を含んでいた。しかし、この段階まではイルカ漁については全く言及されていない。イルカ追い込み漁は、恒常的な漁業とはみなされず、しかも「集落全体の行事」という性格も濃厚であったので、全国にわたる法制下に置く必要性は感じられなかったのであろう。

むしろ、イルカ漁については食肉用以外の観点から世間の関心が高まっていた。イルカ油はすでに近世から灯油や殺虫剤として鯨油に準じる扱いを受けていたことに加え、産業の近代化に伴う機械油の需要拡大がイルカ漁についての関心を引くことになった。

水産業振興策

明治政府は漁業権の確立と並行して水産業の振興という国家目標を立て、明治十三年（一八八〇）三月に水産課を設置した。政府はこの前年から全国に及ぶ漁業慣行調査を始めており、それは同二十年に完了したと推定されている。また並行して水産博覧会の開催、各県別の水産誌の編纂などが進められた。これらの総合的成果として明治二十二年に「日本水産誌」を構成する三部作、『日本有用水産誌』『日本水産捕採誌』『日本水産製品誌』が完成した。ちなみに、捕採誌には「海豚網」として能登・肥前・伊豆・相模の四ヵ所の例があげられ、水産誌には「鯨筋並びに海豚筋」「乾海豚」があげられている。また同十五年には大日本水産会を組織して情報の共有化を図り、同年から『大日本水産会報告』を発行しているが、その誌上にしばしばイルカに関する質問とそれに対する回答の記事がみえる。たとえば「海豚質問（肉・脂・骨）」五九号（明治二十年）、「海豚器械油製法質問」六一号（明治二十年）、「海豚皮製革法の質問」一四六号（明治二十七年）、（第一二三号から誌名は『大日本水産会報』に変更）、「いるかについての質問（種類・生態・製法）」一六四号（明治二十九年）、「海豚の鞣革《なめしがわ》」一九四号（明治三十一年）、「海豚油と海豚の捕獲」一九九号（明治三十二年）、「海豚皮製革法」二〇四号（明治三十二年）、「海豚缶詰の製造」二六五号（明治三十七年）などである。イルカの肉以外に、油や皮革利用にも関心があることが判明する。

これらのなかで秀逸ともいえるのが、山崎亀蔵「海鹿ヲ使役シ及ヒ其ノ模型ヲ以テ漁業ヲ行フ説」（二六号、明治十六年六月）である。時代がかった表現をやわらげれば、「イルカか、その模型を使って漁業を行ったらどうか」という論文である。著者の山崎亀蔵なる人を筆者は知らないが、本文中に、周囲から「海鹿先生」と呼ばれていると書いてあるから、長年にわたる主張をここに述べたものと思われる。

この論文は現代からみてもきわめて興味深いので論旨を紹介しよう。山崎はいう。イルカが魚を捕るのは猫が鼠を捕るのと同じで天賦の性質である。イルカの集団は眠るときに一頭を番にたてるほど知恵があり、傷ついた仲間を見捨てることもない。こういう脳力と情愛があるものだから、人間の使役に服従するに違いない。そこでイルカの牧場を開き、畜養した魚を餌にして飼いならす。問題は広い海域が必要だが、南方のカロリン島なら数千頭を飼える。莫大な費用がかかるが、成功は疑いない。またイルカの模型を作り、イルカの声を真似て魚を追うこともできる。自分は実際に海に潜ってイルカの声を聞いたが、魚がその音に恐怖を感じていることを確認した。コロンブスもイサベラ《（ママ）》女王の援助があってアメリカを発見できたのだから、ぜひ私の説を採用してほしい、というのである。イルカの生態を熟知したこの主張についての反応は残念ながら定かではない。

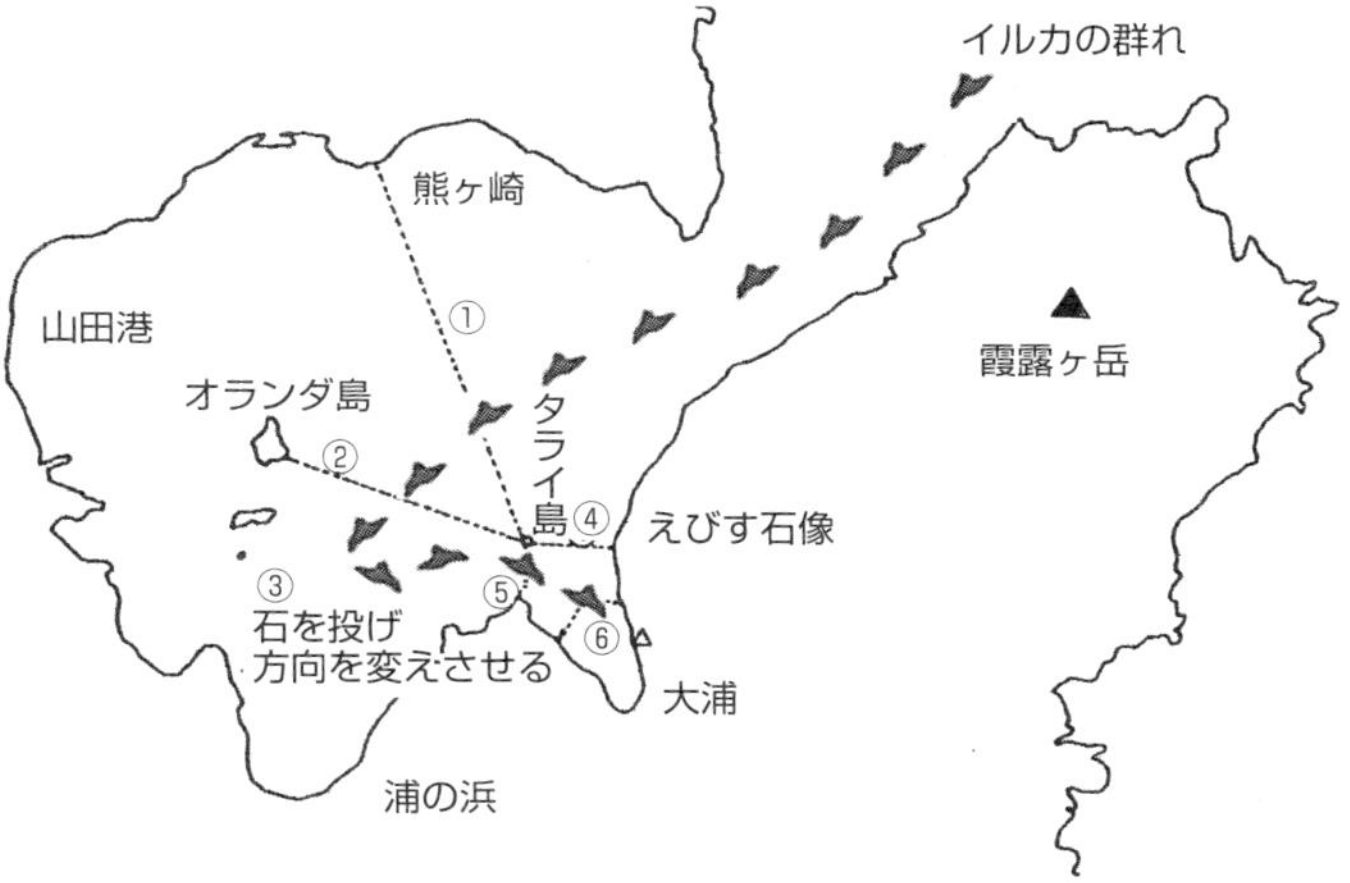

山田湾における追い込み用の網の張り方　①、②の順にイルカの退路を断ち、③に向かってきた場合は石を投げるなどして、方向を変えさせる。④、⑤で大浦の湾内に閉じ込め、⑥の網を両側から浜に向かって引き寄せイルカを取り込む。

水産業におけるイルカ追い込み漁の位置づけ

明治三十四年（一九〇一）に法律第三四号漁業法が公布され、翌年七月一日から施行された。これがいわゆる旧漁業法であり戦前期における日本漁業の法体系がここに整った。この法令施行により、これまで表面に出ていなかった「海豚追込漁」は、特別漁業の第二類として正式に位置づけられている。「漁業法施行規則」第四条には「特別漁業」の一つとして、「一定ノ追込場ヲ有スル海豚漁業（第二種）」と定められた。ちなみに鯨漁業は第一種である。

近世以来イルカ追い込み漁を行っていた岩手県下閉伊《しもへい》郡船越村大浦浜（現山田町）の住民は、早速この規定に則って海豚漁業の免許願を岩手県に提出した。岩手県庁には岩手県成立前後からの重要な公文書が保管されており、水産業だけをとっても貴重な原文書が数多くみられる。次に引用する文書もその一つである。

この「特別漁業免許願書」には、漁場位置、海豚の種類（真海豚・鼠海豚）、漁業時期（十一月から翌年五月まで）、免許期間（二〇ヵ年）とあり、次に「海豚網材料調書」として大浦住民創業以来今日に至る鯆捕獲縄具が列挙されている。近世末から明治期におけるイルカ漁に必要な漁具を知るために引用しておこう。

一、魚取縄網（四寸目、四十目掛）五間切（六拾四枚三百弐拾間）
一、同　（六寸目、三十五目掛）五間切（四拾八枚二百四拾間）
一、同　（八寸目、三十五目掛）拾間切（八枚八拾間）
一、同　（壱尺目、弐拾五目掛）拾間切（拾六枚百六拾間）
　　右枚数　百参拾六枚
　　此間数　八百間
大留縄網《おおとめなわあみ》即チ浦ニ逐込張切ニ使用スル網
　（五尺目、三十五目掛）千六百間
　（三尺五寸目、十目掛）弐千五百間　但シ五間切
糸地縄網《いとじなわあみ》（弐尺五寸目、弐拾目掛）弐千間　但シ百間切
　改良網
細曳大地縄　四十尋　五十坊（註　長さの単位）
一、金羽錨《かねはねいかり》　弐十挺　但シ五貫目ヨリ七貫目迄テ
一、海豚漁業船舶は該漁業創業以来部　民各自の船を借請使用するものとす（大凡弐十五艘）

一、網置納屋　柾葺《そまぶき》弐階造《にかいづくり》　弐棟（弐間に三間、五間に三間）

この願書には、慣行証拠通帳として、「文政九年（一八二六）正月　当戌年分御定役並諸御役金銭上納通　船越村」および彩色の絵図が添付されていて、そのなかに、午年ゟ戌年迄五ヵ年の「大浦鯆漁御礼銭」として南部藩に対し銭五貫文を納めてきたという記載がみられる。岩手県からは明治三十六年九月十日付けで「漁業免許」が下付された。これによって、以後五年間にわたって大浦地区住民主体のイルカ漁が実施されることになる。大浦のイルカ漁の具体的な内容は後述するが、ほぼこれに準じて継続されてきたイルカ漁は大正期を以て終焉《しゅうえん》を迎えている。なお、イルカ追い込み漁については戦前期における法改正はなかった。

新漁業法下のイルカ漁

戦後の昭和二十四年（一九四九）にいわゆる新漁業法が施行され、それに基づき各県が定める漁業調整規則により、イルカ漁は水産庁指導の下に県知事による許可漁業となった。水産庁はイルカの種類及び漁法（突棒、追込網漁）ごとに各道県のイルカ漁業における捕獲枠を指示しており、平成二十五年（二〇一三）（同年八月から翌年九月の間）の捕獲枠は表3のとおりである。

たとえば、静岡県の場合、静岡県漁業調整規則（平成二十年四月一日施行）では、第二章「漁業の許可」の第六条（2）の〈ス〉で「いるか追込（ごんどうくじらを目的とするものを含む）も漁業ごとに知事の許可を得ること」とされ、操業ごとの漁獲成績報告書を操業終了後の一五日以内に知事あて提出する。

しかし、イルカの回遊実態や地域の諸事情により、捕獲枠に達しない場合も多い。かつてイルカ追い

表３　平成 25 年期いるか漁業における捕獲枠

種類	漁法	北海道	青森県	岩手県	宮城県	千葉県	静岡県	和歌山県	沖縄県	合計
イシイルカ	突棒	1,500	20	7,200	280					
リクゼンイルカ	突棒	100		8,300	20					
スジイルカ	突棒					80				
スジイルカ	追込網						70	450		
バンドウイルカ	追込網						75	890		
アラリイルカ	追込網						455	400		
ハナゴンドウ	追込網							300		
マゴンドウ	追込網							300		
オキゴンドウ	追込網							40		
スジイルカ	突棒							100		
バンドウイルカ	突棒							100		
アラリイルカ	突棒							70		
ハナゴンドウ	突棒							250		
バンドウイルカ	突棒								10	
マゴンドウ	突棒								100	
オキゴンドウ	突棒								10	
		1,600	20	15,500	300	80	600	2,900	120	21,120
漁期 （2013 ～ 2014）		8/1– 7/31	8/1– 7/31	8/1– 7/31	8/1– 7/31	10/1– 9/30	10/1– 9/30	10/1– 9/30	10/1– 9/30	

平成 25 年 7 月 30 日水産庁資源管理部から道県水産部長宛て「いるか漁業における捕獲枠の設定について」より作成。

込み漁が盛んであった静岡県伊豆半島で、現在捕獲許可を得ているのは伊東市のいとう漁協（富戸港）のみであるが、平成十六年以降、捕獲実績はない。

現在追い込み漁を行っているのは、実質的に和歌山県の太地町のみである。捕獲頭数でいえば、断然多いのが岩手県だが、対象となっているのは寒流性のイシイルカなどであり、漁法も沖合における突棒である。

I

イルカ追い込み漁の歴史

一　古代から近世のイルカ漁

1　縄文時代のイルカ祭祀から近世の追い込み漁まで　―能登半島真脇―

イルカの頭骨を祀る

イルカと日本人の関わりは縄文時代にさかのぼる。たとえば、静岡県伊東市の井戸川《いとがわ》遺跡は相模湾に面した縄文晩期前半の遺跡で、多様な動物遺体の出土が特徴である。具体的には魚貝類・ウミガメ・イノシシやシカ類のほかにマイルカが目立つ。遺跡北側にあった貝塚地点からは、大きなクジラの椎骨《ついこつ》を中心として、マイルカ、イノシシの頭骨《とうこつ》を集積した状態が検出された。イルカの頭蓋は吻端《ふんたん》をクジラの椎骨に向かって放射状に配置され、間にイノシシやシカの頭蓋が置かれ、周囲には多くの魚骨があったと推定されている。

これは必ずしも特異な事例ではない。北海道釧路市の東釧路貝塚は古釧路湾を見おろす舌状《ぜつじょう》台地にある縄文時代早期から晩期以降にわたる大規模な遺跡で、多くのイルカ骨が出土している。その貝層中の二ヵ所からそれぞれ五頭分のイルカの頭骨とそれに続く頸骨《けいこつ》が放射状に並んだ状態で発見され、さら

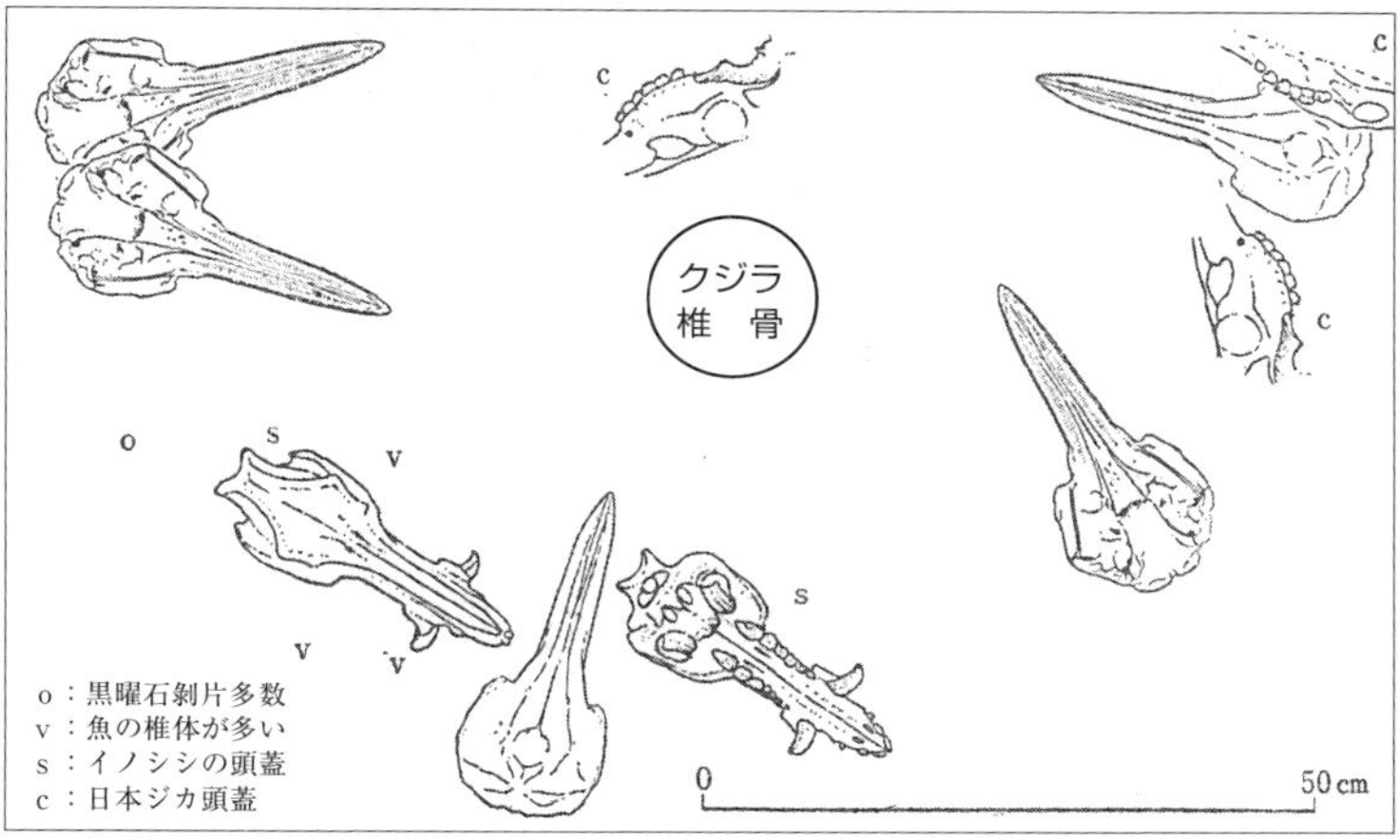

縄文期の遺跡から発掘されたイルカ頭骨　クジラの椎骨を中心に放射状に配置されている（静岡県伊東市井戸川遺跡）。

に七頭のイルカがやはり放射状に埋葬されたものが見つかった。これを詳細に見ると、吻《くちさき》を中央に向けたのと、外側に向けたものとがあり、金子浩昌は、内側に向けたものはその中心が捕獲地となった海岸で、外側に向けるのはその霊魂が海に帰ることを示すのではないかと考えた。この他に板状に積み重ねたものもあり、宇田川洋はこれらを獲物に対する「送り」の儀礼であるとしている。

イルカ骨出土で最も規模が大きいのが石川県鳳珠《ほうす》郡能登町の真脇《まわき》遺跡である。富山湾に面する入江に営まれていたこの遺跡は、縄文前期から晩期末までに至る縄文人の定住のあとで、おびただしいイルカ骨を出土したことと巨大な柱跡があったことで知られる。出土したイルカ遺体は三〇〇を超え、平口哲夫によると、そのなかには「数頭が扇状に口ばしをそろえたもの、二頭が並列したもの、口ばしを向かい合わせて対象的に配列したもの」があるが、大部分は規則性がない。ただしなんらかの祭祀に関係する可能性は否定できず、このような例外的な配列は東釧路貝塚の場合と同じ扱いでよいと考えられている。これらは人為的な祭祀の跡とみなせるというのである。

真脇遺跡の列柱　二つ割にした円柱で囲まれた空間で何らかの祭祀が行われたと考えられる（石川県真脇）。

犠牲に捧げた牛の頭骨　家屋入口の柱に何頭分もの頭骨が見える（ミャンマー・カチン州）。

北海道における動物祭祀といえばアイヌによる熊祭り、すなわちイオマンテが想起されるが、現在知られている意味でのイヨマンテの成立は十八世紀と考えられ、かつ北海道のアイヌ文化そのものも十四世紀以降の成立とされている。それ以前の擦文《さつもん》文化ないしオホーツク文化も八世紀ごろからと考えられるから、それよりはるか以前の縄文時代におけるこれらの遺構をそのままアイヌのイオマンテと結び付けることはできない。

しかし殺した動物の頭骨、それも食用に供した頭骨に特別な意味を認めて人目に付くところに掲げる習慣は広くみられる。たとえば、ミャンマーの中国国境沿いのカチン州に住むジンポー族やまったく反対側のインド国境に接するチン州のチン族には、村落全体の祭りで牛を屠《ほふ》って肉を共食し、牛の頭骨をこの儀礼を主宰した家の正面に飾る習慣がある。形式はともかくとして、頭骨に対する特別な扱いは、対象となる動物が人間にとって大きな意味を持っていたことを示しており、その霊魂の行方についても何らかの信仰があったことを予想させる。

縄文期においてイルカ捕獲の主目的が、食用にあったことは間違いない。しかし後世の例から考えれば、油や皮革、筋肉（いわゆるスジ）も活用されたに違いない。脂肪層を陰干しすれば油は自然に垂れてくる。真脇遺跡出土の土器に付着したススはイルカ油を灯火に用いた痕跡と推定され、また時代は近世になるが、北海道のアイヌの暮らしを記録した狂歌師、平秩東作《へづつとうさく》は「油をとる江豚おほし。蝦夷人このものより油をとり、三湊（松前・箱館・江差）とも魚の油を用ゆ」と記録している。こうしたイルカの利用法は明治になって再認識され、捕獲法や利用法の論議が起きていた。

真脇における近世のイルカ漁

縄文人たちはどのような方法でイルカを捕獲していたのであろうか。ストランディングはさておき、丸木舟の上から銛《もり》で突くことも当然ありえたし、石錘《せきすい》が縄文遺跡から出土することからみて網漁も行われたであろうが、後世の追い込み漁ほどの規模であったかは何ともいえない。しかし、ここで注目したいのは、この真脇でも、冒頭で触れた伊東市でも、古代から中世に至るまでの記録は全くないが、近世

イルカ廻しの図　イルカの群れを音などで威嚇しつつ多数の船で湾奥に追い込む（『能登国採魚図絵』石川県立歴史博物館蔵）。

にはイルカ漁を行っていたことである。『寛文元年諸国産物帳集成』の珠洲《すず》郡・鳳至《ふげし》郡の「海魚之類」には「いるか海豚魚　形丸ふとく背の色青黒く、はら白し、十二月比より五月比迄捕申候」とあり、さらに石川郡では「正月より三月迄又七月より九月迄捕申候」、射水《いみず》郡・新川《にいかわ》郡では年中、羽咋《はくい》郡・鹿島《かしま》郡では三月ころに捕ると書かれている。ただし追い込み漁であったのか、あるいは船上からの単体捕獲であったのかは不明である。

なかでも真脇ではイルカ追い込み漁が盛んであったことが『能登国採魚図絵《のとのくにさいぎょずえ》』に記録されている。絵を見ると、狭い湾の入り口に向かうイルカの群れを追う船が全部で一六艘《そう》見え一艘には五人（網を操作している船は四人）が乗って両手を万歳させながら威嚇している。網は四重に張られているが、いちばん外側ではたぶん引き揚げていると思われ、内側ではまさに網を打っているところであろう。なお威嚇している一艘には太鼓らしきものを据えて両側から二人で打っており、この船の舳先《へさき》に立つ者だけが両手に何かを持っている。おそらく采《さい》であろう。図絵の説明では触れられていないが、この船が全体の指揮をとっていたのではないか。

この漁法は「いるか廻し」といい、三月節句ころから四月中に行われる。一〇艘ほどの舟のうち、三、四艘は魚船と称して網を積み一艘あたり六、七人が乗り組んで三里ばかり沖に出て見張っている。このほか、六、七艘が一艘につき三、四人ほど乗るつもりで陸で待機している。イルカを見つけると「早打網」というミゴ（稲茎の芯）で作った目の粗い網を打って陸に合図をすると、魚見の番小屋で沖の合図を受けて、待機させていた六、七艘の舟が漕ぎ出し、早打網を入れて船の板子を叩いてときの声をあげて驚かせながら段々に湾の入り口に追い込む。湾内に追い入れるや「麻網」という苧縄《おなわ》製の目の細かい網を打ちまわす。イルカが一〇〇〇頭も入ると、二日もかけてとり揚げる。この魚は人に馴れやすいので漁師たちが群れの中に飛び込み肌をつけて抱き揚げる。

近代のイルカ漁体験談

明治中ごろの状況を記した『日本水産捕採誌』には、当時イルカ追い込み漁が盛んであった個所の一つとして真脇のイルカ漁が紹介されており、同じころのイルカ捕獲量が周辺の集落を含んで『大日本水産会報告』九八号に掲載されている。表4にある小木《おぎ》は各欄とも合計で、宇出津《うしつ》と真脇は一頭ずつの数字だと思われる。年次は不明だが「真脇湾における海豚漁」を撮影した絵葉書が数枚残っている。これらの内容は上記の記述と同様に見える。

真脇在住の坂口庄作さんに二五年ほど前にうかがった話では、夏になると湾内にイルカが入ってくる

表4　明治二十年〜二十二年の石川県下イルカ捕獲量（『大日本水産会報告』九八号、明治二十三年六月）

地区	年次	種類	頭数	肉の量	肉の売価	油の量	油の価格	筋の量	筋の売価	その他の売価
鳳至郡宇出津町	明治二十年	真海豚	二六頭	三貫五〇〇匁	一円五〇銭	八合	十銭四厘	三七匁	一二銭	二四銭
		入道海豚	七一頭	二三貫目	五円	三升五合	二八銭	一四四匁	四四銭	七〇銭
	明治二十一年	真海豚	ナシ							
		入道海豚	五三頭	二三貫目	五円二〇銭	三升五合	二八銭	一二八匁	六八銭	八〇銭
	明治二十二年	真海豚	ナシ							
		入道海豚	七九頭	二二貫目	六円六〇銭	三升五合	五二銭五厘	一四四匁	一円三〇銭	九〇銭
珠洲郡小木村	明治二十二年	記載なし	一二一頭	三千貫	一二一円	一石九斗	一九円		五八円二銭	七六二円三〇銭
										売買総額
珠洲郡高倉村字真脇	明治二十年	入道海豚	七五頭	六〇貫目内外	五円五〇銭					四二〇円五〇銭
	明治二十一年	真海豚	二八六頭	一六貫目内外	一円八〇銭					五一四円八〇銭
		入道海豚	一一〇頭	六〇貫目内外	六円八〇銭					七四八円
	明治二十二年	真海豚	二三〇頭	一六貫目内外	一円四〇銭					三三三円四〇銭
		入道海豚	九七頭	六〇貫目内外	七円七〇銭					七四六円九〇銭

ので、六月から七月に人びとが集まって当年の捕獲のための相談をする。その結果、高倉山にヤマバン（山番）を三人ほど配置し望遠鏡でイルカを見張る。沖をイルカの群れが通ると筵旗《むしろばた》を揚げ「オー」と大声で叫ぶ。その合図で山や畑に出ていた人が集まり、それぞれの小舟を海に引出して一艘につき三人が乗って漕ぎだす。山番は筵旗の向きで方向を示す。イルカの群れの所在はイルカが水面を飛ぶのでわかる。みんな我先にと漕いでいき五〇艘くらいが船団となってイルカの群れを遠巻きにする。真っ先に飛び出したものを一番ガチといってあとで賞金が出た。金額は小さくなるが二番ガチ、三番ガチまであった。そして船端を棒のようなもので叩いて磯の方に狩りこむ。弁天島とオーワラセ（瀬）の中に追い

込み、一番沖側に藁《わら》ミゴで作ったサンビャクアミをかける。イルカは「おぼこなサカナ」なので目の前に何かあるとそこに寄れないため、囲い込みが終わったところでいったん休ませる。大中《おおなか》の十二人組といって一二の組の代表の一二人が集団指導をした。互いにわかっているので全体のリーダーはいない。次の日、囲ってあるイルカを地引網のような網で追い込み、オモキの浜（砂浜だったが、今は埋め立て）の方に寄せて行く。水深が人間の臍《へそ》ほどのところまで追い込んだら、それぞれ海に入り尾びれの付け根に縄をかけて磯へ引き揚げる。これくらいの浅さなら「勝てる」。引き揚げたらとどめとして目の後ろの方を大きな出刃包丁で刺す。海が真っ赤になった。多いときで二〇〇頭くらい揚がったことがある。漁の対象はラッパイルカ、たまにマイルカが揚がる。大きさは同じだが、くちばしの形が違う。年に五、六回揚がったときもあったが次第に捕れなくなり、坂口さんが十代半ば（昭和初期か）ごろまでに終わった。イルカが捕れると今の七尾《ななお》市などから商人が来るので売り渡した。利益は全員の収入になった。たくさん捕れたときは三、四軒に一本ずつ分けた。肉の食べ方は、①平たく切って塩漬けにしておき、焼いて食べる。②煮て食べるが、醤油は贅沢品なので味噌で煮た。③内臓のうちヒャクヒロ（腸）は、しごいて内容物を出してから細かく切って茹《ゆ》でて干してか

真脇湾における海豚漁絵葉書（能登町真脇遺跡縄文館蔵）

ら味をつけて煮た。

昔は油を採って灯火にしたという話を年寄りから聞いたことがある。イルカのヒレは生のまま乾燥させ、どこかに売ったようだが詳しくは知らない。お寺にも「イルカ大中」として寄付した。真脇は本来ブリ漁が中心で多いときには二〇〇軒あったが、その後は九〇軒ほどに減少した。網の繕いは村中みんなで、つまりイルカ大中でやった。細いミゴ縄で目は粗い。村にいくつか倉庫があり、サンビャクアミなどを保管してあった。イルカの数が減ってからは銛で突いて取った。ブリのお初穂《はつほ》は三崎の神社まで持って行ったが、イルカを供えた記憶はない。ただし、真脇の氏神である高倉神社は三崎の高倉神社を勧請したものと伝えるが、三崎ではイルカは神の使いとして決して食することがないのに対し、真脇では近世にイルカ漁の初穂としてまず神前に供えることになっており、あるとき村人の大部分が菩提寺としている寺の僧侶が神職と対立して社も管理するようになったとき、「魚」類を供えることをやめさせたことがある。すると以後イルカが全く寄らなくなったので村人は神主方となって神饌《しんせん》を復活したらイルカも多くあがるようになったという話が伝わっている(『能登志徴』)。これについては後に詳述する。以上が経験者の体験談だが、この平成四年(一九九二)にはすでに細部にわたる詳細は聞くことができなかった。

真脇以外にも能登半島の先端に近い小木(現鳳珠郡能登町)、宇出津(同)で近代までイルカ追い込み漁が行われていた。小木の石井勝太郎さん(大正五年生まれ)によると、一九五〇年ごろまでは小木でイルカ漁をやっていたという。漁は七月ころが多く、イルカ捕りを目的にした組合があった。沖で発見した群れを船で追い立て九十九湾《つくも》に入ったところで湾の入り口を網で仕切った。イルカは腹が白くて背が黒いマイルカだった。イルカの身を切ってから水に浸けておいて五、六回水を換えると血が抜けて白くなってくる。これを焼いたりすき焼きにしたり、塩漬けにしたものを焼いて食べた。沖で船と並走するイルカを離頭銛で突いて取ったこともある。

なお富山湾以北の日本海において組織的なイルカ漁が継続的に行われたという記録はない。ただ秋田県最南部の由利《ゆり》郡小砂川村（現にかほ市）では、イルカの来遊が多いので石川県から教師を招き、明治二十二年（一八八九）五月に三十余頭を囲い込んだが風波が荒くなり、ようやく八頭を得たという報告がある（『大日本水産会報』八九号）。しかし、このあとイルカ漁が地元に根付くことはなかった。

2 中世から続くイルカ追い込み漁 ―長崎県対馬―

対馬藩の特殊な漁業政策

玄界灘に浮かぶ国境の島、対馬。わずかな距離を隔てて朝鮮半島に向き合う対馬は、中世から近世を通じて島主、宗《そう》氏の支配下にあった。江戸時代の対馬藩は幕府と朝鮮国との仲介をしつつ、島内においては中世からの伝統を濃厚に継承した支配体制を維持してきた。各集落は本百姓にあたる本戸《ほんこ》を中心に構成され、さらにその上に在郷給人がいた。寛文《かんぶん》十一年（一六七一）に実施された島内の在地支配体制を再編成した地分け制以降でも、中世以来の在地有力者の系譜に連なる給人は、村高のほぼ五、六割を占める地主的存在だった。彼らは村方支配を続ける旧家と呼ばれ、親方でもあった。給人は元禄《げんろく》期には島内八郷で二五八人を数え、一〇一ヵ村中、給人のいないのは二五ヵ村に過ぎなかったとされる。給人

対馬市全図

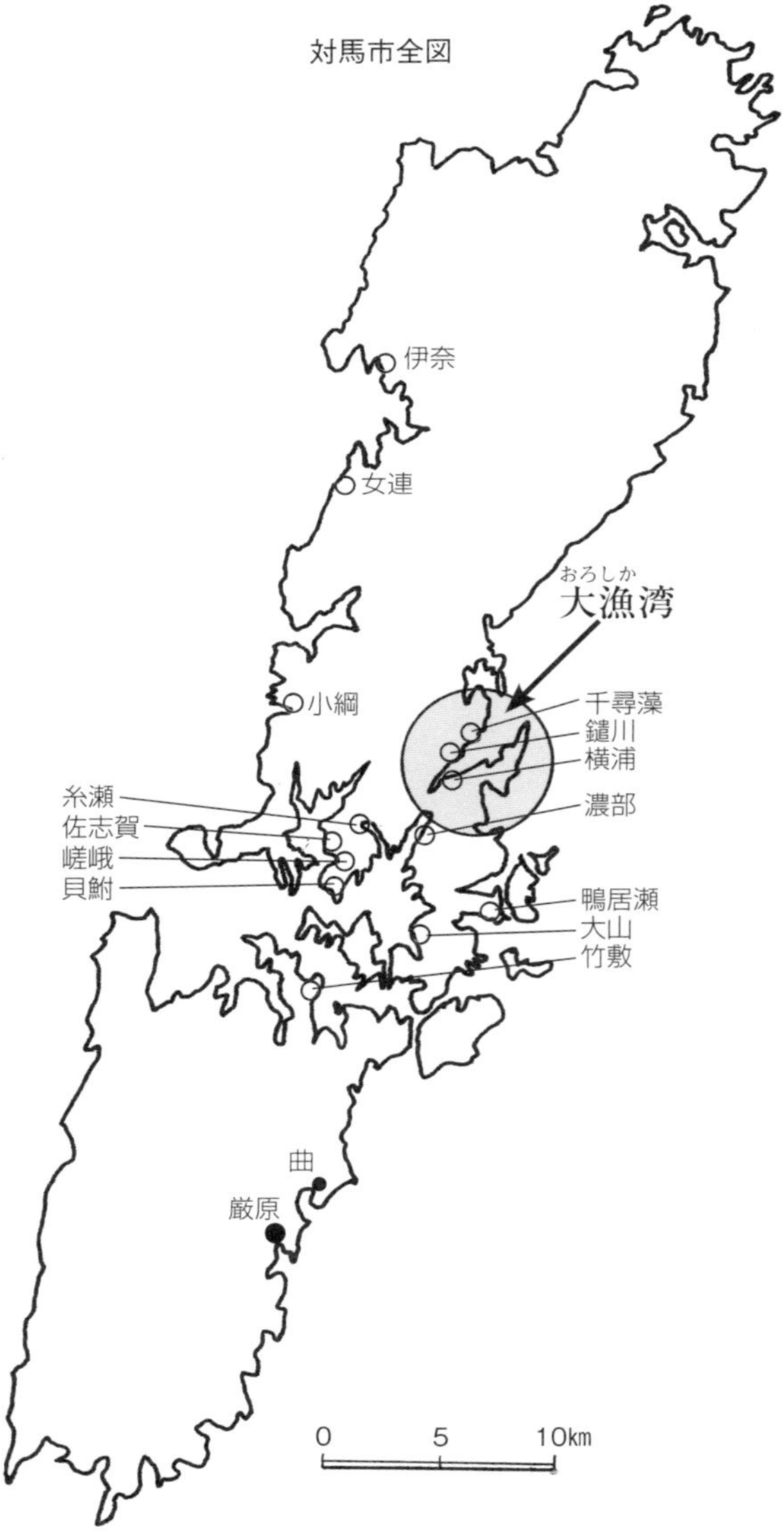

は、ナダと呼ばれる沿岸を所有し肥料となる海藻の採取権を占有していた。その特権は近世になって次第に村中の公役人（本戸）に分割されていくが、これはそのまま公役人の特権となり、それ以外の住民には開放されなかった。いっぽう農村部は自給自足状態に置かれ、藩財政を支えるだけの力はなかった。

対馬藩の財政を支えたのは貿易と漁業である。藩は島民が積極的に漁業に参加することを好まず、あえて他地域からの出稼ぎ漁民や、企業的経営を行う島外の大規模な組織を活用して収益を得るという特殊な形態をとった。これは島民の朝鮮との密貿易を防止するためであろう。藩の漁業政策は外来漁民のあげる利益を藩の意を受けた府内（厳原《いずはら》）の商人を通じて吸いとる仕組みであったため、近世以降に発展したすべての新漁業が外来の資本ないし旅漁師によってもたらされたものであった。この点からいえば、これからみていく対馬のイルカ漁の歴史は、組織的な漁業とは縁遠かった海辺住民が、漁業技術を獲得しつつ漁業の主体となっていく過程を物語るものであった。そして明治になってからも本戸を中心とする組織の残滓《ざんし》があり、しかも集落ごとに民法と称する自治の取り決めのもとに伝統を保持していたので、結果として旧習を濃厚に伝えてきたのが対馬の大きな特徴であった。イルカ漁についても中世の慣行が変遷を重ねながらも昭和戦後間もないころまで継続されてきたのである。

イルカ漁は旅の海士が実施

対馬にはイルカ漁に関して、応永《おうえい》十一年（一四〇四）、島主宗氏がイルカの捕獲を命じた文書（宗家御判物）がある。これは五島の青方《あおかた》文書とともに最も古い時期の記録である。

いるかのそのもの、事、十けん五けんハくそう物たるへく候、かたくさいそく

候、八かいの大もの、事、かたくさいそくあるへき条、
一所、のふ、　一所、かもせ
一所、たけの浦、　一所、わたの浦、
（中略）
応永十一　十二月廿日　　正永（花押）
大山宮内入道殿

イルカの「そのもの」とは、「胙《そ》のもの」つまり神に供えたのち臣下に分け与える肉をさす。「十けん五けん」の「けん」は、長さの単位ではなく、近世史料でイルカやブリを数えるとき使われた「喉《こう》」という本数を数えるときの単位であろう。「くそう物」は供僧ではないか。豆酘《つつ》で赤米を伝える神事を行う世襲の民間宗教者のことを供僧《ぐそう》という。つまり神仏に供えるという形で地元民のものにしてよいということになろう。そこで推論すれば、イルカ一〇本に対して五本は地元民、五本は領主がとるという具合に公私半々とするから、しっかり捕獲せよ、という意味になると思われる。後段の「八海の大物」は鯨のことで、もし寄鯨があったときにも同様ということだろう。

史料中の、のふ（濃部）・かもせ（鴨居瀬）は旧美津島《みつしま》町に属し島のほぼ中央部、上県《かみあがた》と下県《しもあがた》にまたがる地域で海岸線がもっとも入り組んだ、まさに鯨類が湾内に入ってくることを意味する「たつ」には、ふさわしい地形である。宛所の大山氏はこの地域の土豪である。では、大山氏の管理下で実際にイルカ漁を行ったのは誰だろうか。一般的に考えれば地元の住民となるだろうが、対馬にはさきにみたように漁業については地元民が主体的に行動することはできなかった。宮本常一《みやもとつねいち》によると、住民は農業専一の

立場に置かれ、船や網を用いての本格的漁業の大部分は他国からの出稼ぎ漁民が行ってきた。しかし彼らの活動は漁期に応じて季節的に限定されたので船上での生活を基本とし、基地としての納屋を設けるために期間を定めて小屋掛けを許された。その場所は一般住民の集落とはかけ離れており（宮本の傑作『梶田富五郎翁』などにみえる）、地元民との接触を禁じる法令もしばしば出されている。

沿岸における諸権利の実態がこのような状況であったことをふまえ、宮本は、対馬のイルカ漁を行ってきたのは九州鐘崎《かねさき》（福岡県宗像市《むなかた》）から旅稼ぎにきていた海士たちで、その漁法は、網漁とイルカ突きなどであるとし、次のような一文を含む天正《てんしょう》八年（一五八〇）の文書を紹介している。

一　八海のうち海鹿《いるか》たち候する時、公領私の浦によらずにんふ免許之事、義純のはんきやふの旨にまかせ候、但奉行給人の下知にしたかふべし、至其浦らうせきいたすましき事

公領とは藩主である宗氏所有の土地の地先をいい、私浦は地方給人領の地先をさす。海鹿が立ったときには、海士たちは義純《よしずみ》（宗貞信）の判形の通り、公私の区分を問わずに地元住民を使役できるが、奉行給人の下知に従うこと、という内容である。海士は定住地をもたない旅漁師である。近世においてはイルカを陸揚げして血抜き・解体などの処理をするための浜辺は旧来の住民の領域であったから、双方の協力が不可欠であった。だが寛永《かんえい》二年（一六二五）には、海士彦十宛てに、イルカが立ったときは、沿岸の昆布採取を妨害することになっても捕獲に邁進《まいしん》せよという文書（写し）もあり、双方に利害の対立があったことをうかがわせる。

海士と沿岸住民との軋轢

これらの文書でみる限り近世初頭までは、イルカ漁の主体は海士であったらしい。では具体的にどのような漁法だったのだろうか。宝永《ほうえい》七年（一七一〇）、海士が建てた芦ケ浦《あしがうら》の網小屋を地元民が撤去するよう求めたとき、小屋掛けをする以前の状況を役所が尋ねると、「其以前ハおりこう網を用候得共、鮪江豚なとを建込候節、小網ニ而ハ不宜ニ付、八九年前ヨリ大網を拵《こしら》」えて岸に石垣を築き小屋を掛けて網干場を広く設置している、と答えている。おりこう網とは、折子網ともいい古くは細い藁縄をもって織ったもので、ブリキという短冊形の木を一定間隔でとりつけた縄を使って魚を脅して一ヵ所に集めて捕るものである。この網は横浦《よこうら》・鑓川《やりかわ》など四ヵ村でイルカ漁にも使用していたという宝永二年の記録を宮本は紹介している。

こうした断片的な事実からいえることは、中世には海士たちがイルカ漁を主導しており、さきの大山氏宛ての文書も、内情としては海士たちにイルカ漁を督促せよ、という趣旨であったと思われる。海士たちは対馬沿海の漁業において卓越した地位をもっていたが、やがて海士の漁業技術（網・漁船使用など）が地元漁民に習得されていき、地元民と外来の海士との間に漁業権をめぐる角逐が生じてきた。海士の小屋掛けをめぐる騒動は、こうした変化を反映したものであろう。

じつはこの小屋掛け騒動よりかなりさかのぼった天和《てんな》三年（一六八三）、海士と給人すなわち在村の有力者との間に深刻な対立（内容不明）があり、海士は死罪相当の罪を免ぜられるかわりに、これまで迷惑料としてイルカ売り上げ代金の十分の一が与えられてきた権利を停止されるという事件があった。迷惑料とは、在地住民のイルカ追い込み漁が海士の操業を妨げることに対する保障という意味であるから、海士は自ら漁を行わなくてもいわば自動的に支払われるものであった。今回の措置は、その自動給付を廃止し、海士たちがイルカを立て込んだときの歩合は「百姓立込江豚同然」に与えると命じ、かつ磯稼ぎについても地元民との入会にするということになった（十月十八日の壁書控）。なお百姓の取り分は、この時点ではイルカを入札にかけたときの売上金の三分の一であった。もちろん残りは藩庫に納められる。

曲集落（対馬市）

以上の二つの事例から、イルカ漁はこの時期には海士だけでなく、むしろ沿岸部の住民が行っていたことがわかる。おそらく海士の活動を眼前で見ているうちに、住民たちも小型の舟と網を備えるようになったのであろう。本来、沖で活動する海士と浜辺で小漁をする程度の住民とは共存できたのであるが、次第にイルカ漁をめぐる競合が始まったと思われる。イルカの追い込み漁は、海面を広く使用するだけでなく集団でイルカを威嚇するわけだから、当然ながら海士の操業とは相容れない。この事例のもつもうひとつの意義は、結果として海士の漁業特権が制限されたという点にあり、その反対に勃興しつつあった在地の漁業権をきちんと監督下におこうという藩の方針をみることができる。なお宮本はこのような事件が、元来出稼ぎの仮住まいを続けてきた鐘崎の漁民たちが曲《まがり》に定住していく原因のひとつになったのではないかと推定している。

いるか奉行の派遣

イルカ漁からの収益は対馬藩の財政上、かなりの意味をもっていたらしい。藩はイルカ立て込みの報を受けるや役人を現地に派遣し、一部始終を監督するという制度を設けた。この役を「江豚奉行」「江豚検者」といった。イルカ漁のたびごとに現場に役人を派遣した例は、戦国期の駿河湾の「立物奉行」や近世五島列島の富江《とみえ》藩の「江豚追番の御侍」があるが、派遣頻度と具体的な役割が明らかになっているのは対馬だけである。なお対馬藩には「江豚奉行」類似の役名に「鰯《いわし》奉行」「鯨奉行」がある。ここで長郷嘉寿・大山甫両氏の御教示に依拠しつつ、対馬藩庁の日々の記録である「毎日記」（これは総称で、冊子によって名称が異なるものがある）をもとに近世におけるイルカ漁の実態をみていこう。

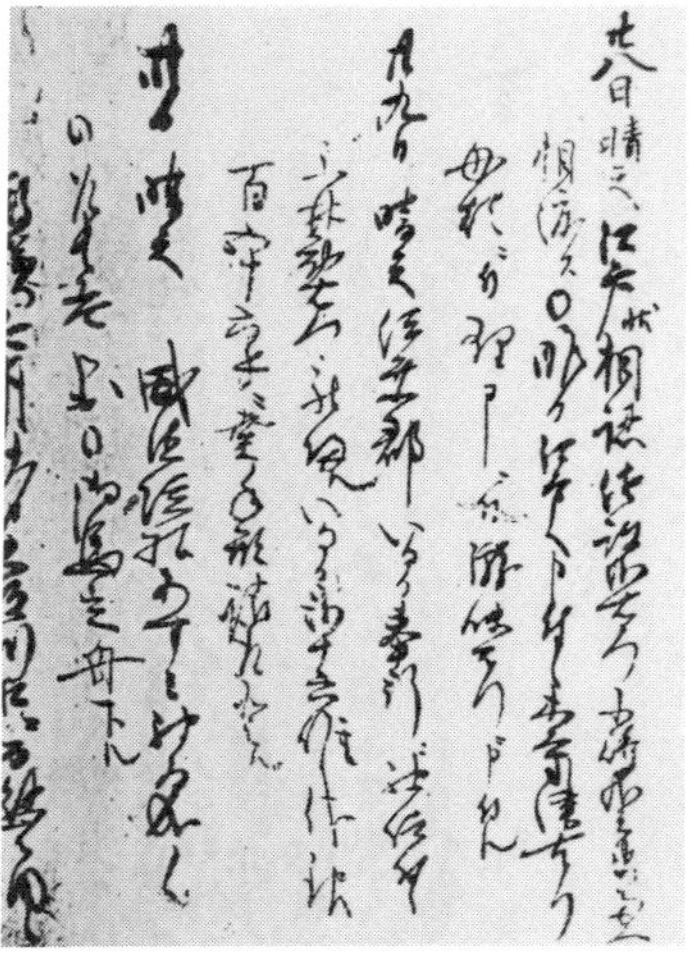
４行目に「いるか奉行」の文字が見える（「毎日記」寛永18年3月29日、長崎県立対馬歴史民俗資料館蔵）

「毎日記」において、イルカ漁に際しての役人派遣の初見は、『豊玉町誌』（長郷喜寿執筆分）によると寛永十四年（一六三七）十二月四日で、「峰郡佐賀浦いるか五六百立候由御案内、為奉行寺田主水佐・大槻次郎左衛門・清水又兵衛被仰付、町々も遣」すなわち、多数のイルカが立ったので三人の役人を奉行として派遣したというものである。じつはこの約一ヵ月前の十一月九日に、仁位郷嵯峨村の給人三郎右衛門が「いるかノ儀付籠者（舎）」を命じられている（「御在国　日々記」）。給人は実質的な村の支配者であったから、村全体がイルカ漁についての報告を怠ったなどの、藩にとってのきわめて不都合な事件を起こしたと考えられる。さらに十二月二日にはこの三郎右衛門ら三人が成敗されている（「日　日記」）。そして同じ村に二日後、三人もの役人が送り込まれたのは、イルカ漁を断固藩の管理下におくという藩庁の意志の表れであろう。このように村に派遣される役人について、「いるか奉行」という呼称が登場するのが次の記載である（右頁写真参照）。

「御留守中之日記」寛永十八年三月二十九日

伊奈郡いるか奉行ニ被仰付候小林勘右衛門罷帰ル、いるか弐十六喉代銀百五十六匁ニ売、手形請取登ル

捕獲後のイルカは、いるか奉行の監督下で入札にかけられ、価格の三分の一が地元、三分の二が藩庁に納められた。これは寄り鯨（瀕死《ひんし》の状態もしくは死体として漂着した鯨）の場合と同様の比率である。次の史料の表題で（郡）とあるのは、この日記が郡奉行所《こおりぶぎょうしょ》において記されたものであることを示す。

「毎日記（郡）」寛文十三年（一六七三）四月二十八日

昨廿七日ニ大船越村之者網引ニ罷出候処、江豚《いるか》立込、大船越御普請場迄注進仕候ニ付、高尾才右衛門中間平右衛門為見分罷出候、魚数廿六喉突揚ケ申候内、一喉ハゑひす魚ニ而《て》、内七喉ハ三ケ壱の分魚ニ而村人ニ相渡、残魚拾八喉差登せ候内、一喉は魚初ニ御下屋敷ニ差上ル、同拾七喉ハ入札ニ而御目付阿比留甚左衛門殿之仰付売、一喉ニ付七匁五歩宛

同　延宝六年（一六七八）七月一九日

銀六拾六匁壱分八厘ハ　三ケ一千尋藻《ちろも》浦人ニ被下候分

同拾弐匁ハ魚見付候者ニ被下候分

右二口ハ六月二十九日ニ二千尋藻浦ニ立候江豚弐拾九喉ノ代銀之内、算用相極村人ニ被成下、如此仁位《にい》草使善兵衛ニ渡ス、委ハ指引帳ニ有之

史料からわかるように、捕獲したイルカは現物で村人に引き渡される場合と、売却代金の一部を与えられる場合があったが、いずれにしろ村人の取り分は三分の一である。なお文中の「ゑひす魚」とは名目は漁神である恵比寿様への供え物という意味だが、実質は村人への慰労金に相当する。また「魚見付候者ニ被下候分」というのは、群れの第一発見者への報奨金である。これは別名「目の皮」といい、群れが発見されて初めてイルカ漁が可能になるわけであるから、全国どこの例でも発見者に対してはとくに手厚い報奨が与えられている。

天和二年（一六八二）の「毎日記」（郡奉行）には、正月七日、おろしか浦にイルカ二〇頭ほどが立込んだという前夜の報告により、検者として大浦九郎左衛門・下目付・中間の三人を派遣した。そして彼らは十三日に戻って次のような報告をした。イルカは三六頭で、そのうち大一六頭は一頭あたり五五匁二分五厘、中一五頭は同三五匁五分五厘、小五頭は同一〇匁六分六厘で、合計銀一貫四七〇匁二分五厘で売却時の入れ札もお目にかけた。二十五日には、海豚運上と初穂代ともで銀九〇〇匁五分四厘を御前に差上げたとある。ぴったりではないが、おおよそ地元一、藩二という割合である。

膨大な毎日記のうち天和二年の冊子の中で目に付いた部分を抄出したものだが、イルカ漁に対する藩の対応がよくわかる。すなわち、島内のどこかの浦でイルカの追い込みに成功すると、ただちに藩庁の郡奉行所に報告が来る。すると常時奉行所に詰めている役人の中から誰かが選ばれ家来を連れて現地に

急行する。正月七日の場合はおろしか浦とあるから、島の中央部(旧豊玉町の大漁湾《おろしか》)の俗に四ヵ浦(大千《おおち》尋藻《ろも》・小千尋藻・鑓川・横浦)というイルカ漁のもっとも盛んな地区であるが、そこに夜にもかかわらず大浦九郎左衛門が派遣されたのである。そして、現地で入札が行われた結果、銀一貫四七〇匁二分五厘の売り上げとなった。この時点における運上金は収益の三分の二であったので、大浦九郎左衛門はほぼそれに相当する銀九〇〇匁五分五厘を持ち帰って上司に提出し、それを受け取った上司が藩庫に収めたのである。大浦は入札の結果を示す入札《いれふだ》を上司に示し、不正のないことを説明している。なお金額が単純計算の三分の二よりも少ないのは、いわゆる「目の皮」としてイルカ群の発見者に与えられる報奨などを差し引いたからであろう。

藩と浦方の取り分比率の変化

この村人の取り分が全体の三分の一ということには村人から不満の声が上がっていた。イルカ追い込み漁には多大の労力が必要とされるのに対して、労せずして入手できる寄り鯨と同じ扱いであったからである。そこでこの年(天和二年)に官民の割合は半々に変更され(寄り海豚だけは従来通り)、従来の「立江豚運上銀」は「江豚半分銀」ともいうようになった。貞享《じょうきょう》四年(一六八七)十一月、四ヵ浦の千尋藻浦に八〇〇頭ほどと思われるイルカを立て込んだときには、藩役人立ち合いのうえで一〇日間かけて取り揚げた。総数は予想以上で二六二二頭に上り、代銀は一三貫一七八匁三分五厘、諸経費を差し引いた運上銀が五貫九二〇匁六分二厘であったので、浦方の取り分もこの程度であったと推定される。

さて、さきの正月の記事において引用史料の冒頭に人名を列挙したのは、郡奉行所の毎日記には必ず当日の「詰」、すなわち役所内に勤務している者と「出」すなわち出張中の者の名が書かれていて、今回のイルカ漁についてては、大浦九郎左衛門がその任に就いたということを示すためである。大浦は別の日には詰となり、あるいは領内のさまざまな事件に対応して出張している。ここにあげられている者たちが、郡奉行の配下として東奔西走していることがわかる。対馬藩の行政組織については研究が進んでいるが、農村の支配にあたった役所の詳しい機構や運営については未詳のことが多い。余談ながら「毎日記」の詳細な分析が待たれるところである。

もう一点、「毎日記」を見ていて判明したことがある。それは、この場合はイルカ二〇頭を確保したという報告によって出張し、実際は三六頭が捕獲されたのだが、たとえ一頭であっても、郡奉行所に報告が来ていることである。対馬藩にとって、イルカ漁からの収入がかなり重きをなしていたのではないか。他の地域においても当然ながら運上金の取り立てはあったが、イルカ漁についてこのように強固な徴収の仕組みが存在したのは対馬藩だけである。捕鯨にくらべればはるかに金額は少なかったと思われるが、捕鯨は請負った専門業者に対する課税であるのに対して、イルカ漁の場合は在地の集落を単位とする漁業であり、それがかなりの収益を上げていたとすれば、藩としても無視することはできない。役人を派遣しても見合うだけの税収があがるという意味でも、藩財政にとってかなりの重みをもっていたのではないだろうか。また、さきに引用した延宝六年の記事の末尾に「委ハ指引帳ニ有之」という文言が見える。これは藩の収支を示す帳面にイルカ漁からの収入が記載されていることを示している。指引帳の分析ができればイルカ漁からの収入が藩財政に占める比率が判明し、全国的にも稀なイルカ漁と対馬藩の特殊な関係が明らかになる可能性がある。

なおイルカ漁の利益配分については、天保二年に藩と浦人半々となったが、さらに不満の声があがってきた。浦人にすれば総力をあげて行う漁であるにもかかわらず、死骸が打ち上げられる寄り鯨よりも分が悪いのでは一生懸命やる気にもならず、小さい群れは見逃してしまうということになるかもしれず、そうなれば結果として藩の収入も減るというような理屈が唱えられ、正徳《しようとく》元年（一七一一）十一月二十日、配分は諸経費を差し引いた残りの三分の二を浦人へ、藩は三分の一という比率が確立された。

浦方における利益配分

これら領主側の記録に対して、漁民側のイルカ漁資料は近世においてはほとんど見られないのだが、正徳四年（一七一四）八月十二日から六日間にわたって四ヵ浦に立て込んだイルカ四一五頭（売上総額は一二貫五〇八匁一分）の利益配分を記した覚書が『豊玉町誌』にある。

ちなみにこのときには、足軽《あしがる》まで入れて五人の役人が来ている。この金額から海士に対する十分の一、発見者や役人への祝儀、さらに三分の一の運上を引いた残りの、七貫四六八匁一分四厘（村の取り分である三分の二）から初尾二頭分を差し引いた七貫三七七匁八分六厘が村人への配当金となった。これを四ヵ浦の人数に合わせて村毎に配分した金額をみると、大千尋藻が、三五人で二貫二四五匁四分、小千尋藻が二一人で一貫三四七匁二分五厘、鑓川が三〇人で一貫九二四匁六分五厘、横浦が二九人で一貫八六〇匁五分となる。人数合計一一五人、一人平均で六四匁一分五厘五毛となった。このときの四ヵ浦の全戸数と人口は不明だが、元禄《げんろく》十六年（一七〇三）分の「対州郷村帳」による総人数は二五九人である。配分を受けた人数とに大きな食い違いがあるのは、この場合の人数が漁に参加した本戸の成人者数という意味だからだろう。近代のものではあるが、大正十二年（一九二三）改正の四ヵ浦民法新規約には、十四歳以上の男子に配当すると定められており、これは旧来の習慣をある程度継承したものと推定されるから、ここに挙がっている人数も同じような基準によっているとみられる。

参考までに文政《ぶんせい》二年（一八一九）作成の奴加岳《ぬかだけ》村小綱《こづな》における海豚の配分規定（宮本常一『対馬漁業史』）を示し、後述する近代の場合の比較資料としておく。奴加岳村は、浅茅《あそう》湾に北側から突き出した逆T字型の半島にあり、小綱はその付け根の西側に位置している。資料中の四ヵ村とは、小綱・大綱《おおつな》、志多《したの》浦《うら》・銘《めい》のことで、戸数は合計で一五〇戸ほど、網は共有のものが三張あった。

一　網方村方仕分ケ何れも網方ハ四分村方ハ六分方

一　御運上《うんじょう》魚弐歩方上納

　残ル分ニて張留《はりどめ》料魚弐分方相与へ

　但シ張留壱番張弐番三番之御分ケ

　壱番ハ弐歩方之内六歩方相与へ

　残ル四歩方ヲ又弐番ばりに相与へ

　残ル四歩ヲ三番張ニ相与へ

一　ぬれしろハ弐勺《しやく》中ヨリ其時々見合を以相与へ

　内網船前同断

　但し

　外之船ハ村万（方カ）之分ヨリ相与へ

<table>
<tr><td colspan="5">①総収益　100</td></tr>
<tr><td>20</td><td colspan="4">②　80</td></tr>
<tr><td rowspan="4">運上　2歩
①× 0.2</td><td>16</td><td colspan="3">③　64</td></tr>
<tr><td rowspan="3">張留料（一番・二番・三番）
ぬれ代
魚２歩
②× 0.2</td><td>19.2</td><td colspan="2">④　40.8</td></tr>
<tr><td rowspan="2">諸公役　三匂
③× 0.3</td><td>17.92</td><td>26.88</td></tr>
<tr><td>網屋　4歩
④× 0.4</td><td>村四ヶ村　6歩
④× 0.6</td></tr>
</table>

文政２年奴加岳村江豚漁収益の配分　網かけ部分の数字が各名目の実質的配分高の割合となる。宮本常一『対馬漁業史』（著作集㉘ 141 ～ 142 頁）より作成。

残ル四歩網屋、六歩ハ村四ケ村
右者文政二巳卯七月六日江豚張留ニシテ分ケ
方仕分ケ尤
其外鰹等ニ至ルたち物類之節茂以来如斯取極《かくのごとくとりきめ》
申候　以上

宮本の解釈によれば文中の分・歩・匂はいずれももとの数字の一〇《パーセント》を意味するとされるので上の図はそれに従った。一番張りから三番張りの配分比率は図では省略してある。結果的には一番張りの取り分が全体の九・六《パーセント》となって明治期の各地の例と大差なかったことが分かる。なお、この地区では大敷網の発達とイルカの回遊が少なくなったことにより、早い時期にイルカ漁は消滅した。

近代におけるユルカ捕り

明治になると組織や利益配分等に関する取り決めが文書として残されている。また何よりも、実際にイルカ漁を行ったときの体験談がある。次に、それらをもとに、イルカ漁が実際にどのように行われたのかをみていくことにしよう。

イルカが回遊してくる時期は必ずしも一定ではない。その種類は、ネズミイルカ、ハンドウイルカ、マイルカ、それにゴンドウである。対馬ではとくにネズミイルカが大量に捕獲された。ハスの出ていないイルカが多いというのが、このネズミイルカのことであろう。大規模なイルカ漁が行われなくなってからは、漁師にとってイルカは邪魔な存在なので、銛銃を撃って追い散らしたこともあった。イカ漁に出ていたらイルカに追い上げられたイカが真っ白い固まりになって浮いていたということもある。イルカ漁が最も盛んだった豊玉町の四ヵ浦の一つ、鑓川の杉原久さん（昭和九年生まれ）の話からユリカドリ（イルカ漁）の概要を紹介し、続いて重要項目ごとにあらためて問題点を考察することにしたい。

杉原さんは、昭和二十六年に浦の学校前で千本余りとれたのが最後だったと思うという。四ヵ浦では旧十月十日に浦祭りという大きな祭礼が行われるが、その中心になる若者が集落ごとに各一三人決まっている。一三人は各家の長男のみが学校卒業とともに参加し、誕生日順で下から一番、二番と番号で呼ばれる。一三丁の櫓《ろ》を備えた和船の漕ぎくらべともいうべきフナグロにもこの組織が活躍するので、櫓一丁、トビ一丁、櫓を押すときにつける紐（ハイコという）は若者に入るときに用意する必須の道具である。ユリカドリに際してもそれぞれに役割が振られる。たとえば番号で一番の人の役をオモテマワリというが、漁に際してはイルカを引き寄せる道具であるトビ・包丁などをまとめて保管する。トビの柄には家印が切ってあるが、現場では赤いキレ（布）を結んで目印にした人もある。トビは金具部分が長さ約五寸、柄は二尋くらいだった。

濃部《のぶ》では海が見える岡の上で老人が見張ったともいうが、四ヵ浦では偶然に発見されるのが普通である。第一発見者をメノカワといい、漁のあとで特別な配分がある。発見は日中とは限らない。冬の夜、和船でガスランプを使用するイカ釣りに出ているときなど、海面からブーブーなどと音が聞こえるので暗くても気がつく。海からオカに向かって大声で叫ぶと、夜中でも誰かが聞きつけ、村中に知らせてまわる。イワシ網を使って仮仕切りをし、のちに共有網で囲う。

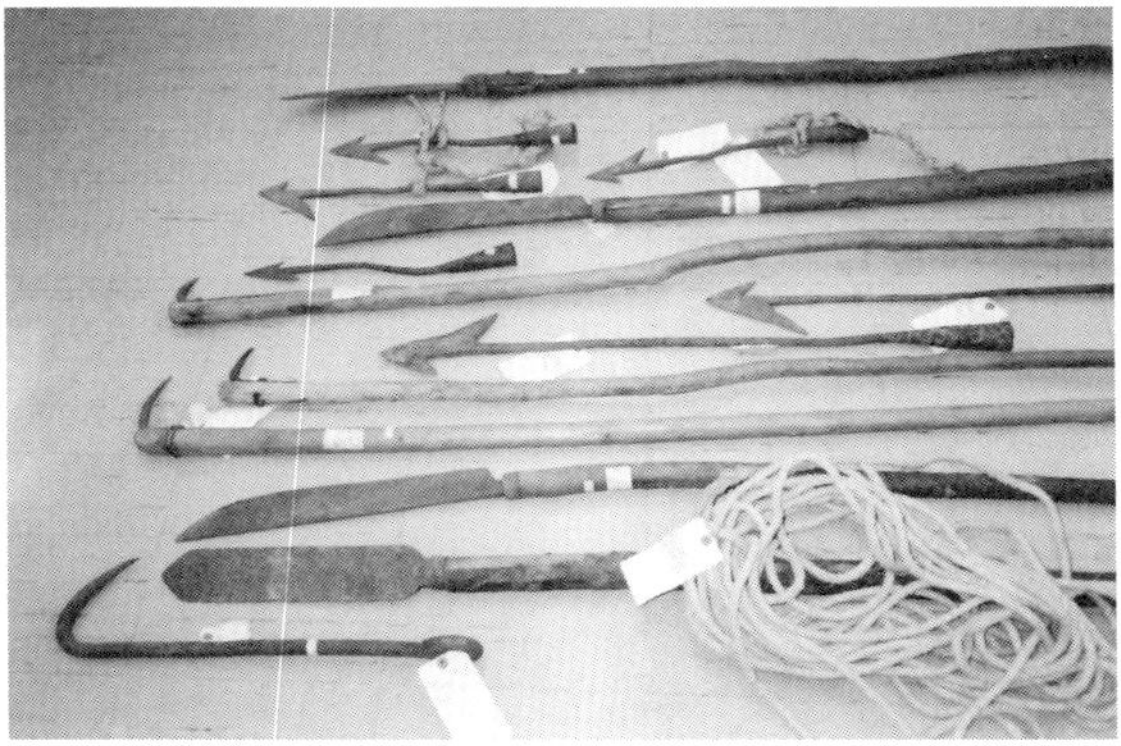
イルカ漁の用具（対馬市美津島町公民館蔵）

イルカが来ると「オキドメ」といって、湾内（五七頁地図参照）の漁はいっさい禁止となる。湾口から追い込むようなときには、船べりを叩き、カタオシが仕切った網に追い込む。すると、大千尋藻・鑓川の組、小千尋藻・横浦の組から各一隻、女性を二人ずつ乗せた舟が漕ぎだして、どちらの舟の女性が最初にイルカを突くかを競う。女性の衣装は、赤いオコシ、絣《かすり》の着物、タスキがけで真っ白な鉢巻きをしめる。女性が一番銛をうったイルカを引き揚げて海岸でチマツリ（血祭り）が行われる（この表現は大漁湾の四ヵ浦でのみ使われる）。大きな鍋で醤油・砂糖といっしょに肉を炊き、各自で皿に盛って浜に出て食べる。焼いて食べる人もあった。食べ終えたところで本格的な漁に入る。イルカの鼻先にカギをかけて浜にあげ、薙刀《なぎなた》に類したもので腹を裂く。血を抜かないと生臭いといって売れ行きが悪くなる。

浜にはヤクインバ（役員場）が設定され、各集落から区長・

世話役が各一人、ムラギミが二人ずつ順番制で出て一切を仕切る。この役員場の設置は、近世における江豚奉行（江豚検者）が取り揚げの一部始終を見極めるために陣取ったことの名残りかもしれない。水揚げしたイルカは仲買人や隣村の希望者にも売り、残りを集落の大きさに応じて配分する。中には男の人数でわける集落もあるが、鑓川では一五軒のホンコ（本戸）で等分する。この肉を親戚などにも配分する。浜で焚き火をたいて賑やかにわける。役員の世話は若者がするが、夕方になると座が乱れてきて名物のカスマキを買って来て、大きい、小さいで騒ぎになったことがあったとか、赤羊羹《ようかん》を食べすぎて小便が赤くなった者もいて、病気だと騒いだこともあった。「ユリカドリ」というのは、こうした賑やかな作業の代名詞でもある。

オカに揚げたイルカに、元気のいい女の人がアカベコ（腰巻き）をかぶせると、そのイルカは女性全体のものになる。これをカンダラといい、売った費用で女性だけの宴会を開く。これを腰巻カンダラという所もある。

各家に持ち帰ったイルカの肉は、薄く切り、湯がいて、酢味噌で食べる。内蔵はヒャッピロという。不要部分は各家のホリコミにぶちこんで肥料にした。「イルカの血を飲むと産後の肥立ちによい」「冷え性の人はイルカを食うとよい」という。イルカを売り歩く行商人が、「イルカ、イランカ」と言って話の種にされたこともある。どこかの浦にイルカが上がると聞くや、早速買いに行くほどイルカ肉に対する嗜好《しこう》は強い。大小の肉をカズラ（葛茎）や稲藁で通して結わえ近隣の親類や知人たちへ贈り物にしたという。なおイルカを沖で銛で突いたとき、そのあとを追ってきたイルカもいたという。また、「ひとつ群れをとると、次が来るぞ」ともいう。

本郷
2015.11
吉川弘文館
本郷
2016.1
吉川弘文館
本郷
2016.3 NO.122
吉川弘文館

（ご注意）
・この用紙は、機械で処理しますので、金額を記入する際は、枠内にはっきりと記入してください。また、本票を汚したり、折り曲げたりしないでください。
・この用紙は、ゆうちょ銀行又は郵便局の払込機能付きＡＴＭでもご利用いただけます。
・この払込書を、ゆうちょ銀行又は郵便局の渉外員にお預けになるときは、引換えに預り証を必ずお受け取りください。
・ご依頼人様からご提出いただきました払込書に記載されたおところ、おなまえ等は、加入者様に通知されます。
・この受領証は、払込みの証拠となるものですから大切に保管してください。

収入印紙
課税相当額以上
貼　　付

印

この用紙で「本郷」年間購読のお申し込みができます。

◆この申込票に必要事項をご記入の上、記載金額を添えて郵便局でお払込み下さい。
◆「本郷」のご送金は、４年分までとさせて頂きます。

この用紙で書籍のご注文ができます。

◆この申込票の通信欄にご注文の書籍をご記入の上、書籍代金（本体価格＋消費税）に荷造送料を加えた金額をお払込み下さい。
◆荷造送料は、ご注文１回の配送につき380円です。
◆入金確認まで約７日かかります。ご諒承下さい。

振替払込料は弊社が負担いたしますから無料です。

※領収証は改めてお送りいたしませんので、予めご諒承下さい。

お問い合わせ　〒113-0033・東京都文京区本郷７―２―８
吉川弘文館　営業部
電話03-3813-9151　FAX03-3812-3544

この場所には、何も記載しないでください。

各票の※印欄は、ご依頼人において記載してください。

払込取扱票

通常払込料金加入者負担

02 東京

口座記号番号 00100＝5＝244

金額 千 百 十 万 千 百 十 円 ※

加入者名 株式会社 吉川弘文館

料金

備考

ご依頼人・通信欄

フリガナ

※お名前

郵便番号　電話

※ご住所

※

◆「本郷」購読を希望します

購読開始　号 より

1年 1000円（6冊）　3年 2800円（18冊）

2年 2000円（12冊）　4年 3600円（24冊）

（ご希望の購読期間に○印をお付け下さい）

日附印

裏面の注意事項をお読みください。（ゆうちょ銀行）（承認番号東第53889号）

これより下部には何も記入しないでください。

切り取らないでお出しください。

記載事項を訂正した場合は、その箇所に訂正印を押してください。

振替払込請求書兼受領証

口座記号番号 00100＝5 244

通常払込料金加入者負担

加入者名 株式会社 吉川弘文館

金額 千 百 十 万 千 百 十 円 ※

ご依頼人 おなまえ ※　様

料金

日附印

備考

この受領証は、大切に保管してください。

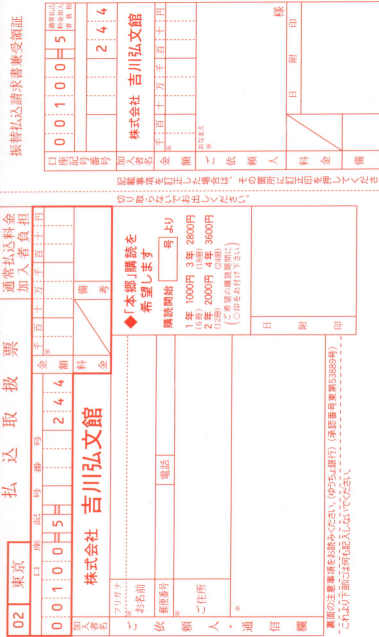

漁法と規約

対馬におけるイルカ漁に関しては、とくに近代以降の漁規約がよく残されている。それはイルカの捕獲が主たる生業であるからというよりも、村をあげての大規模な作業であり、すべての住民が何らかの形で関わる大きな行事、という性格をもっていたためである。なお対馬の特性として独自の村規約を定め厳格に遵守し、かつ共有文書は厳重に管理されている例が多い。内容は近世以来の古い体制や慣行を下敷きにしており、かつては村の名を冠した何何憲法ともいわれるほど厳しいものがあった。たとえば四ヵ浦におけるイルカ漁についての厳密な規定の制定もこのような風土に根ざすところが大きいと思われる。もちろんイルカ漁からの収益の大きさと、旧来の本戸が持っている特別の権利を維持するという目的もその背景にあろう。つぎに現在の聞き取り調査ではすでに分かりにくくなっている部分を含め、イルカ漁の実際について規約等を基礎にしてまとめてみよう。

〈メノカワ〉　イルカの群れの第一発見者にはメノカワ（目の皮）と称する特別報酬が与えられる。これは、近世の史料においては一二匁《もんめ》と定められていた。明治以降の各浦の規約を見ると、三里（貝鮒《かいふな》・嵯峨《さが》・佐志賀《さしか》）では、明治二十八年（一八九五）に「目代」として売上高から運上金を差し引いた残りの五歩（五パーセント）、昭和二十一年（一九四六）には、売上価格が一〇〇〇円未満の場合は見合せ、一〇〇〇円から一万円までは三歩、それ以上の場合は一万円を限度、と改訂された。四ヵ浦では、大正十二年（一九二三）の規約に「目ノ皮ノ部」が定められ、鯨一本は一五円、イルカとマグロの場合は、一〇〇本以上の場合に限り、売上高の平均代価の一本分、それ以下のときは見計らい、とされている。

対馬の場合には、明治以降伊豆各地で盛んであった船を出しての組織的な探索は行われず、あくまでも他の漁に際して偶然みつけるか、場合によっては高台において老人が海を自主的にみていて群れをみつけるといったことにとどまっていた。

〈追い込み〉 イルカの群れが発見され村人に知らされるや、千尋藻の場合はただちに村船（地船、早船ともいう）に村網を積み込んで大漁湾の入口に向かう。四ヵ浦からそれぞれ漕ぎだした船が群れを湾内に向かって追い込む。このとき、使用されるのがブリキとかカズラと呼ばれる道具である。ブリキとは、フシやカエデ等の木を長さ三尺ほどに切って皮をむいたもので、その一端を長さ二〇〇間ほど、太さ一寸ほどの太い藁縄に六尺くらいの間隔を空けてカズラで結んだもので、これに重りとして碇石《いかりいし》を吊るして網を上下させる。ブリキが海中で光り、イルカはそれに怯えて追い込まれていく。同時に乗船者は船端を木で叩き大きな音をたてる。

〈網の張り掛け〉 こうしてイルカが湾に入り所定の位置を過ぎたところで湾口を大きな網で締め切る。たいてい横浦側のツヤ島から対岸の千尋藻側の鬼島にかけてである。これを一番張りという。大引網は藁製で六尺目の三〇節を一反（一反は二〇尋）とする。イルカの大きさからいえば楽に通り抜けられる大きさだが、決して潜り抜けることはない。普段、この網は村小屋に保管してあり、イルカ発見と同時にただちに船に積み込み、集落ごとの競争で沖に運んだ。というのも、大引網を最初に入れた一番張りには割増配分があったからである。一番張りの内側では、再びカズラを使ったり、船端を叩いたりしてさらにイルカを湾奥に追い込み、必要に応じて順次二番張り、三番張りが行われ、群れを浦底に追い詰める。なお、明治十一年旧正月に三里の寄合で定められた規約では、一番張りは売上の九パーセント、二番張りは七パーセント、三番張りは四パーセントとなっていた。この割合は同二十八年にも確認されている。しかし戦後すぐの昭和二十一年にはそれぞれ一パーセントずつ減少している。

いっぽう四ヵ浦の大正十二年の規約では最初に張り切った網に対して五分の一（全体の二〇パーセント）、二番張り以下はその中から三分の一（全体の六・七パーセント）、三番張りはさらにその残りの三分の一（全体の四・四パーセント）となる。したがって一番張りであっても三番張りまで配分があれば実質は八・九パーセントとなり、さきの三里の配分率と大差ないことになる。

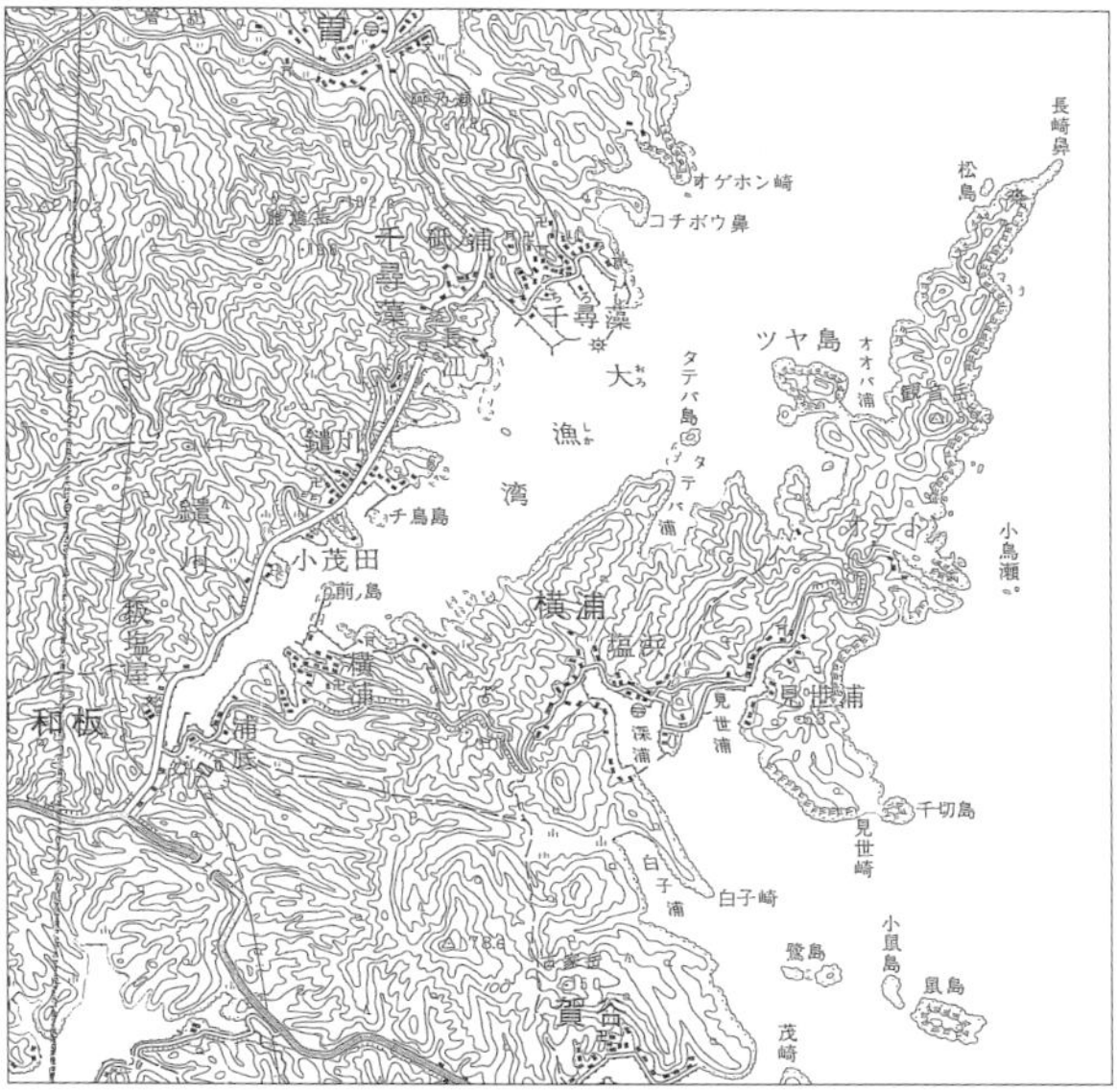

大漁湾と四ヵ浦（5万分の1地形図「仁位」）

イルカ網（長崎県対馬市横浦）

なお二番張りが無かった場合でも一番張りの配分額から三分の一は引き去られ、四ヵ浦に配当されることになっていた。濃部などでの戦後の規定では一番張りに対してはイルカ二〇本以上の場合に一本で、それ以下の場合は配分はなく逆に大量にとれた場合には合議して決めることになっていた。

このように、場合によっては三重に網をかけてイルカを岸に寄せていき、最後はメズマリといって、一尺目ほどの網を張りまわし、イルカを完全に囲い込む。なお四ヵ浦の規定にエギリ網は順番に借りることとして、その順番を示す伊勢松とか谷作という人名が見える。このエギリ網というのは張切網の内側に使用する網のことをいい、当時はイワシの地曳網《じびきあみ》を使用した。人名はその網元を示すものである。

ここまでくると群れの規模も明確になるので、関係者が協議して今後の段取りを決める。数百頭を超えて一度に取りきれないときは、数日かけて取り揚げる。その間、イルカが逃げないように見張りをする役があった。これを夜番と称し、若者たちが勤めた。たとえば、四ヵ浦の大正十二年規約では「夜番賃」として二円以上五円までの間で支払われ、出た者には一人前白米六合が支給された。

イルカ漁への動員体制

イルカ漁からの収益は近世以来、村の支配層を構成していたホンコとよばれる家々だけがその恩恵にあずかることができた。イルカ漁には男子は十六歳で初めて参加し、六十歳になると引退する。若者のあいだでは年齢によって役割が細かく定められていて、さきに一部を紹介した一三人の役割分担は、日野義彦によると、ブリ船には一二番を船頭に、一・二・六・七・八・九・一一番が乗り込む。一三番はオカで指示を出す。また残りの三・四・五・一〇番はカタオシといって網船に乗り込む。一〇番がトモ櫓を漕いだという。

四ヵ浦では十六歳にならない子供たちは自分の村の六十歳以上の老人を村船に乗せて浦底（湾の最奥部）で見物させるならわしであった。また十六歳から三十歳くらいまでの一〇〇人ほどの女性が大千尋藻と鐙川の組、小千尋藻と横浦の組の二手に分かれ、一番内側に張られた大引網を引くことになっていた。こうした浜辺での作業の全体指揮は区長や総代、それにムラギミと呼ばれる人びとがとる。ムラギミとは四ヵ浦から各二人ずつの計八人で、大漁祝いの金銭の管理をしたり賄いもした。

もうひとつ興味深いのは、四ヵ浦の規約のなかで、網を張り切ってからの揚げ方初日には六十歳以上の男子がでて女子は留守番をする、また揚げ方が数日に及ぶときは二日目から男女とも火の用心と周辺の監視のために留守番をするという規定があることである。これは千尋藻（元禄十一年）や鐙川（天保十一年）で村の大半を失う大火があったことも影響していようが、イルカ漁は年に多くて数回、場合によっては数年に一回という珍事であり、周辺からも大勢の見物が訪れて漁の様子を見守った。当然よからぬ輩が入り込むこともあり、それに備えての留守番だと思われる。

〈女のハツモリ〉　捕獲にあたり、最初に女性による銛うちが行われるのが対馬イルカ漁の最大の特色である。この儀礼はハツモリともいわれ、その様子はさきに体験者の話を紹介した。これに関しても規約がある。たとえば、大正十二年（一九二三）旧六月十五日の四ヵ浦の規約は次のとおりである。

一、鯆張切タル場合ハ従来ノ旧慣ニ依リ女ヲ以テ最初一番ニ搗方《つきかた》ニ付契約スル事左ノ如シ

一、壱区ヨリ女弐名男子参名出場ノ事

一、各区ノ突船ハ揚ケ網ノ後ロニ廻リ勢揃ヒナシ役人ノ指揮ヲ待ツ可シ

一、役人ノ合図ヲ同時ニ網内ニ押シ込ミ拵《かせぎ》ナス事

一、壱番ヨリ弐番迄賞品ヲ付与ス

一、本年度壱番舖ニ対シ金弐円弐番舖ニ対シ金壱円ヲ付与スル事

これによれば、各区から女二人、男三人が出場し、役人の合図でいっせいにスタートすること、二番までは賞品が出ること、さらに一番には二円、二番には一円が与えられることとなっている。これはハツモリで捕獲したイルカ一本とともに女性たちの宴会の資金源になったから応援にも熱が入り、かつ本人も責任を感じて必死になったことが推察される。なお、阿比留嘉博によれば前年の規約では、一番舖に与える「ネル一丈」を優勝旗として揚浜（イルカを捕り揚げる海岸）に用意しておく、二番舖には「洋手拭三筋」が与えられることになっていたとある。

また同じく四ヵ浦の昭和六年（一九三一）十一月三十日の決議事項には、参加する女性の条件が次のように規定されていた。

一、鯆取上ニ際シ女各区ヨリ弐名宛ツ、突キ船ニ乗ル者ハ数エ年弐拾五才以下ト定メ年齢ヲ越エタル者ハ無効トナス

但シ日支《ひつか》エ及ビ身支《みつか》エ等ニテ乗ル者無キ時ハ四ケ浦ノ役人ノ許可ヲ得ル事

実際の体験者の話の間にさまざまなくい違いがあるのは、記憶違いや年によって規約が変更されていたり、地区の事情があることも原因になっていよう。

ここで実際に舖を打った女性の体験談を紹介しよう。千尋藻の筑城ミヨさん（明治四十年生まれ）は、十七歳のときからイルカ漁に関わった。イルカを囲った網は女性が中心になって引くのである。船に乗

って銛を打ったのは四十二、三歳のころで、その後もう一回乗ったことがある。一隻にロオシバン（櫓押番）の男が三人、女が二人乗る。「人の部落に一番銛をたてられるもんか」と互いに張り合った。まさにフナグロ（競漕）である。衣装は襦袢《じゅばん》一枚に下は腰巻、裸足に藁草履を履いて、頭には手拭いの鉢巻きをねじ込む。年上の女性が「オレが打ち込んだら、じき打ち込め」と指図してくれる。片足を船端にかけ、銛をかたげて（構えて）「今だ」と言われたときに打つ。このイルカがあとで女たちのものになった。縁側で銛を打つ恰好をしながら、「懐かしゅうて。やっぱ好きじゃけんの」とミヨさんは語ってくれた。

横浦の斉藤光枝さん（大正十二年生まれ）は、満十六歳で嫁にきて、二十五歳のときに銛を打った。四ヵ村（四ヵ浦）で各一人ずつ出ることになっていたので、二十五歳を筆頭にそれ以下の嫁の順番を決めてあった。部落の組み合わせが決まっていて、小千尋藻・横浦で一艘、大千尋藻・鑓川で一艘を出し、それぞれに女が二人乗る。女性の服装は二人とも、白ジバンに縞の手織りの着物の上にトモギレのハンチャ（半纏）を着て赤いオコシ（アカベコ）を出す。赤いタスキにタオルの前鉢巻き。足ごしらえは女物のハンデン（きゃはん）をつけ、靴下に地下足袋。二人とも同じ衣装である。船の大きさは五尋ほど。三丁だちという。二人のうち、どちらでも早い方が投げる。三人の男が銛についている綱を引き、これをオカの人に渡してオカに引き揚げる。女四人のうち、三人まで銛を打つ。三番銛までユリカの賞品があった。一番銛はそ

銛投げの所作をする筑城ミヨさん（千尋藻）

の所属集落で一本貫えたのでチマツリといって、大きな鍋で肉をたいて食べる。チマツリは年寄り中心なので、それと平行して漁を行う。銛を打つ女性が孕《はら》んでいたり、月のサワリのときは「今度はツカエですよ」といって役につかない。二十六歳になってしまうと、もうチャンスは与えられない。女の人が揚がってきたイルカの一番太いものにアカベコをかけるとその村のものになる。

大千尋藻の原田いせ子さん（昭和七年生まれ）は、こうした女性の銛打ちの最後になった人である。昭和二十七年（同二十六年ともいう）のことだったというが、何年ぶりかで六〇〇頭ほどのイルカが入った。地区の嫁のうち若い方から二人が出ることになっていて、いせ子さんが最年少の嫁であったので、一歳年上の原田つるえさんと二人で銛を打った。衣装は絣の着物を着て鉢巻をし、脚絆《きやはん》をつけた。四ヵ浦からそれぞれ二人ずつ乗った四艘の船が漕ぎ出し、競争で群れに突っ込む。イルカの背は滑るので女の手ではなかなか打ち込めないが、何度も試みたものだという。

旧豊玉町濃部では大山《おおやま》・糸瀬《いとせ》と一緒に漁をする。濃部の小杉キク枝さん（大正十四年生まれ）の話では、女で乗るのは三十歳の人で余所から嫁に来た人は乗せない。キク枝さんが乗ったのはやはり三十歳のときで、このあと二、三人がやっている。タオル鉢巻き・長襦袢（色は不定）・タスキはピンク。オナゴ二人が乗る。男が一人乗って銛で突いてくれる。漕ぐ人も一人。たくさん取ったイルカのうち一番大きなものに年寄りがオコシをかぶせた。

他村からの嫁にもやらせたかどうか、あるいは年齢など、漁に関わる地区によって若干の違いはあるが、部落で選ばれた女性が互いに競い合って一番銛を打つこと、つまり女性の儀礼的な銛打ちがなければイルカ漁は始まらないという点が共通している。これは、対馬のイルカ漁における最大の特色である。

なお、北見俊夫は著書の挿絵に海豚取りの三人の女性の写真を掲載しており、そこには白足袋に草履、裾の短い着物に前掛けをつけて幅広のタスキをかけ、頭には鉢巻きした姿が写っている。

そこで現在では聞き取りが不可能になってしまった部分などを既刊の報告からも紹介しておきたい。まず日野義彦が女ハザシとして有名だったという昭和四十九年（一九七四）当時八十三歳であった杉カネさんから聞いた内容を引用する。カネさんはおはぐろをのぞかせながらこの話をしてくれたのだという。

（イルカが入ると四ヵ浦の女たちは）イルカの現物、金銭の配当もさることながら、三十前の女達は、小屋に仕舞ってあった晴れ着、それもイルカ捕りの時のみに着る紺の筒袖の着物、白の脚はん、裾に模様入りのゆもじ、色物のしごき、白足袋を胸はずませて取り出すのです。それも一組ではなくて、イルカ捕りが数日続くと、イルカの血や海水がかかると着れないので、着換用に数組用意します。十六歳になった娘は年上のアネヤンにならって、徹夜で縫い上げたりしました。特にモリつきの最初の仕事「ハツモリ」の前日、むらの髪結いは多忙でした。イルカ捕りに参加する女は、銀《い》杏返《ちょうがえ》しに結いました。（男は戦後は服を着て参加したが）女は昔ながらの艶姿《あですがた》で、ずっと、この前までといっても、二十年程前までは、イルカ捕りに従事しました。（イルカが網に囲い込まれると）四ヵ浦のむらから選ばれた女ハザシの二人は、自分のむらの新船に乗り込みます。好みの鉢巻をしめ、紺の着物の両袖には手を通さずたらし、中に着ている白襦袢にいろとりどりのたすきを、りりしく掛けます。色物のしごき帯を腰に結んでたらし、からげた着物の裾の膝の下からは、ゆもじがのぞく姿を想像してください。ゆれる舟の上なので、すべらないように、白足袋に草履ばきで、手には一尋半（約三米）、径（約三糎）《ママ》位の樫《かし》の棒をもっています。樫の棒の先端には、「もり」をはめ、もりの尻には丈夫な長い綱がつけてあって、そのもりの綱の末端を乗っている二人の中老の女がそれぞれ握っています。女中老もハザシと同じ服装です。舟をこぐのは元気のいい若手三人です。

華やかな光景が眼に浮かぶようであるが、安比留《あびる》嘉博の報告では、女羽差に二回選ばれた老婆の言として、初めて選ばれたのは十八歳で大千尋藻から出た。ジュバンもコシマキも新しく作り父親や親類から何べんも銛投げのコツを習ったが，突くときは夢中だった。そのときは一番銛だったがトモネリの腕のおかげだったと思う。褒美は五円だった。めがけたイルカがスーと潜り、浮かび上がってくる影が薄くみえたと思えるときに銛を投げた。なお一番銛として認められるには銛に付けた綱を揚げ場の浜で待っている村方に渡し第一番に引き揚げることが必要だったという。

伊奈湾における様子については宮本常一が「留網をいれると、女を船に乗せて沖へ出る。（中略）女たちは晴着を着、たすきをかけ、鉢巻をしてモリを持ち舳先《へさき》に立つ。船は男たちが漕ぐ。女は大抵若い主婦がえらばれる。そして最初にイルカに銛をあてると一番銛と言って、そのイルカは女のものになった。一番銛から三番銛まで女たちが突くと、それで男が捕ってもよいことになり、揚網を入れて海岸近くへ引寄せ、長さ一尋位のウチガギでうちこみ浜へ引き揚げる。その時、女が来て引き揚げたイルカに自分の腰巻をかぶせると自分のものになった。これをカンダラといった」と記している。

このように、対馬のイルカ漁においては女性の儀礼的銛打ちがきわめて重要な意味をもっている。このことについては、あらためて触れることにしよう。

〈捕獲〉 女のハツモリのあと、四ヵ浦での海岸において「血祭り」と称する饗宴が開かれる。同様なことは他の浦でも行われたようだが、この血祭りという言葉は四ヵ浦でしか使われていなかったという。

なお松崎憲三は、鹿児島県における猪狩の直後に猪の頭上に山刀と猪の血のついた柴の枝とをのせてお祓《はら》いをするという千葉徳爾《とくじ》の報告の内容に対応すると指摘している。じつはイルカの血をのむとか、イルカの胎児の黒焼きが産後の肥立ちによいという伝承が山口県青海島《おうみ》で聞かれるので、オカのイノシシ、海のイルカという対比は、今後研究すべき課題である。

ついでイルカの取り揚げに移る。網に囲い込まれているイルカに対して銛を投げたり、あるいは網をいれてイルカを海岸に引き寄せる。若者たちが海中に入り、トビでイルカを引き寄せ、イルカ包丁で腹を裂き、心臓部にとどめをさして浜に揚げる。海岸には引き揚げられたイルカが並べられ、入札によって商人に引き渡される。参加者への配分はこうして売却した売上代金をもとに行われる。

なお漁村の習慣として、全体の集計から除外されるよう漁獲物の一部を隠しておくことが行われた。九州では広くこのことをカンダラといい、イルカ漁についてみると、女衆が行えばコシマキカンダラ、若者が行えばカクシカンダラとよばれた。静岡県の伊豆地方では、ドウシンボウと呼び、やはり若者たちによって行われた。カンダラは捕鯨に際して盛んに行われたもので、まさに祝祭的な色彩をもっているために早くから注目され関連論考も多い。これについては後述する。

〈利益配分〉　イルカ漁収益の配分については、明治以降になると規約に基づいた実際の配分記録が残されていて、定められた項目にそった具体的な数字をみることができる。ここにあげたのは、明治三十四年（一九〇一）十一月に四ヵ浦の塩戸浦（『豊玉町誌』によると鑓川村の塩戸浜と推定される）において九〇〇頭以上のイルカが捕獲されたときの明細である。漁に関わった網元への礼金、発見者への目皮、若者への配分などが記されている。特に注意すべきは、四ヵ浦への配当金が誰に配られたのかという点である。

表5　明治34年11月2日塩戸浦鯆計算帳（『四ヵ浦帳箱文書』より作成）

収入の部

2,764円35銭	
内訳　500円	死魚　200本代
2,124円	718本代
92円15銭	小売ノ分
48円20銭	チロモ村熊吉売

内山本大敷割方ノ魚3本

支払の部

400円	内42円引運上金　鑓川村佐伯平次郎渡
残58円	
472円87銭	張切ノ5分1　鑓川村広介渡
11円74銭9厘	四夜分ノ夜番入費
	□□□・忠吉・五兵衛・十右衛門
119円78銭5厘	役場入費　治吉渡
8円95銭	諸品損害金　治吉渡
10円80銭	瀬戸貫賃　同人渡
4円	鯨網扱料　喜作渡
3円	目皮喜作渡
12円70銭5厘	酒代　鑓川村　長作渡
10円	山本網御礼金　□渡
6円	宿礼金　治吉渡
1円50銭	孫八大引損料　本人渡
2円	両チロモ村カズラ料　両チロモ配当
計金　1,063円35銭9厘	
残　1,701円	
現金	
内　255円15銭	四ケ浦若者1割半　佐伯渡
残金　1,445円85銭	四ケ浦配当金

・・

一金　400円	運上予算金
内　42円	人数割ノ間違ニ付借用
残　358円	佐伯平治郎へ預け
金　52円	鯸260本　漁業組合へ上納
	1頭ニ付　20銭
（別筆）　30円32銭	
4分　12円12銭8厘　89割　1戸13銭7厘	
6分　18円19銭2厘　人数205人　一人前　8銭5厘	

〈参考〉　当時の世帯数と人口（『豊玉町誌』の村落の項より）

	明治20年		大正13年	
	世帯数	人口	世帯数	人口
鑓川村	22	151	30	176
千尋藻村	40	209	63	374
横浦村	30	162	33	220
計	92	522	126	770

それは決して居住者全員ではなく、基本的にはホンコと呼ばれた旧家が対象であった。あらためて本戸の意味をイルカ漁を盛んに行った濃部の例にみると、本戸は在来の住民で田畑・山林・磯の権利など一戸前を所有し、ムラ寄合出席の権利をもち義務を担う。それに対して本戸以外の家、つまり分家筋のものや他村からの移住者を寄留とよび、本戸・寄留の厳然たる階層によってムラ社会が構成・維持されており、北見はこうした状況は対馬の他村も同様であるという。

四ヵ浦では、本戸の長男が十五歳か十六歳で村入りをして一人前となる儀式がその年の最初の集会で行われ、これを経ると「本人」と呼ばれるようになる。家に長男がないときは女がかわってなり、女本人とも呼ばれた。子どもが本人になると、親はアマタといわれるようになる。ちなみに明治二十年（一八八七）における世帯数は、鑓川村二二、千尋藻村（大小）四〇、横浦村三〇の合計九二で、人口は合計五二二人である（『豊玉町誌』村落）。明治三十三年の四ヵ浦の清算簿（阿比留嘉博）では、総売上高一四七四円のうち、総支出高五五〇円四七銭七厘、これには網の損料、目皮代、夜番賃等が含まれるが、これを差し引いた残りの収益金五二三円五二銭三厘を四ヵ浦の本戸一九五人に、四円六三銭ずつ配当している。先に示した正徳四年（一七一四）の例では配分を受けた総人数は一一五人であった。また、三里の明治二十八年の規約では、配分は総人員に対して行うが、アマタと次男等は本前の半数とするとある。

なお、四ヵ浦の大正十四年（一九二五）の規約では、寄留者からは入浜料を徴収する規定があり、また昭和五年（一九三〇）の決議事項では、イルカやマグロを旧本戸以外の者が拾得した場合は、それを四ヵ浦で取り揚げて配分したうえ、拾得者には見計《みはからい》で与える、また鯨の場合は四ヵ浦に引き揚げて旧本戸だけで配分し、拾得者にはイルカ同様に見計で与えるとされている。本戸と寄留の間に大きな権利の格差があることがわかる。
対馬におけるイルカ追い込み漁の終焉時期は明確ではないが、昭和四十年代には終わっていたであろう。

3 戦国時代に領主から督励されたイルカ漁——駿河湾——

戦国期獅子浜におけるイルカ追い込み漁

富士山を見上げる駿河湾《するがわん》は日本一深い湾といわれ、伊豆七島の沖を北上する黒潮に乗って回遊するさまざまな魚類が入り込んでくる。とくにマグロは江戸時代から、岸近くに設定した建網で大群を捕獲し、伊豆半島を横断して東海岸まで馬で運び、そこから船で江戸に送ったという。イルカの群れもマグロと同じように、イワシなどを追って湾の奥まで入り込み、ほぼ一定のルートを通って再び外海に出て行く。この群れを首尾よく網に追い込むことができれば、一挙に数百頭を捕獲できる。

駿河湾のもっとも奥、伊豆半島の西肩にあたる大瀬崎《おせざき》から沼津港《ぬまづ》にかけての大きく湾曲した海岸線に並ぶ小さな入江ごとに形成された集落は、明治二十二年（一八八九）に田方郡《たがた》西浦村《にしうら》・内浦村《うちうら》、静浦村《しずうら》という三村に編成され、現在はすべて沼津市域になっている。ここはマグロ・カツオ・イルカなどの魚類が回遊してくる絶好の漁場であったので、地先にいくつもの網戸《あんど》が設定され、その開発者の子孫か、もしくは権利を入手した津元（村君とも呼ばれた）のもとに漁民が組織されて網戸ごとに大掛かりな建切《たてきり》網《あみ》が稼行されていた。この漁業組織は、そのままイルカ追い込み漁に転用できた。

戦国時代末期の永禄《えいろく》六年（一五六三）、今川《いまがわ》氏の家臣で、現在の静岡県裾野《すその》市葛山《かずらやま》に本拠を置いた葛《かつら》山氏元《やまうじもと》が、獅子浜《ししはま》（旧静浦村）の百姓たちに対して、イルカを積極的に「出合い狩りこむ」ように命じている。獅子浜は埋め立てが進んで昔の面影はないが、中世には南に伸びる小さな岬のあたりに城塞《じょうさい》と湊《みなと》があり、そこにイルカを追い込んだと推定される。

イルカの追い込みを命じられた百姓たちを配下にもつ植松氏は、獅子浜を含む口野《くちの》五ヵ村（江浦《えのうら》・尾《お》高《だか》・獅子浜・多比《たび》・田連《たずら》）一帯を支配下においていた土豪で、安永《あんえい》八年（一七七九）の家伝書によれば、元祖はおよそ九〇〇年以前に獅子浜に住みついたと伝える。このあたりは駿河国と伊豆国との境界に近く、東の北条《ほうじょう》氏、西の今川氏の間で支配権が争われていた地域である。植松氏はこの時点では葛山氏に仕えていたため、その力が及ぶ地域は当然ながら今川氏の支配下にあったが、永禄十二年（一五六九）武《たけ》田《だ》氏の駿河侵攻を機に葛山氏が武田方に移ったので、在地の土豪たちは北条氏に仕えることになり、口野などは北条氏の御領所《ごりょうしょ》となった。次に引用する三点のイルカ関係の文書発給者が途中で葛山氏から北条氏へと変わるのはこのためだが、在地の植松氏による村落支配と追い込み漁のありようなどには変化はなかった。永禄六年（一五六三）に始まるこれらの文書は五島列島の青方氏置文、対馬の宗氏発給の文書につぐ古いもので、追い込み漁そのものを示すという点では、最も早い時期に属する。

其浦へいるか（海豚）見え来にをいてハ、すなはち出合かりこむへし、疎略いたすにより、内浦へかりこまさるよし有其聞条、甚以曲事也、向後ハ北・南の百姓いつれも出合、あひかせきかりこむへし、其うへかせきの分としてハ、をの〱中へあミ走てうのふんわけとるへし、此上代官・上使・百姓等下知をそむき、如在いたすにをいてハ過怠を可申付之条如件、

井　四月三日（朱印）

獅子浜北・南　百姓中

（『静岡県史 資料編7　中世三』三一二五号）

イルカが回遊してきたら村をあげて出合い狩り込むこと、このところ狩り込みをしていないのは不届きであるので、南北獅子浜の百姓はともに総出で狩り込みをせよ、稼ぎについては働きに応じて配分することを認める、というのである。したがってこれ以前からイルカ追い込み漁が獅子浜村をあげて行われており、その収益は領主（葛山氏）と百姓（地元有力農民）が分け合っていたことがわかる。その背景にはイルカの肉あるいは油の流通ルートがあり、介在する商人がいたということになろう。

イルカ肉の行方の一端を示すと思われる記録がある。桶狭間《おけはざま》合戦で織田信長《おだのぶなが》に敗れる前、まさに絶頂期にあった今川義元《よしもと》のもとに招かれた京都の公家、山科言継《やましなときつぐ》が駿府《すんぷ》に半年ほど滞在したことがある。彼が几帳面につけていた日記には義元についてはほとんど触れていないのに、日々の食べ物については異常なほど詳しく記録しており、弘治《こうじ》二年（一五五六）十二月三十日条に「午蒡、イルカ等送之」すなわちイルカを貰ったとある。獅子浜でイルカを狩りこむことを命じた葛山氏は今川氏の重臣として駿府に屋敷を有していた。このイルカは獅子浜でとれたものを葛山氏が提供したのではないか。さらに牛蒡《ごぼう》と一緒であることに注目したい。現在の静岡市周辺におけるイルカのもっとも一般的な調理法がイルカ肉と牛蒡の味噌煮であるから、

イルカの味噌煮（静岡市）

駿府の上流社会でもイルカが現在と同様に調理され、食されていたことを示すものであり、イルカ肉の流通と食べ方に関する貴重な記録である。イルカ肉の記録は鯨と比べてはるかに少ないものの、室町時代には足利《あしかが》六代将軍義教《よしのり》が伏見宮《ふしみのみや》に美物として贈ったりしている。

次の史料は永禄六年（一五六三）七月二日にやはり葛山氏によって発給されたもので、漁獲物の徴収に関して具体的に定めており、「五ケ村へ立物仕置之御朱印」という端裏書《はしうらがき》がある。ちなみに立物の「立つ」とは、回遊してくる魚群を追い込んで確保することをいい、その対象となる大型魚類を立物といった。

定条々

一　江豚《いるか》於立之者、不寄大小如前々三ケ一出置事

一　諸色之立物之儀、是も同前爾《どうぜんに》三ケ一出置之間、如前々水之上にて可請取、但彼三ケ一之儀者、至其時上使之被官ニ為算可致所務事

一　小代官もらいの事、両人是も如前々出置事

右条々、永無相違可致所務、縦雖有横合之申様、前々筋目を以判形を遣之上者、一切不可及許容、然上者上使次ニ百姓中厳加下知可拵《かせぎ》致、其儀就無沙汰者、雖有判形不可相立者也、仍如件

永禄六年癸亥年　七月二日　（葛山）氏元（花押）

（同三一四四号）

イルカ漁があったなら規模の大小を問わず三分の一を徴収する。そのため立物（イルカ、マグロなど）については、上使の被官が海上でその数を数える。また小代官と植松氏は従来どおり「もらい」と称す

る配分を受け取ることができるとした（別な文書に「觞もらい」という文言もある）。ここにみえる上使とは葛山氏から派遣された監督者と解釈され、福田栄一によれば、小代官は漁獲物の数を数える上使の被官である可能性が高い。

その後、植松氏は北条氏についたが、イルカ追い込み漁に対する賦課は従前通りであった。次は元亀《げんき》三年（一五七二）の北条氏光《うじみつ》（北条氏康《うじやす》の七男）による掟で、「入鹿御印判」という端裏書がある。

口野五ケ村へ立物仕置之掟

一　しひ・海鹿《いるか》其外之立物、就見来者、五里十里成共、舟共乗出可狩入事

一　網船朝者六ツを傍爾《ちかくに》、晩者日之入を切而、船共乗組、無油断立物可守事

一　此度改而、立物為奉行与、菊地被遣之間、彼者中様ニ、万端可走廻、奉行人之背下知、不出舟を、或乗組致油断之旨、奉行人於申上者、可為曲事

右、背三ケ条付而者、代官・百姓可遂成敗之間、能々守書付、奉行人之請指引、可走廻者也、仍如件

（元亀三年）申　七月二十三日

植松右京亮殿

五ケ村百姓舟方中

（『静岡県史 資料編8 中世四』四九六号）

今川氏にかわって支配者となった北条氏光が植松氏と五ヵ村百姓・舟方中に対し、しひ（マグロ）・海鹿（イルカ）そのほか立物を発見したら、五里十里なりとも船を乗り出して狩り込めと命じ、さらに網

で囲い込んだ立物は処理するまで日中は船を出して見張ることを求めている。そしてこれらを管理する「立物奉行」に菊地某を任命し現地に派遣している。領主の財政にとって大きな意味を持っていたマグロ・イルカなどの立物を確実に把握するためである。近世の対馬では領主宗氏によって「江豚奉行」「鯨奉行」「鰯奉行」が漁のたびに任命され現地に派遣されていたことを先にみた。この年の十二月、今度は北条氏光の意を受けた菊地が立物に対する課税を三分の一とすると改めて確認した文書を出している（『沼津市史　資料編　中世』四九一号）。立物に対する課税は天正《てんしょう》六年（一五七八）にもみられ（同五三一号）、地域漁業の核ともなっていた立物が、戦国大名の財源の一部をなしていたことがあらためて確認できる。

なお、さきにみた葛山氏がイルカ追い込みを督励し、さらに北条氏が現地監督者を派遣するに至ったのは、百姓たちが漁業に不熱心であったからではなく、漁獲があっても未報告のまま内々に処理するような事態があったからであろう。さらにいえば、本文中の「五里十里」という表現を相当の沖合までという意味に解すれば、駿河湾の沖合から内浦湾内にイルカ群を追い込むには、大量の船と人員が必要である。そこで考えられるのは、当地が伊豆半島西岸を拠点とし、軍船や輸送船に多くの漁民を動員していた北条水軍の配下にあったため、索敵《さくてき》の役目を負わされていたのかも知れない。獅子浜には北条水軍の基地である獅子浜城が築かれており、内浦湾の長浜城の船溜まりとされた重須《おもす》は巨大な安宅船《あたけぶね》の基地になっていた。したがって単純に考えれば、本来の漁に関係ない索敵行動を百姓たちが忌避したことが背景にある可能性もあろう。やがて天正十八年（一五九〇）の小田原落城とともに伊豆の諸港も徳川・豊臣軍の支配下に入った。

重寺村の網戸とイルカ追い込み漁

戦国時代から盛んであった駿河湾奥の立物（漁）は、近世になり領主が代わっても従前通りの方法で行われていたと推定される。この地域は三島代官所支配、韮山《にらやま》代官所支配、沼津藩領など時代によって支配関係が錯綜しているが、中世以来の網戸《あんど》の支配権をもつ津元と、それに従属する網子によって構成される大網（建切網）の組織は、少なくとも江戸時代中ごろまでは旧来の経営を維持していた。あらためて網戸とは、主としてマグロ・カツオ・ウズワなどの回遊魚を取り込んで文字通り一網打尽とするための漁場をさし、イルカ漁もこの網戸と津元支配下の漁労組織を利用して行われた。イルカ追い込み漁に必要な大量の船と人員、それに大規模な網はすべて大網の組織を転用できたのである。

駿河湾の東奥は、南北二つの小湾に分かれ、さきにみてきた獅子浜村は、北側の小湾沿いにある江ノ浦・多比《たび》・口野とともに近代には静浦村とされた。南側の小湾沿いに居並ぶ重寺《しげでら》・小海《こうみ》・三津《みと》・長浜・重須《おもす》の各集落は同じ時期に内浦村となった。重寺村の前面にある淡島《あわしま》は、この駿河湾最奥の内浦にやってくる魚群を捕獲するための網掛けにきわめて有利な位置にあり、内浦湾全体が大網漁にとって絶好の自然条件を備えていた。そのため、内浦湾の各集落の地先にはおびただしい数の網戸が設定され津元は網子を動員して漁を行い、所定の配分を得ていた。これを「家徳《かとく》」ともいった（五島列島では家徳は津元と同義で使用されている）。なかでも重寺には「いるかほら」（鯆洞）と呼ばれた網戸がある。文字通り、イルカを追い込んで取り揚げるのにふさわしい場所であった。

内浦と「いるかぼら」
『沼津市内浦の民俗』より作成。

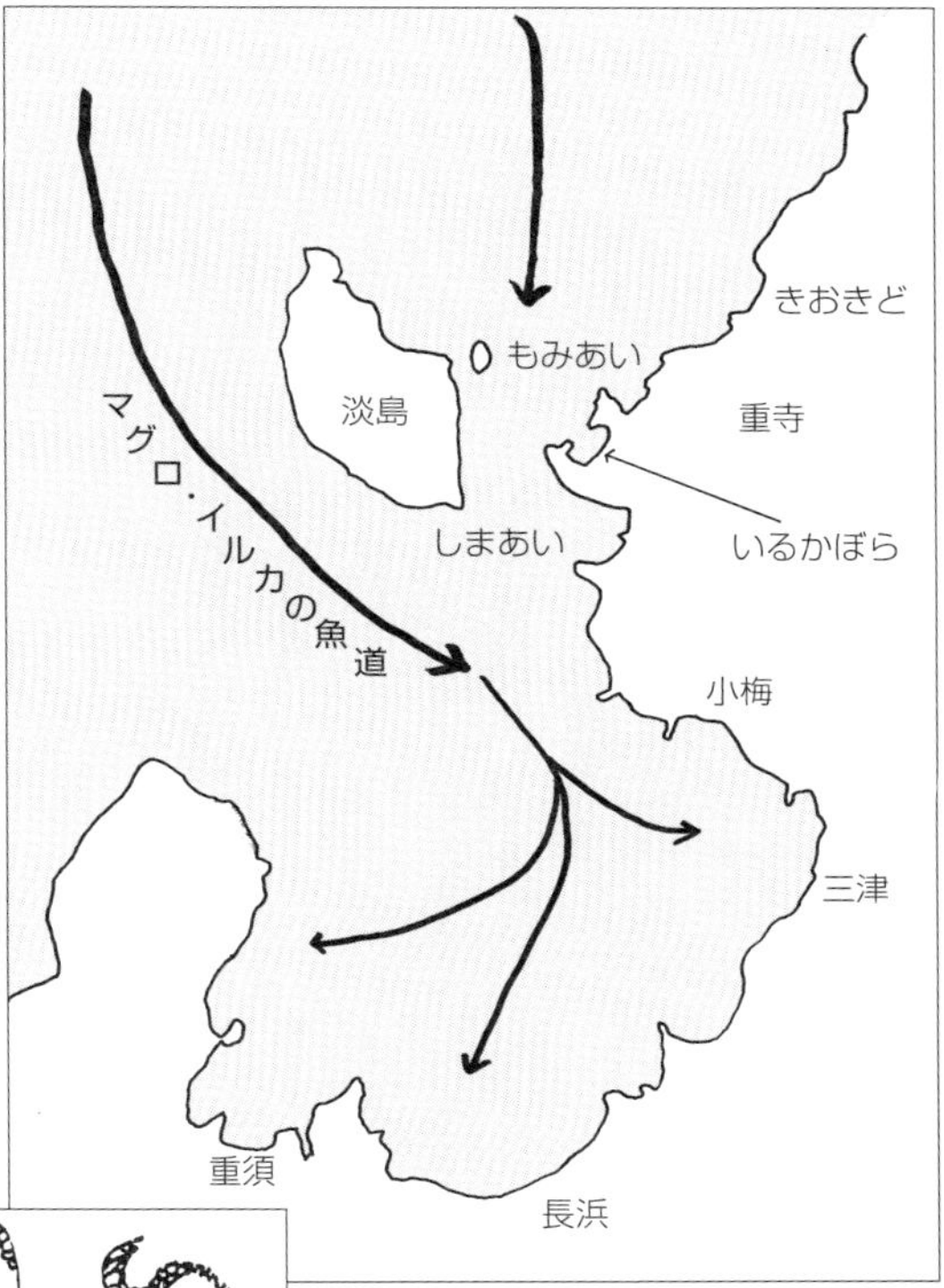

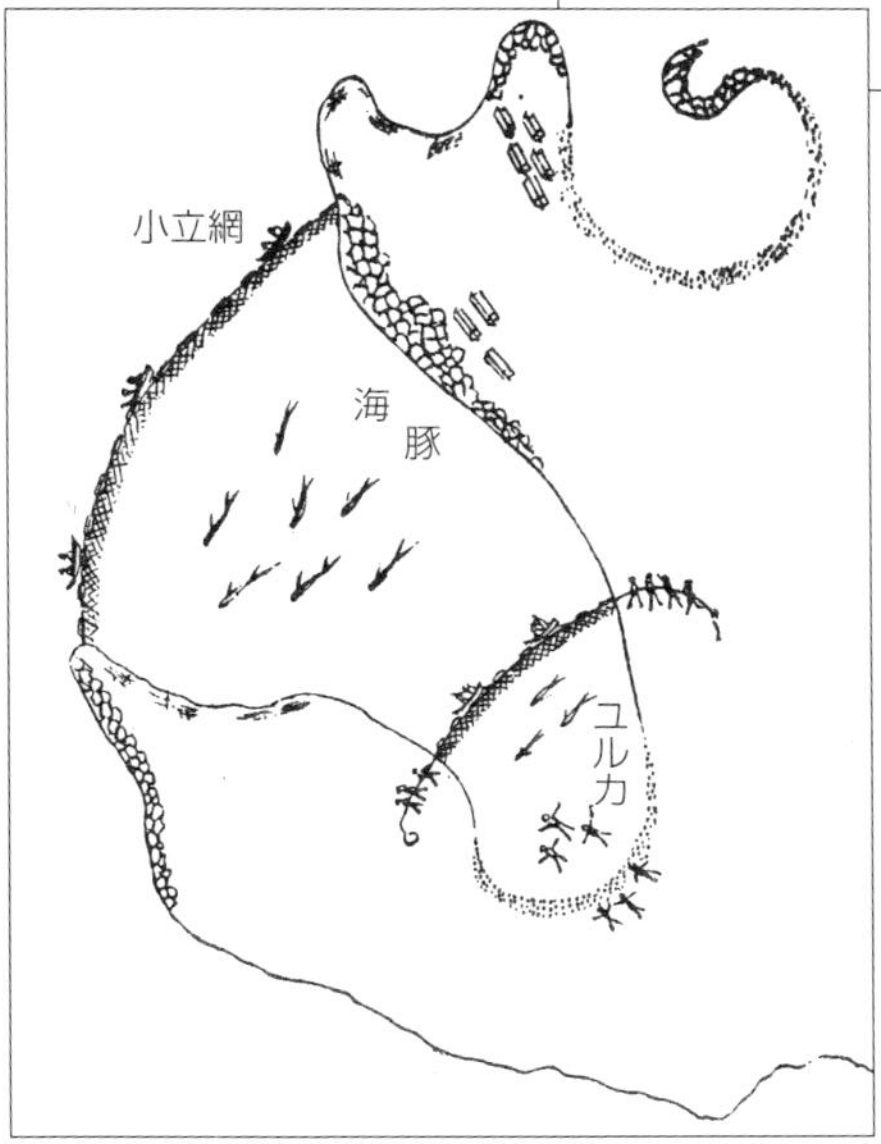

重寺村の「いるかぼら」における追い込み漁
『静岡県水産誌』より作成。

ここで鯆洞を有した重寺の記録を中心にイルカ漁の実際をみていくことにしよう。貞享《じょうきょう》元年（一六八四）のものと推定される網戸の利用についての取り決めによると、重寺村には四ヵ所の網戸と四艘の網船があるが、イルカ漁に際しては村中の船が総出で「鯆洞」に狩り込むことにしており、狩り込みに加わった船には「かり忠」が配分される。かり忠は加勢した他村の船にも配分する。網戸での操業権は固定されておらず、四人の網戸主のうち当日に嶋合網戸（鯆洞の南側にある）にあたっていた家が津元となり、イルカが思い通りに動かず嶋合に入ったときは、そのときの網戸主が津元になり、たまたま網戸主が網を立てていないために他の網で捕獲した場合は、その網に対して年貢などを差し引いた残額の網戸代の四分の一を与えるというものである。

漁一回ごとの漁獲配分については、享保《きょうほう》十四年（一七二九）に重寺から役所に提出した「立漁分一引方書上帳」（『沼津市史 資料編 漁村 第二章』一〇六号）に魚種ごとの配分規定があり、そのうちマグロ漁とイルカ漁について、比較したのが表6である。全体で一〇〇本捕れたと仮定し、名目ごとに配分本数を示したものだが、基礎数字が一〇〇本であるので、数値はそのまま割合（パーセント）を示すことになる。本文末尾に「是ハ其時々入札値段ヲ以勘定仕候」とあることから、漁獲物を売却したあと、この割合に従って現金を配分したものと思われるが、たとえば、津元・漁師の膾《なます》というのは、津元の取り分ではあるが漁の後で宴を開いて現物を食べたり、参加各戸におかずとして切り身を分けた可能性があるからすべてを売却したわけではあるまい。それはさておき、双方とも漁獲量の三六《パーセント》が水引と称する、漁にかかわる直接経費である。

マグロとイルカでは漁の形態が異なるので、名目にその特徴が表れている。たとえば、マグロ漁の場

表6　享保14年沼津市重寺におけるマグロ・イルカの利益配分表モデル

イルカ			マグロ		
本数	名目	内容	本数	名目	内容
1		代物を諸神へ	1	諸神	
2		津元で食べる	3	膾	津元網子で食べる
4	手間		7	舟手間・岡手間	
			4	三色忠	手網三色の損料
2	見出シ	発見して狩舟を呼ぶ	4	見祢	魚見3人分
8	忠節	大灘から狩ってくる			
5	狩忠	参加全船対象			
4	切向	網舟8艘8人の船頭	6	切向	立網舟大小2艘の船頭
4	横手網忠	一番・二番網への報奨			
1	嶋合ふさぎ	淡島・重寺間の網張り			
5	小立網忠	小立網の損料	5	小立網忠	小立網の損料
			6	あて網忠	漁網の損料
① 36	ここまでの小計①	ここまでを水引という	36	ここまでの小計①	ここまでを水引という
② 9.6	拾五引 ①の15%	立網・網船・綱・碇修復 入用に前々より引く		以下、イルカに同じ	
③ 54.4	全体（100）から①②を引く				
④約18.1	三分壱 （課税額）	③の3分1			
⑤約36.3	③－④	残金			

「享保14年立漁分一引方書上帳」（『沼津市史 資料編　漁村』）より作成。

合は湾を見下ろす高所に魚見小屋を設けて終日見張りが立った。この魚見小屋のことを峯《みね》といったので、魚群を発見した報奨を「みね」と表現した。それに対して、イルカの場合は沖合でそれぞれの漁をしている船が偶然発見するもので、しかも多くて年に数回という程度であったから、魚群発見は大変な功績となる。地域によっては最初に発見した者、それに続いた者というように逓減《ていげん》式に報奨が出されている。

またイルカ漁の特色は、発見後「大灘から狩」というように、沖合から威嚇しながら岸近くまで追い込まねばならない。発見後、群れを確保する作業を「忠節」といい「大灘ニ相見へ申候を、当所之者ハ不及申ニ、何方之者ニ而も鯆見付次第狩来リ申候者共、一番舟より十番舟迄、忠節と名付褒美ニ出シ申候」というように、これだけは村の漁業権云々ではなく、とにかく狩り込み作業に従事した者はどこの村であっても報奨を出すというのである。追い込み作業はそれだけ迅速に行う必要があり、かつ一艘でも多いほど捕獲の確立が高くなる。その意味で、忠節には水引のうち最大の八本、すなわち漁獲量全体の八パーセントが配当されている。さらに沖合から追い込んできて退路を断つために入れる網のうち一番目と二番目に入れた分に対する報奨を横手網忠として四パーセントが支給される。重寺村の場合は村の沖に浮かぶ淡島と村の間に網を張って群れを確保する作業が続く。これが「嶋合ふさぎ」という具体的な作業名で表現されている。

いっぽう、マグロ漁では何種類かの網を使い分けることと、他村の協力は不要であるので、その分、網関係の配分が多くなっている。

そして、マグロ・イルカともに水引は三六本であり、残りの六四本に対して種々の網や船の修復費用を拾五と称して一五パーセント（九・六本）を引く。これは全体会計として積立に回されるのであろう。ここまでの残りは、計算上は五四・四本であり、これに税としての「分一」がかかる。分一といっても実際はこの三分の一であるから、最終的には一〇〇本の漁に対する税は、一八・一三パーセントということになる。

こうした配分規定はおそらく近世を通じてほぼ変化なかったと思われる。しかし後述するが、近代のイルカ漁に際しては、実際に海に飛び込んでイルカを浜にまで担ぎ揚げる仕事を村の若者が担っていて、それに対して濡れ代などと称する報償が出されたり、病気などの理由で漁に参加できない家に対しても漁獲配分があるのが普通だった。この規定にそのような名目が表れていないのは、どれかの項目がさらに細分されていたと考えられる。

長浜など四ヵ村のイルカ漁

長浜村の名は渋沢敬三が発見し『豆州内浦漁民史料』として刊行した膨大な漁村関係の文書群の存在で名高い（以下同書からの引用は『漁民史料』と略称）。この史料をもとに長浜とその周辺村落のイルカ漁をみてみよう。なお正保《しょうほう》二年（一六四五）における長浜村は、家数四六（内寺四、馬屋一）、人数二四四人（五人出家）、船は網舟五、かつこ舟六、小さん舟三である（『漁民史料』九八号）。

まず網戸の利用についてみると、ここでは「立物場」が五ヵ所、「立物舟」も五艘あり、その権利を有する津元がまわり番で利用することになっていた。そこで他所の者が（了解を得て？）網を入れた場合は年貢を引いた後の三分の一を網戸代として納めること、たまたま網を干していたときに村内の他の津元が網を入れて漁獲した場合は話し合いで決めるという慣行があった（『漁民史料』一五八・一五九号）。

漁獲物の処理については、宝永《ほうえい》七年（一七一〇）の「長浜村郷村並反別差出帳」（『漁民史料』四七四号、カツコ内数字は原文訂正数）に、鯆・鮪などが立って漁ができたときは役人に注進して御改を受けてから「近浦之商人入札」にて運上をさし上げていること、また昨年丑年の魚数は「鯆百本程、めしか百本（二百）、鮪弐拾四五（五十）本程、鰹五拾本、鮭六百五拾本程取申候、此金高弐拾四五両（弐拾七）程年中猟仕候」であると書かれている。

長浜及び小海・三津・重須の四ヵ村は、袋状の小さな三津湾を囲むように並び、村ごとにいくつもの網戸が設定されてマグロやイルカ漁が盛んであったが、とくにイルカについては狭い湾であるために四ヵ村が共同で追い込み漁を実施し漁獲を分け合う慣行があった。ただし各村内での網元・網子の取分は村によって差があった。

四ヵ村の北に位置する重寺村では、明和《めいわ》二年（一七六五）の史料によると（『漁民史料』七八八号）、三分の一が領主に、残り三分の二を三つ割にして、一は網子、二を津元がとる。これを徳用割という。ただし津元は年貢などを負担する。重寺村には網戸が四ヵ所あって四組が操業しているが、この網戸は交代で使用している。イルカ漁は網組すべてが参加して鯆洞に追い込むが、その日に鯆洞の番にあたっていた津元が津元番として上記の配分の責任者となった。

いっぽう、四ヵ村はイルカ漁を共同で行い、追い込んだ網戸が小海・三津の場合は「定津元」である三津村の伝左衛門のもとで処理され、納税も伝左衛門の責任であった。ただし三分の一を引いた残りの配分は、小海村では網子一、津元二であり重寺と同じだが、三津村では網子・津元各一で網子の取り分が多い。イルカの追い込み先が長浜村であった場合は村中のどの網戸であっても用助（屋号未詳）が津元になり、しかも三分の一を引いた残りは四つ割にして用助が三をとった。もうひとつの重須村でも津元の取り分は三であったが、定津元ではなく、追い込みのあった網戸の番にあたっていた津元が納税責任者となった。共同で実施していた四ヵ村が、それぞれの村によって津元が固定していたり、三分の一を引いた残りの配分（徳分）が異なっているのは、網戸成立に関わる事情が背景にあるのだろう。

内浦におけるイルカ追い込み漁の衰退と変質

イルカ追い込み漁は、これまでみてきた内浦などの西に位置する江梨《えなし》（近代の西浦村）においても「鮪、鰹、めしか此分立猟」したときには、長浜村役人に注進のうえ、隣郷の商人に入札させ、その三分の一を海運上として差し上げるという慣行があった。イルカ追い込み漁とほぼ同じ形態で実施される立漁（マグロなどが主たる対象）の労働力編成について、寛延《かんえん》元年（一七四八）に悶着《もんちゃく》が生じた（『沼津市史 資料編 漁村』一五六号〜一六二号）。すなわち、これまで四人の津元が網戸をもち、村の者四八人を網子としてきたが、そのうち三七人が漁の分け前を増やすように要求し、いうことをきかなければ、自分たちが網を立てると圧力をかけてきたのである。結局は津元重視の慣行が追認されたようであるが、旧来の津元・網子という世襲的な労働力編成に限界がみえてきた。昔ながらの網元・網子の関係は、たとえば明治三年（一八七〇）の文書に、毎年正月十五日に吉例として津元四郎左衛門家では小豆粥を作り村中網子三〇人にふるまう。これを「くひつり粥」といい、この一年間の契約をなしていたが、このような習慣にも反発が生じるようになってきたのである。

いっぽうで新規の漁法が導入されるなど、漁業環境も大きく変化していた。すでに万治《まんじ》四年（一六六一）に重寺・小海・三津・長浜・重須村連名の訴状には、これまで無かった「あくりと申す大網」を口野村・

多比村・江野浦村之衆が仕立て、サンマ網とはいいながらすべての魚を沖で「すくい取」にするために魚道が止められて困る、また長縄でヨコワ、カツオに至るまで釣りとってしまうため、立漁も釣魚もできない、と訴えている（『漁民史料』二四七号）。さらに嘉永《かえい》から安政《あんせい》にかけて「長縄」「まかせ」という新漁法が採用され始め、いずれも沖合で魚道に関係なく漁をするため、網戸での「待ちの漁業」は次第に衰退に向かうことになる。

駿河湾奥に位置する内浦・西浦においてイルカ追い込み漁が姿を消していくのは、大がかりな捕獲体制が維持できなくなったことと、追い込み漁の障害となる沖合漁業が普及していったことが大きな要因とみることができよう。

明治中期に編さんされた『静岡県水産誌』には、重寺は近辺の村ではもっとも「ゆるか（イルカ）」を多く漁獲しており、しかもイルカなどが魚群を追い込んでくるので豊漁であったのが、近年になってイルカの捕獲が盛んになったため回遊する魚が減ったと書いてある。これは、半島西海岸の他の集落でもイルカ漁が盛んになって、イルカ群が駿河湾奥にまで回遊してくる前に捕獲されてしまうようになったことに関係あるかもしれない。明治になってイルカ漁業に関心が高まったことについては、すでに述べたとおりで、大瀬崎よりも南、すなわち駿河湾に直接面している田子《たご》、安良里《あらり》などのイルカ漁が急速に拡大していくのである。

中世のイルカ追い込み漁の記録を残していた獅子浜の南に位置する江浦では、大正十三年（一九二四）に海豚が一七五貫八〇〇匁、三八七円（貫匁あたり二円二〇銭）の水揚げがあったが、昭和初年にはイルカ捕獲の記録がなく（沼津漁村記録四五）、おそらくは大正期でイルカ追い込み漁は終焉を迎えたと思われる。

4　鰹節職人が教えた東北地方のイルカ追い込み漁 —岩手県山田町大浦など—

鰹節職人の示唆から始まる

三陸地方の旧南部藩領船越《ふなこし》村に含まれる大浦（現岩手県下閉伊《しもへい》郡《ぐん》山田町）においてイルカ漁が始まったのは、享保《きようほう》十二年（一七二七）と伝える。寛保《かんぽう》元年（一七四一）の文書によると、漁を始めるきっかけは、大槌町《おおつち》（代官所所在地）の平右衛門方の鰹節納屋《かつおぶし》（製造所）にいた「ふし切」すなわち鰹節職人で仙台領唐丹《とうに》村（現岩手県釜石《かまいし》市）出身六之丞なる者が、イルカが回遊してくる大浦の状況を見て、イルカ網を仕立てたいと大浦の者に相談した。大浦ではこれに賛同したので、唐丹村から網師清兵衛と金本六右衛門がやってきて、売り上げの配分方法などを定めて開始したとある。網師はイルカ捕獲用の大規模な網の仕立てを行う人、金本というのは出資者である。なお、地元で自らも出資し、村人を組織するのが瀬主、一般にいう網元である。こうして始まった大浦のイルカ漁は、一年に五貫文の礼銭を藩に上納する定めで、相当の利益を上げたようである。その状況をみて、開始後十余年で競合者が出現したと代官所から知らせがあった。それがイルカ漁の起源を説く文書が大浦側で作成された背景である。

本文によると、生駒源兵衛なる者（おそらく在地の商人）が、新たに一〇年間で二〇〇貫文を納めるという破格の条件で新規参入を求めたというお知らせを受けたが、「塩風荒く下畑《げばた》しかないわが村は、鯆漁を少々行うことで身命をつないでおり、これが認められると困窮に陥る。そこで年に一〇貫文を上納するので引き続き当方に認めていただきたい」と申し出たのである。その結果は、村の言い分が認められただけでなく、上納金も従来通り五貫文でよろしいということになった。背景には藩の漁村維持策があったのだろう。礼銭五貫文は幕末まで継承された。

イルカ漁がかなりの利益を生むとみられていたことは、明和《めいわ》二年（一七六五）成立の『奥州南部封域志』（巻ノ十）「海豚魚」の項に次のように書かれている。なお著者の高橋東洋は宮古《みやこ》代官に仕えた盛岡藩士である。

此の魚海中群行シテ一頭出没する否や数十町の間段々相接《かかあいつづ》き一浮一没して止まず、之を海豚魚の千匹連れと謂、是風潮を候《うかがう》と也、是亦大槌県大浦に於て網を以て之を捕る年々少なからず、他郡海辺未だ此魚取獲することを知らず、土人啖《く》ふことを好まず止《ただ》羽州之庶民善く賞して毎に貯え以て之を食す故に彼の地に販売すること莫大也

沖合を行くイルカ群のことを「海豚魚の千匹連れ」と表現していることの意義については、本書Ⅱにおいて詳しく触れるが、要するに大浦以外ではイルカ漁は行われていないこと、地元ではほとんど食べられず、秋田方面の内陸部に出荷されていると書いている。これは、イルカ漁が当初から販売を目的にした外来の漁法であることを物語っている。

大船渡湾、赤崎の追い込み漁

山田湾より南に位置する気仙《けせん》郡赤崎《あかさき》村（現大船戸《おおふなと》市）は、深く切り込んだ大船戸湾の東岸に南北に並んだ小集落から成る。湾内には点々と小島があり、追い込み漁のための網掛けの起点となった。赤崎村のうちの蛸ノ浦《たこのうら》で屋号ヤシキと呼ばれる志田家には、享和《きょうわ》三年（一八〇三）から大正十一年（一九二二）に

至るイルカ漁関係の文書が伝わっているが（表7）、赤崎におけるイルカ漁の開始はこの年よりもかなりさかのぼる。『赤崎村史料』によると、享保三年（一七一八）十一月の大船戸湾内の入合慣行をめぐる海論仲裁書なるものに「赤崎村海豚張切網云々の記事あり」と書かれている。この典拠ははっきりしないが、この記載年次ころには海豚張切網が行われていた可能性はある。大船渡湾での漁場争論は元禄十二年（一六九九）以後頻発し、江戸時代だけで三二回を数えるが、さきの享保三年以降では、嘉永元年（一八四八）・二年・三年に「海豚事件」を事由とする争論がおこったとされる。詳細は不明だが、おそらくは湾内に張った網が大船渡村の鰯網の妨げになったというような内容であろう。大船渡湾は、まさにイワシの宝庫であり、「気仙ごまめ」という言葉が江戸の文芸作品にもみえるほどで、海苔養殖が始まる前には最大の収入源であったと思われる。このイワシ漁には、地元でアラデと呼ぶ、二艘曳きの手繰り網の一種が用いられたが、この網組と網

赤崎におけるイルカ漁絵葉書

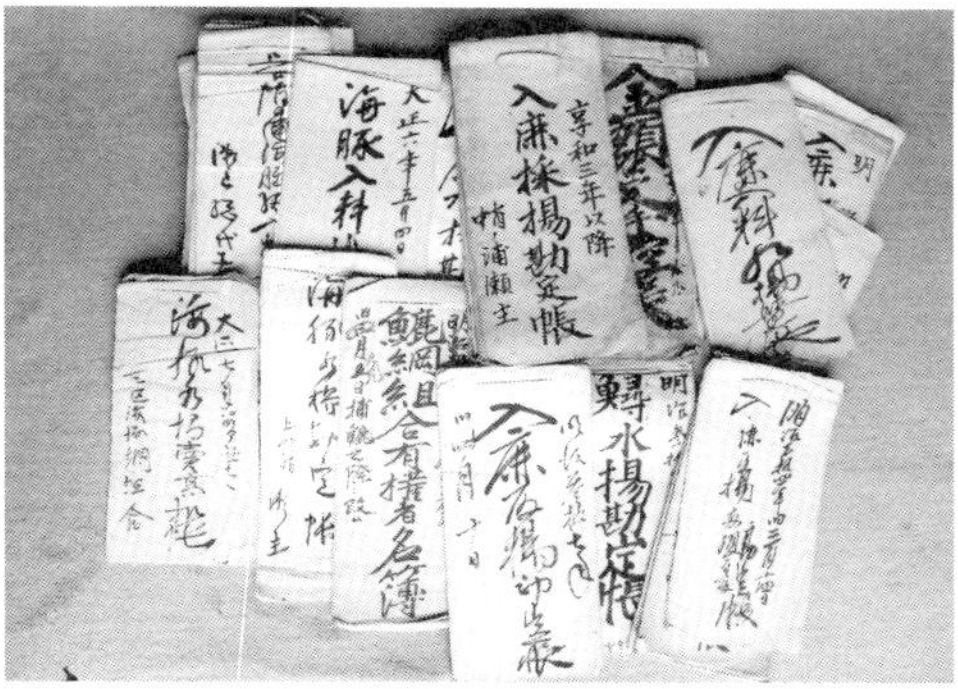

志田家文書の表紙（岩手県大船渡市赤崎蛸ノ浦）

表7　赤崎イルカ漁関係史料目録（『蛸ノ浦・志田良子家文書』より作成）

番号	表　題
1	享和三年正月六日　鯆漁取並は入料覚帳　蛸之浦瀬主 「享和三年以降　入鹿採揚勘定帳　蛸ノ浦瀬主」に綴込み
2	明治三年午十月吉日　鯆漁水揚控牒　熊谷や瀬主両人 「享和三年以降　入鹿採揚勘定帳　蛸ノ浦瀬主」に綴込み
3	明治四未歳十一月吉祥日　瀬主　志田五蔵 「享和三年以降　入鹿採揚勘定帳　蛸ノ浦瀬主」に綴込み
4	明治十五年旧六月吉日　網方仕入壱人毎調帳
5	明治十六年□□　自七月　金額入手控帳
6	明治十八年酉ノ旧七月廿七日調べ 「享和三年以降　入鹿採揚勘定帳　蛸ノ浦瀬主」に綴込み
7	明治弐拾八年旧五月廿九日　入鹿水揚及勘定帳 裏表紙「明治二十二年七月合綴　赤崎村　志田五兵衛」 「享和三年以降　入鹿採揚勘定帳　蛸ノ浦瀬主」に綴込み
8	入鹿入料水揚覚帳（内容は明治三十四年旧三月十四日・入鹿四一本）
9	明治参拾四年　旧三月十四日　入鹿取揚両組両組受取勘定帳
10	明治参拾七年　旧四月十日　入鹿取揚勘定帳 裏表紙「此勘定ハ旧四月十日ヲ以蛸ノ浦ヨリ永浜迄立合ス惣勘定相済候也」
11	明治参拾八年　旧拾二月廿五日　鯆水揚勘定
12	明治参拾八年旧四月十二日　入鹿水揚勘定帳
13	明治三拾九年旧拾弐月拾弐日　入鹿水揚並勘定帳　大漁安全
14	明治四拾一年旧六月六日　入鹿水揚勘定帳
15	明治四十一年旧六月拾五日　入鹿水揚勘定帳
16	明治四十二年旧三月三日　入鹿水揚帳　蛸浦瀬主
17	明治四十二年旧三月三日　入鹿水揚勘定帳　上蛸ノ浦瀬主
18	明治四拾二年旧四月廿二日より廿四日迄　入鹿水揚勘定帳
19	明治四十三年旧拾一月拾六日　入鹿水揚勘定帳

そのものがイルカ回遊時には一致協力して漁を展開したのである。

　ところで志田家文書にみえるイルカ漁の最初は享和三年（一八〇三）正月六日で一一本が水揚げされ金一〇切（東北独特の単位で金一分に相当）を得た。その後、漁は断続的に行われ大正九年（一九二〇）旧五月十一日に二一一本が捕獲されたのが内容が判明する最後である。この約一二〇年間に三〇回あった漁の記録はすべて旧暦で記されているので、今日の季節感に合わせるためそれらを太陽暦に換算し、漁が行われた時期と漁獲本数の関係を図にしてみると、きわめて

20	明治四十四年旧四月三日捕鯱時之際ニ改ム 表紙は「大正三年四月廿九日」と訂正　本文中にも数箇所訂正あり 裏表紙「ゐ類かあ美　勢ぬし　蛸ノ浦屋敷」
21	明治四十四年旧三月五日採揚候　捕鯱収金配当勘定帳
22	大正三年旧四月廿四日　蛸浦内外余取勘定帳
23	大正五年旧五月廿三日漁事　鯱網組合有権者名簿
24	大正五年旧五月廿三日漁事　同五月廿六日調　海豚勘定帳
25	大正六年旧四月廿八日ヨリ五月四日迄　海豚水揚帳及入料
26	大正六年七月鯱組合員負担金割賦方（大正五年分も含む）
27	大正六年旧五月四日　海豚網勘定帳
28	大正六年五月四日　海豚網入料帳
29	大正七年旧四月廿七日　海豚水揚控帳　大漁満足　海豚組合 裏表紙　瀬主　志田政三郎　小松春六（前書きに条項説明あり）
30	大正七年旧四月廿九日　海豚網惣入料帳　海豚組合
31	大正七年旧四月廿九日　海豚網有権者諸勘定帳　繁昌　海豚組合
32	大正七年旧四月廿七日　海豚水揚売高控帳　三区海豚網組合
33	大正七年旧五月一日　上下蛸の浦海豚網入料控帳　瀬主総代者一同
34	大正八年旧五月廿九日　海豚諸勘定控へ　海豚組合
35	大正八年旧五月廿九日　海豚水揚及入料帳　海豚組合
36	大正八年旧五月廿九日　両蛸之浦海豚勘定帳　上下蛸の浦組
37	大正九年旧五月拾六日　入鹿網諸勘定帳　入鹿組合
38	大正九年旧五月拾六日　入鹿水揚及入料帳　入鹿組合
39	大正拾壱年旧閏五月八日　上下蛸ノ浦海豚諸勘定帳　蛸浦瀬主
40	大正拾壱年閏五月八日　海豚網諸勘定簿　繁昌　海豚網組合
41	年次欠紙片「副」の次に組合規定

明確な傾向があることがわかった。六月が断然他を圧しているのである。イルカ漁が入梅時であるとか、麦の収穫時にあたっていたという伝承が、これから裏付けられる（イルカの種類が特定できれば生物学的に貴重だが残念ながら記載がない）。大正六年の大漁に際しては多数の見物人が押しかけ、周辺を巻き込んだ大騒動となったが、地元の人間にとっては見物人に畑を荒らされるなど、大きな迷惑となった。このときの話とは確認できないが伝承では、麦刈り中だったある家のばあさんが鎌を手に持って見物人を追い払っていたという。実際、この年の勘定帳には、「長

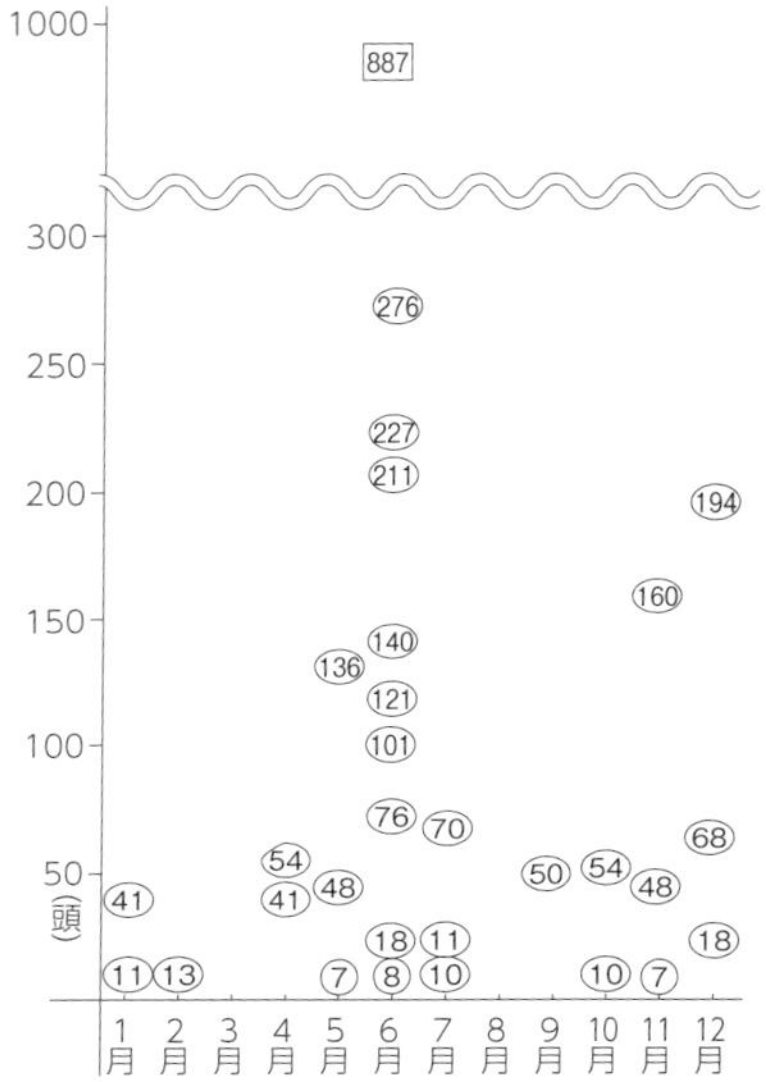

月別にみた赤崎における海豚捕獲頭数
（枠内は一回の捕獲数）

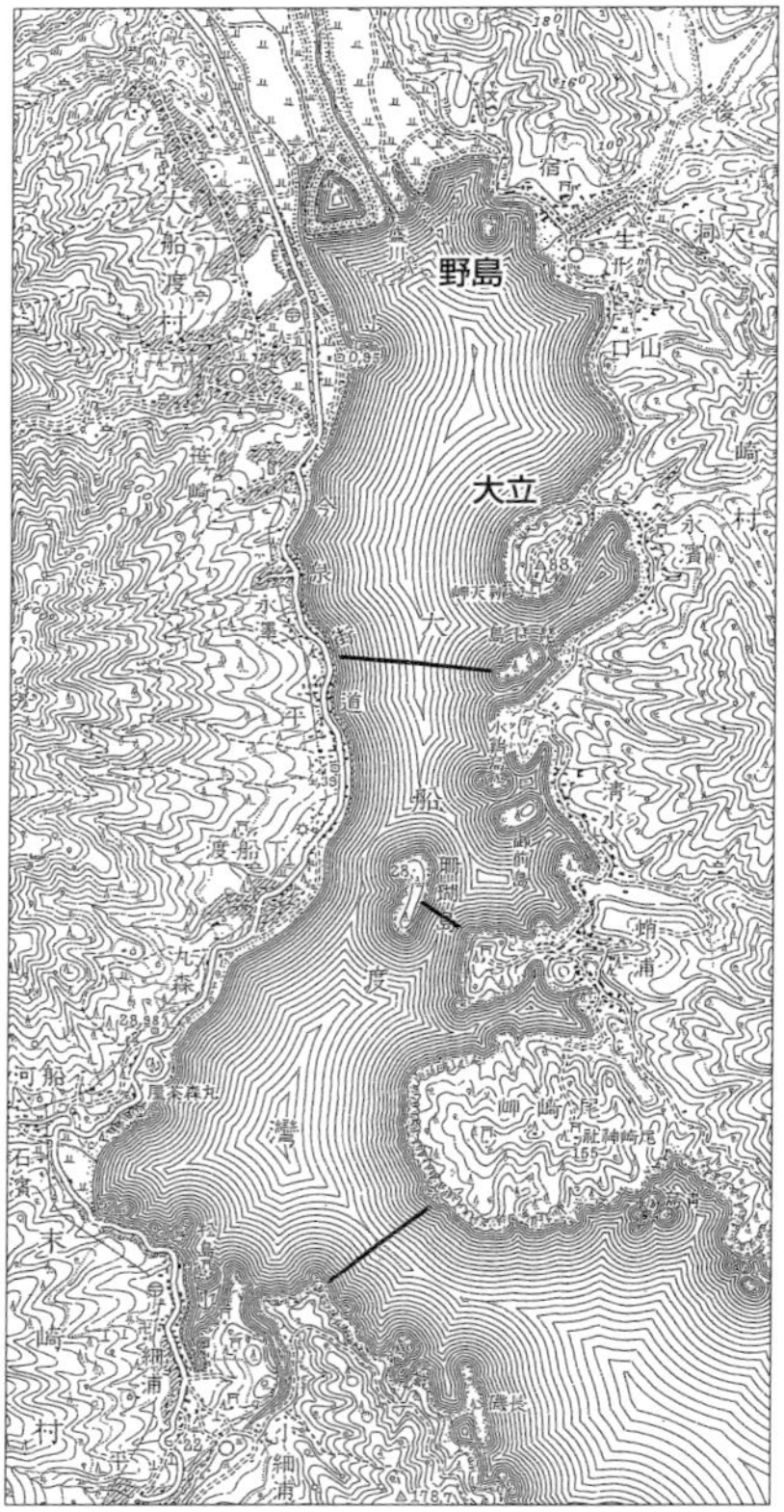

大船渡湾におけるイルカ網の張切り位置
（大日本帝国陸地測量部５万分の１地形図「盛」大正５年より）

浜漁場畑主へ作物補へ金」として八円が計上されている。これは明らかに畑を踏み荒らされたことに対する補償金である。なお明治四十三年（一九一〇）十一月に六八本の水揚げがあったときも、必要経費に「永浜畑代」として一円が計上されているが、こちらは水揚げ作業中に畑に踏み込んだりした代償であろう。

気仙沼、唐桑にイルカ漁の記録

もう一ヵ所、三陸沿岸で赤崎村よりさらに南にある気仙沼湾の唐桑《からくわ》でイルカ漁を行っていたことが『陸前唐桑史料』にみえるが、それに関する伝承はまったくない。この史料集は「御百姓」と呼ばれ、その下に名子《なご》・水呑《みずのみ》という隷属農民を抱えていた有力農民の中でも傑出した実力をもっていた古舘《こだて》屋敷の鈴木家に伝わってきた文書群の翻刻である。内容的には、紀州漁師の進出とカツオ漁に関する新技術の伝播を示すものとして注目されているが、このカツオ漁関係史料と同時期のものにイルカ漁に関する史料が四点だけある。なお、『唐桑町史』に一点だけ、唐桑において文政《ぶんせい》十二年（一八二九）にイルカ漁が存在した可能性をわずかにうかがわせる史料があり、そこに「鱈網いるか網乗子人数の儀は、正月に御取調御廻し下されたく候」という文言がみえる。ただしイルカ網が単なる網の呼称に過ぎない可能性もあり、次に述べるように本格的なイルカ追い込み漁はごくわずかな期間だけ当地で行われたものと考えられる。

『陸前唐桑史料』にみえるイルカ漁関係の資料は四点で、年次を欠く一点以外は延宝《えんぽう》三年（一六七五）四月から五月にかけてのものである。それによると、当地におけるイルカ漁の始まりは寛文《かんぶん》十年（一六七〇）で、洞屋敷の茂左衛門が網主となり、欠浜の源右衛門を棟梁として一二人を集めて網を仕立てたが、鮪立《しびたち》の者たちが自分たちの網を仕立て沖合でイルカを締め切ってしまうために当方の漁が不可能になった。さらに昨年（延宝二年）十二月から古舘の勘右衛門が鮪立の網から排除されたので、我々の網（本網と称する）の者どもは勘右衛門を頼って網を仕立てたところ、五〇人の御百姓・名子・水呑が参加してきたが、相手方は当方の網を新網、つまり新規参入組として操業中止に追い込んだ。しかも鮪立組合から当方に入ってきた者のうち七軒が鮪立の十左衛門に引き抜かれたので、これでは当方の網は立ち行かない。なお対岸の大嶋の外浜の者を仲間に入れたのは、イルカ発見にとって当方よりも有利であり、かつ網から逃れたイルカも外浜から貝浜に網を張ることで捕獲できるからである。今年も三月十五日、四月二十一、二十四、二十七日の四回もイルカが来たが、五十余人では不足のため群れを捕捉出来なかった。もっと参加人数を増やして大規模に網を巻き切れば湾内に来たイルカは残らず捕ることが可能となるはずだが、鮪立の御百姓一四、五人が網を結いたて、さらに三〇人ほどを仲間に募っているので大変に困惑している。その後、五月二十七日にイルカが来たので十左衛門組が網で巻いたが逃げられてしまったが、この群れを鹿下村の三人がイワシ網で囲いこんだので、勘右衛門はイルカ網を積み込んで現場に行って参加を申し込んだところ拒否された。そこで勘右衛門は鹿下の網から逃れ出た群れを巻き切ったところにかねて対立している十左衛門の網組がやって来て、勘右衛門たちの網の内側に自分たちの網を入れただけでなく、「ぼうからくい」を持っていたので、勘右衛門は網を揚げてイルカを逃がしてしまったという事件が起きる。ぼうからくい、とはおそらくイルカを追い込むために海面を叩く道具であろうが、いざというときには武器にもなる。勘右衛門は喧嘩をさけたということになる。

この事件のその後は不明であるが、イルカ漁が大規模な組織を必要とするため、自らの網組の仲間を増やそうと熾烈《しれつ》な争いが展開されていたことが判明する。しかし背景には別な問題が潜んでいた。

それは、このイルカ騒動が起きたのとまったく同じころ、唐桑の漁業史、というよりも三陸地方の漁業史上にきわめて大きな意味をもつことがらが起こっていた。古舘勘右衛門と源右衛門が紀州から招いた鰹漁師たちが、地域にとって革新的な漁法をもたらしたのである。この源右衛門はイルカ網の棟梁となった欠浜の人物と同じであろう。ひとつだけ史料の原文をあげてみよう。「ぼうけと申網を以いわし取いけすニ仕朝毎いきいわしを□□（ママ）へ入持参仕ゐさニいたしつり参候、拙者所ニ居申舟日々弐百三百宛釣参候得共当処浜方之猟師少も釣不申候」（『陸前唐桑史料』三七三号）とあり、別の三六八号文書には「つりため之まねひ仕桶を立かつほ釣上申候」とある。

この画期的な漁法とは、棒受網でイワシをとり、それを生餌としてカツオを釣り揚げるもので、溜め釣りとも釣り溜めとも呼ばれた。文字面からは、餌で寄せた群れを溜めておいて一気に釣り揚げるという漁法を意味するようにみえるが、釣溜めという表現は土佐の船にもみられるし、「文政七年（一八二四）分元吉北方村々諸御極帳」（『唐桑町史』）に見える村ごとの船の大きさとその数をみると、多くの村に「釣溜船」があり、小舟やサッパより大型の船として位置づけられている。唐桑においても「五太木船百石以下弐艘　釣溜船拾四艘　小舟三拾五艘　早破船百四拾弐艘　大合子九艘　合子百六十艘」とあり、カツオ漁船の呼称として「釣溜船」が使用されている。つまり釣溜めというのは漁法のみを指す言葉ではなく、水揚げ後に鰹節製造者に売却するため釣ったカツオを船上に溜めこんでおくだけの大きさをもった船をも意味し、一艘あたり一三人が乗り組む大きさであった。

紀州から招かれた者たちは、単純に釣り方だけを伝えたのではなく、商品としての鰹節製造の技術も携え、いわばカツオ産業全体にかかわる新しいシステムをもたらしたとみるべきであろう。

イルカ追い込み漁をめぐる紛争は、まさにそうした新潮流の只中で起こっている。ほとんど全村民の組織化につながる大規模なイルカ追い込み漁の網組編成をめぐる問題は、勘右衛門の対抗相手十左衛門が、じつは紀州漁師の招請にも反対していたという事実と重なっている。それは有力農民である御百姓が抱える名子や水呑という労働集団の取り合いという様相を帯びていたことから、勘右衛門によるイルカ網の共同操業の主張は、カツオ漁の実施とも不可分の関係を持っていたのだった。

カツオの漁法は現代においても一本釣りが基本である。当然ながら一艘に乗り組む釣り手の数が漁獲量を左右する。つまりイルカ網の組に編入されることは、カツオ船に乗り込む釣り手となることを意味したのであろう。イルカの回遊頼みの漁はあくまでも偶然の結果であるから、生業としての本格漁業はカツオ釣りであり、地域の有力者にとってはイルカ漁の網組編成が、じつはカツオ船の乗組員確保と同義であったと考えると、このイルカ漁騒動の真の意味がみえてくるのである。

北上するイルカ追い込み漁法

また、当地におけるイルカ漁の始まりが寛文十年（一六七〇）、ここから北上した大船渡湾の赤崎では、享保三年（一七一八）以前、さらに北の山田湾大浦では享保十二年と伝えている。まさに絵に描いたように北上の軌跡をみることができ、しかも唐桑と山田においては紀州漁師あるいは鰹節職人の示唆がイルカ漁導入の契機となっている。このことは、東北地方における紀州漁民の活動が、単なるカツオ漁の方法、あるいは鰹節製造技術の伝播《でんぱ》というだけでなく、地域の漁業のあり方にも大きな影響を与えていることをはっきり示している。

漁業先進地である関西方面からカツオ漁と鰹節加工に関する技術を携えて三陸地方にやってきた漁民は多い。高橋美貴によれば、早くも寛文十一年には盛岡城下の商人が伊勢から鰹釣師を閉伊沿岸に呼び寄せ、「いせふし」を作らせて盛岡で売り出していることが盛岡藩庁の日誌である『雑書』にあるという。

余談ながら、近代において鰹節生産と流通の中心であった静岡県焼津《やいづ》では、近世中期に現行の鰹節生産の基礎である焙燻《ばいくん》製法を伊豆から学び、以後製法を工夫しながら最高級の製品を造りだすことに成功した。岩手県は明治中期、この焼津から鰹節製造教師を招聘《しょうへい》し、地域産業振興を図っている。ちなみに伊豆の鰹節製法は千葉県千倉《ちくら》の土佐与市《とさよいち》から学んだもので、その与市は本来は紀州の出であり、土佐で技術を覚えたといわれている。鰹節という商品価値の高い産物をめぐり黒潮に乗って壮大な交流が展開されていたことがみえる。

なお、断片的な記録を探れば、『大日本水産会会報』三七号（明治十八年）に、大船渡湾の北側にあたる綾里《りょうり》において、シビ網に入ったイルカを他の網で囲って捕獲するという記事がみえ、釜石でもイルカを捕獲したとされるが、継続的なものではなかったとみられる。

5　捕鯨とイルカ漁 ―五島列島・山口県青海島・京都府伊根―

網掛による捕鯨はイルカ漁から発展

クジラとイルカはともに鯨類であって、呼称の違いは単に体長の差しかない。しかも、同じように列島沿岸に回遊してきて、沿岸住民の生業の場である小湾に入り込んでくる。大型のクジラを積極的に捕獲する方法は、初期には突取法といってクジラに銛を打ち込んで弱らせたのちに先端を尖らせた剣（鉾《ほこ》）で突き殺すというもので、七、八艘を運用する専門組織である鯨組が操業し、十六世紀中ごろには伊勢湾が鯨肉供給地となっていた。そして十七世紀に入ると捕鯨を目的とする専門組織が各地に生まれていったのだが、背景には多数の船を組織的に運用する戦国期の海賊衆の経験があったことは容易に想像できる。

しかしこの方法では銛を打ち込んでも捕獲に至らぬクジラも多いために効率は悪く、鯨種についても泳ぐ速度が遅くて死後も水没しにくいセミクジラなどが主たる対象となっていた。そこで考案されたのが、クジラに網を絡ませて行動の自由を奪ってから突き取るという網掛突取法で、延宝五年（一六七七）に紀州太地《たいじ》の和田角右衛門が発明したとされる。伝説では、蜘蛛の網をヒントにしたというが、おそらく苧網《おあみ》（麻網）の普及があったからであろう。従来の網はミゴすなわち稲わらの芯にあたる細くて堅い部分を用いて編んだものが多く、素材は身近にあったが水に浸かれば一気に重くなり、しかも腐りやすくて長持ちしない。それに対して苧網は軽くて強靭《きょうじん》である。小規模な網にはすでに使用されるようになっていたが、大規模な網を仕立てるには莫大な資金が必要となる。したがって投資に見合う利益が上がるという目算が立つことで捕鯨に採用されることになったと考えられる。これによって捕鯨は大規模な産業として発展することになり、幕末にいたって西欧捕鯨船の北太平洋進出による資源の枯渇に直面するまで、各地の鯨組に莫大な利益をもたらし、諸藩の財政にも大きく貢献した。ここで確認しておきたいのは、近世の捕鯨の目的は、まず搾油にあったことで、鯨油《げいゆ》は水田における除虫剤として広く使用され、日本の稲作を支える存在にもなったのである。

この網掛突取法に至る捕鯨業の発達は、イルカ漁と深く関わっていた。イルカ漁もまずは銛による刺突漁に始まり、ついで設置した網に自然に入り込むのを待つ陥穽漁《かんせい》（鮪などの回遊魚漁の副産物）、そして積極的に威嚇しながら網に追い込む追い込み漁へと発展した。とくにクジラもイルカも湾内に回遊してくる場合には、その捕獲法に本質的な差異はなかった。これはある意味では当然のことで、大きさこそ違え、どちらもおなじ鯨類であり、その習性も似ていたからである。つまり、捕鯨が大規模な産業へと発展していくための技術的な前提に、長大な網を使用するイルカ追い込み漁の知識と経験が不可欠だったと思われる。そこで、近代にいたるまで捕鯨とイルカ漁とが同じ場所で行われていた地域の例を見ながら両者の関係を考えてみよう。

五島の青方文書

長崎県の五島列島の北部に位置する中通島《なかどおりじま》の北部には、北に突き出た半島の東側に有川《ありかわ》湾、西側に青方《あおかた》湾がある。青方湾の漁業権を代々継承してきた豪族青方氏に伝わる「青方文書」にはわが国の中世における漁業のありようを示す貴重な内容が多い。永和《えいわ》三年（一三七七）、青方家の当主、重《しげし》が子孫に残した置文にみえるイルカ網は、わが国におけるイルカの組織的捕獲に関する最初の記録である。

青方重置文案

かつをあミ、しひあみ、ゆるかあみ、ちからあらハせうせうハ人をもかり候いて、しいたしてちきょうすへし、

ゑいわ三年三月十七日

（『青方文書』第二、三三一号）

漢字を宛てれば「鰹網、鮪網、海豚網、力あらば少々は人をも駆り候ひて、仕出して知行すべし」となろう。すなわち鰹・鮪・海豚を狙った網について、もし力があるなら人足を駆り出しても精出して管理運営すべきである、といった意味であろう。この文言から、おそらく建切網を仕掛けてこれらの回遊魚を捕獲していたことが推察され、しかもその収益が青方家にとって大きな比重をもっていたこともう

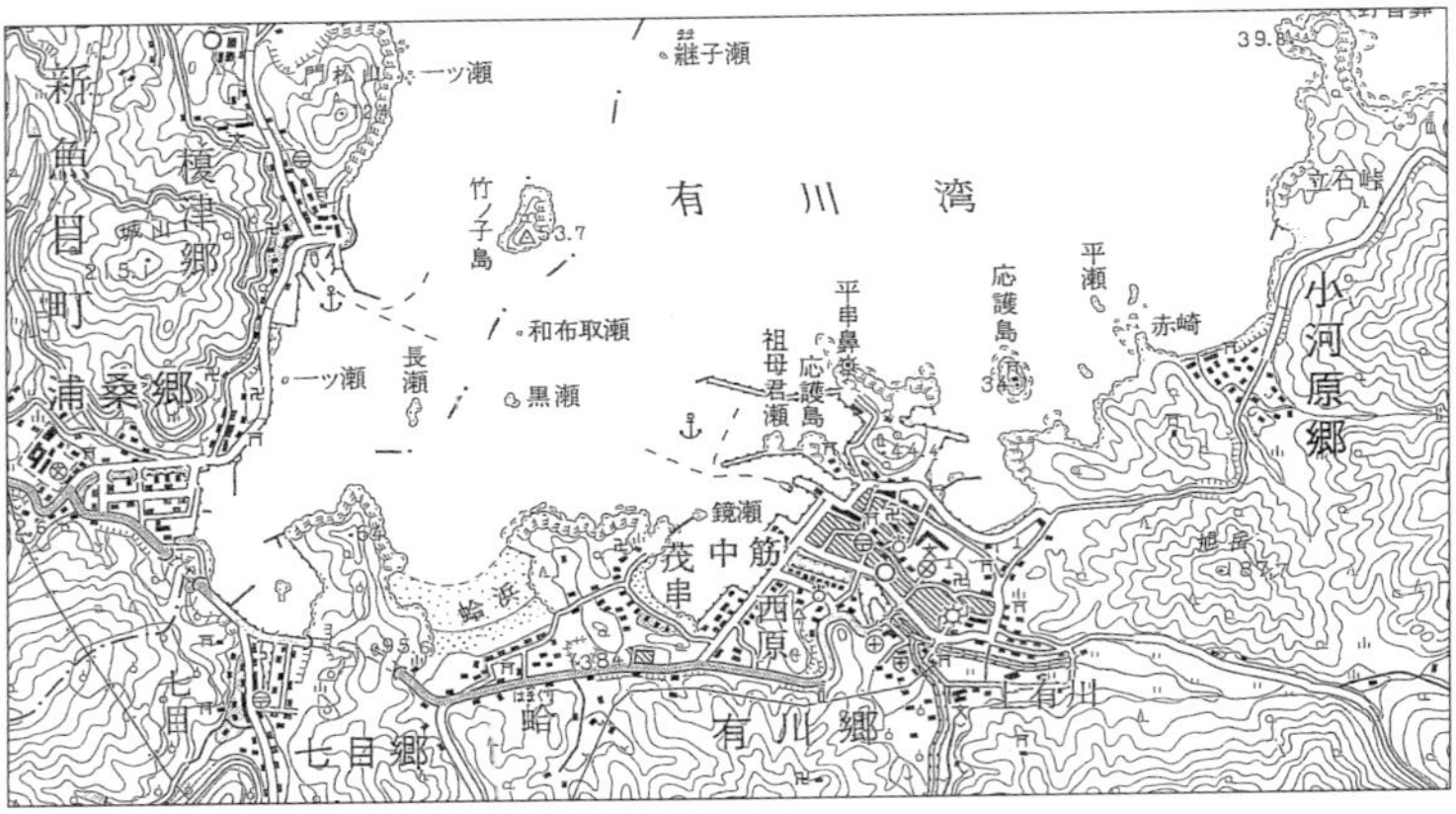

有川湾（5万分の1地形図「有川」）

かがわれる。青方文書にイルカ漁に関する文言はこれ以降出てこないが、おそらくは前例にならってこの漁は継続されていたとみられる。

いっぽう半島反対側の有川湾においては、この青方氏の主筋にあたる宇久《うく》氏が五島氏と姓を改めて支配していたが、明暦《めいれき》元年（一六五五）に富江《とみえ》領を分知し、有川は福江《ふくえ》領、魚《うおの》目《め》は富江領とに分かれることになった。従来、有川は地方《じかた》、魚目は浜方とされてはいたが、有川でも漁業は行っていた。しかし、異なった領主の支配下に置かれたことで、地方つまり農業専一地域と目される有川の漁業権が否定されてしまった。そこで有川は貞享《じょうきょう》五年（一六八八）に漁業権の復活を幕府に願い出たのだが、有川の主張に対して反論した魚目側の記録に次のような記述がみえる。すなわち、わが富江（魚目を含む）では昔からイルカを発見するや船端を叩いて浦内に追い込み「鮪取縄網十五帖共、皆出合い網を続き合せ候えば、四千五百尋御座候を以て、此の浦口を張り切り江豚猟仕来り候」と、当時のイルカ追い込み漁の方法が書かれている。鮪用の網を皆でつなぎ合わせた四五〇〇尋《ひろ》（一尋五尺換算で約六八〇〇メートル《メートル》）もの長大な網を浦口に張って江豚漁をしたとある。この記述の前には、漁を富江藩から派遣された武士と足軽が監督したとあるから、水揚げに対する一定の上納を課していたのであろう。

同じころ、延宝六年（一六七八）、富江藩では大村の町人、深沢儀太夫勝幸《ふかざわぎだゆう》に魚目浦の鯨漁を許可し、儀太夫は請浦、すなわちこの海域における捕鯨の権利を独占するかわりに、富江藩に運上銀を納入することになった。このときの漁法は「江豚網を苧網に仕直し、江豚・鯨を取」というもので、「藁網を強い苧網に仕立て直し、それを有川の山の木につないで敷網とし、鯨を追い込んで突き取る」ものであったとされる（中山友則『有川鯨組の推移』私家版）。ちなみに深沢儀太夫は貞享元年（一六八四）に網掛式突取捕鯨を壱岐《いき》・勝本《かつもと》浦に導入した人物で、十七世紀の後半から十八世紀初頭にかけて本人および娘婿（与五郎）二代にわたって大いに栄えたとされる。これでは有川側は目の前で鯨が捕獲されるのを手をこまねいて見ていることしかできない。そこで有川ではすでに宇久島で捕鯨を実施していた山田茂兵衛を組頭とするあらたな鯨組を編成し、網取り法による捕鯨を開始した。

捕鯨が活発化することで地元の経済は活性化し各地から多くの出稼ぎ漁夫が集まった。有川代官所はこうした漁業活動に対してさまざまな口銭を徴収した。享保六年（一七二一）の「鮪海豚口銭定事」によれば、「鮪入鹿取揚候節網主自分之船水夫ニ而積登候者口銭差免候事」とするが、「運賃船ニ而鮪海豚積出候節」と「鮪江豚網主方より地下《じげ》旅商人ニ売渡候節」には、それぞれ運賃船の船頭ないし買主の商人から「銀高ニ七分之口銭」を納めるべしとある（『五島魚目郷土史』）。

漁業からの収入が藩財政をささえる柱の一つになっており、同時にそうした負担に堪えるだけの利益を網主や流通業界が得ていたことが判明する。

対馬《つしま》においても中世からイルカ漁が実施されており、クジラについては「八かいの大もの」として捕獲に努めよという応永《おうえい》十一年（一四〇四）の文書があることを先に紹介した。ただし、対馬の場合は外部からの鯨組が藩の許可を得て沖合で操業する場合がほとんどであったため、湾内でイルカ漁と競合することはなかったとみられる。

長門国青海島

長門国青海島《おうみじま》（山口県長門市）は、日本海の荒波から仙崎《せんざき》湾を守るような位置にあり、そのため仙崎湾は内海と呼ばれ、なかでも瀬戸崎は風待港《かぜまちこう》として大いに発展した。同時に波静かな湾岸に位置する通《かよい》浦《うら》と瀬戸崎の漁民は、回遊してくるクジラを対象とする捕鯨を早くから行っており、この二つの集落にはさまれるような位置にある大日比《おおひび》ではイルカ追い込み漁を行ってきた。三つの集落のなかで瀬戸崎は廻船の泊地として名高く、天保期に作成された『防長風土注進案』によれば、商人が過半数を占めているが、通浦ではほぼ全戸が浦百姓とされる。

とくに通浦は捕鯨中心の村であり、向岸寺《こうがんじ》では鯨の「鯨鯢《げいげい》過去帳」と位牌を前に毎年の彼岸に供養が行われている。また瀬戸崎（仙崎）の氏神仙崎八幡神社には見事な捕鯨図が奉納されており、正月二日には鯨突初として鯨突の芸能が奉納されていた。また『防長風土注進案』には、寛文十二年（一六七二）に鯨突組を編成し縄網を使用して突き取っていたが、「延宝五年（一六七七）に苧網百四尋仕調、鯨十本取」とある。苧網の採用が劇的な効果をもたらしたことがうかがわれる。

表８　青海島と瀬戸崎の村落構成（『防長風土注進案』より）

集落名 / 項目	瀬戸崎	青海・大日比	通浦	白潟
軒数	505	162	248	88
●本軒	290	91	（本百姓）21	34
内農人	30	40	21	（農人漁人）22
内職人	15	5		1
内商人	195	5		11
内漁人	50	（農漁）41		
●半軒	78	10		40
内農人	10	6		（農人漁人）25
内職人	9			2
内商人	39			13
内漁人	20	（農漁）41		
●門男	137	61	（門男百姓）16	14
内農人	15	55	16	（農人漁人）10
内職人	2			1
内商人	72			3
内漁人	48	（農漁）6		
●浦百姓			211	
内漁人			160	
内職人			11	
内商人			40	
人口	2091	770	1054	418
内男	1119	408	550	215
内女	972	362	504	203
船数	142	62	190	34
内廻船	13		2	1
内漁船	117	49	154	33
内鯨船	12		6	
内惣海船			（鯨網）7	
内肥船		12		
内渡船		1		
内網船			21	

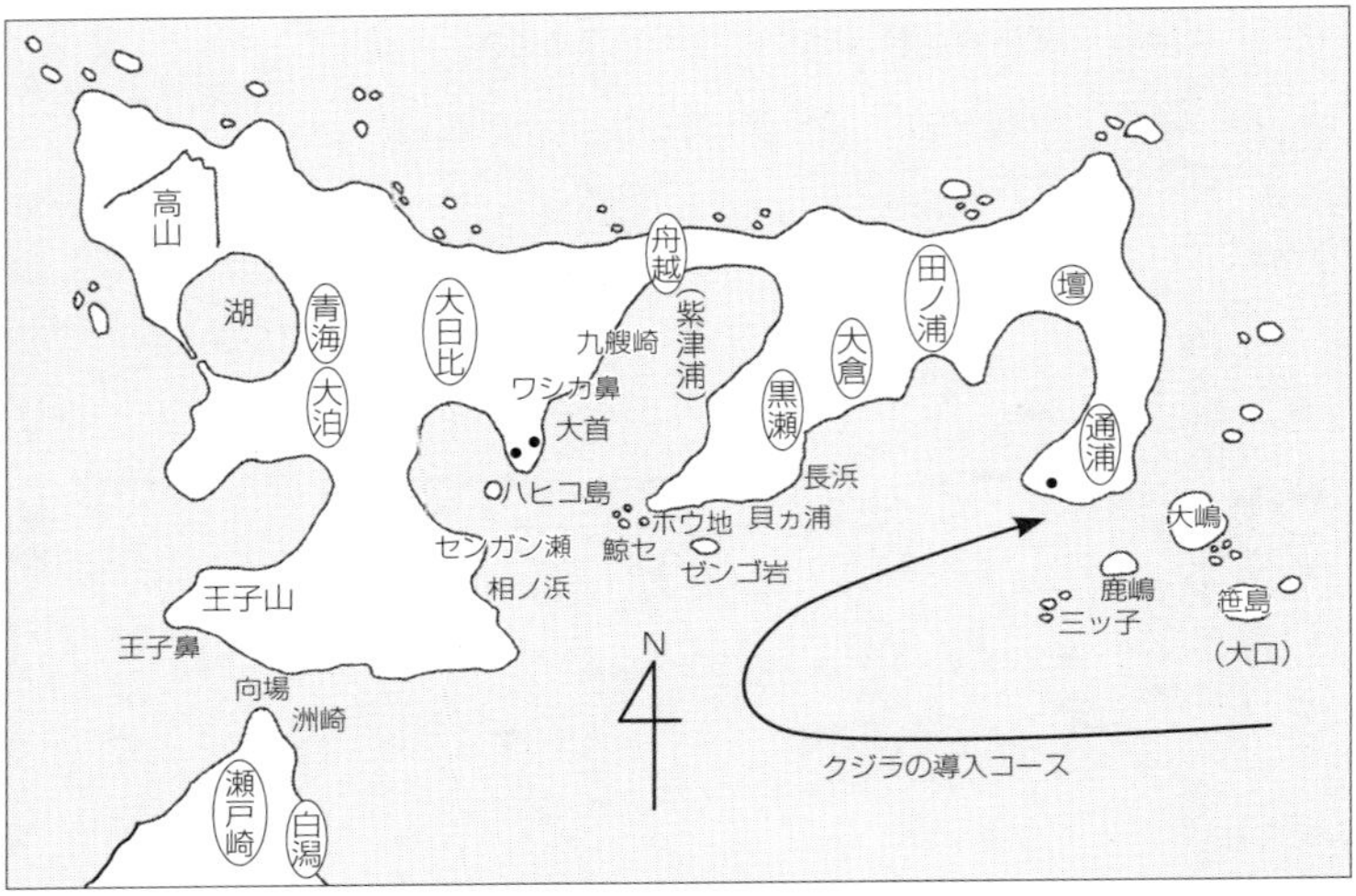

青海島略図（『防長風土注進案』第19巻より作成）　●ヤマミ（見張場所）の位置を示す

この地域での捕鯨の記録は、大日比の中心から北に位置する紫津浦《しずうら》の村人に対して、天正《てんしょう》二十年（文《ぶん》禄《ろく》元＝一五九二）に「大魚取候はば、あふら（油）の儀は、馳走申すべく候」という命令が出されている。馳走とは文字通りで、しっかり動き回れという意味、大魚とは鯨のことと思われるが、羽原又吉《はばらゆうきち》も指摘するように、これにイルカも含まれていた可能性は高い。また寛文十二年（一六七二）には、瀬戸崎から紫津浦（大日比）に対して鯨突用の銛を借りたいという申し出があったことがあり、少なくとも近世初期には大日比でもイルカ漁だけでなく捕鯨も行われていたことが判明する。

しかし、さきの表8からわかるように、大日比は農業集落であったから、捕鯨に全力を投入した通や瀬戸崎とは異なり、近世では湾内での小漁に際してイルカ群を発見したときに追い込み漁を行う程度になっていた。常に態勢を整えておく必要がある捕鯨には向かない村がらだったからであろう。

いっぽう捕鯨に力を入れていた通では、沖合での捕鯨に加え、内海では瀬戸崎と共同で捕鯨を行い、捕鯨を行わない大日比と隣村の白潟《しらかた》（漁は行わないので浦を使用する迷惑料か）に対しては瀬戸崎の利益の六分の一を渡すという取り決めがなされていた。つまり、通・瀬戸崎は捕鯨、大日比はイルカ漁という区分が明確にされていた。

通では、毎年十月に組おろしといって捕鯨の船や道具類を整備して待機を始め、翌年三月に組揚げといって漁仕舞となる。ところが、元文《げんぶん》四年（一七三九）五月、内海に入ってきたイルカ群に通浦の漁船が追い込みを掛けたことがある。しかし網の長さが足りないために群れは紫津浦に入ったので、大日比が水揚げをしてしまい、通浦がこれを猛烈に非難するという事件が起こった。当時の慣例によれば、イルカ群はそれを発見した村の船がそれぞれの地先に設けてある網代に追い込んでよいということになっていたが、実際に行っていたのは大日比だけであった。湾口に位置する通浦はイルカ群発見についてはもっとも有利な位置にあったが、鯨とイルカの回遊時期が重なるためにイルカ漁には手を出さなかったのであろう。ところがこの事件は五月に起きている。捕鯨組はすでに解散していたので普通の漁に出ていた船がイルカ追い込みを試みたということであろう。結果は大日比側の主張が通り、あらためて内海におけるイルカ追い込み漁は、各村が自由に自分の網代に追い込んでよいということが確認された。この問題の背後には内海における漁業権争いが絡んでいたのであろう。

伊根湾におけるイルカ漁と捕鯨との関係

丹後国《たんごのくに》の伊根《いね》湾（京都府与謝《よさ》郡伊根町）は、青島《あおしま》が内海を守るかたちで湾口に横たわっている。この波静かな湾内を間内《まうち》、湾外を間外《まそと》と呼んだ。海べりに設けられた舟屋が並ぶ景観は伝統的建造物群に指定されている。ここは中世以来ブリ漁で知られ、漁業からの利益を得る権利が鰤《ぶり》株あるいは漁株と呼ばれた。おそらく近世の早い時期に一二四株として固定されたが、これは単に漁業だけの権利ではなく、屋敷・田畑・山などを含む、屋敷持ちの独立農民つまり本百姓の権利に相当していた。一二四株は平田村・日出村・亀島村の三ヵ村が分け持つが、一株を丸《まる》とよんで分割も可能であった。漁株はイルカ漁に際しての収益配分の基準ともなるきわめて重要な権利である。

伊根湾における捕鯨は『京都府漁業史』によると天文《てんぶん》年間に湾内に入ってきた鯨を藁縄製の鰯地引網で捕獲したのが最初で、その代金を元手に藁網の一部を麻網に変えるとともに銛を考案して鯨網漁業の形を作り上げたという。また岩崎英精は、亀島に残る明暦二年（一六五六）の「鯨永代帳」に座頭鯨《ざとうくじら》一本とあることから、それ以降に本格化したのであろうと推測している。ちなみに『伊根町史』には、この帳面などをもとに昭和二年（一九二七）までの全二八八本の鯨種・体長・入札価格・落札集落名の一覧表が掲載されており、当地における捕鯨業の規模が判明する。

ところで、間内における捕鯨の権利は亀島村に独占されており、同じ沿岸に位置する平田村と日出村には全く権利がない。ところが、イルカ漁の収益は亀島・平田両村で折半している。一説には、明暦元年すなわち捕鯨が本格化する前年に、平田村が共同株から抜けたからだとされる。このことは本格的な捕鯨開始以前から、両村は共同でイルカ漁を行っていたことを示唆する。おそらく湾内に入ったイルカ群を両村が共同で湾奥の平田村の海岸に追い込んで処理していたのであろう。

ところが亀島村は人口が増えてきて、もともとの高梨《たかなし》集落に加え、小さな耳鼻湾の対岸に立石《たていし》・耳《に》鼻《び》・亀山《かめやま》を分出し、これらが全体で亀島村を構成するようになった。鯨を追い込むのに適した耳鼻湾の

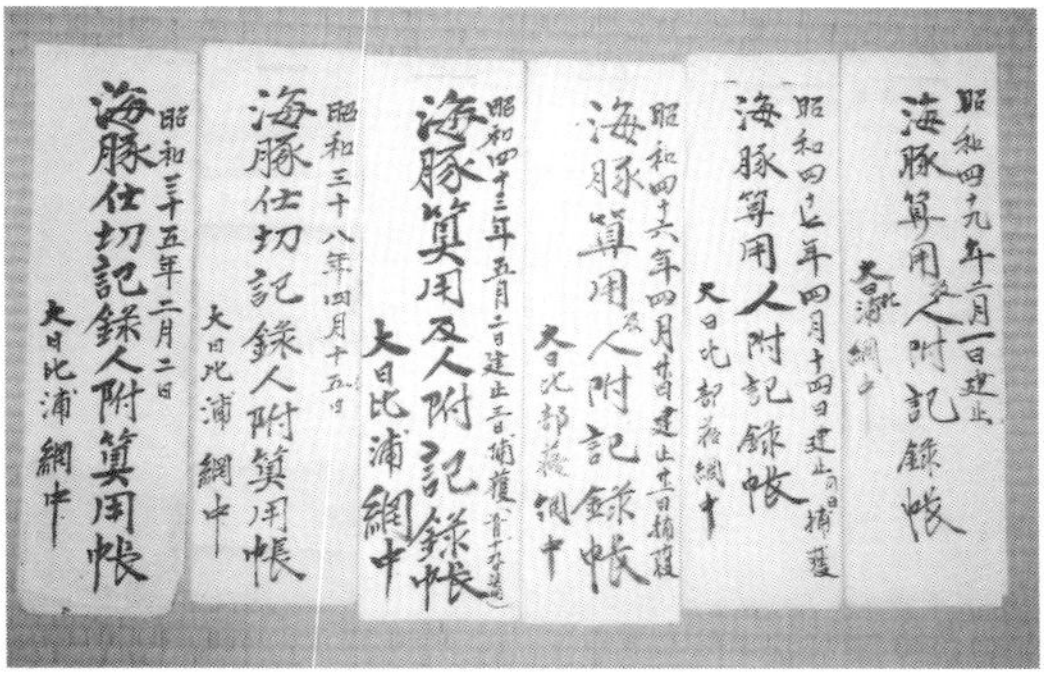

海豚算用帳（大日比総代引継文書）

湾口を両岸から網で封じ、その内側でクジラを処理するならすべて亀島だけで行うことができる。つまり麻網購入という資本を投下し、増大した人口すべてを動員すれば、何も平田村の手をかりなくても捕鯨はできる。おそらく、組織的な捕鯨に関しては最初から亀島村だけで計画し操業することにしたと思われる。その際、先行していたイルカ追い込み漁は従来通り共同で行うが、より利益の大きい捕鯨は平田村を排除して単独で行うという主張が通って、このような慣行になったのであろう。こうしてイルカは共同で、鯨は亀島で、という棲み分けがなされたのだが、大型イルカのゴンドウ類が来たときは、亀島村がこれを鯨であるとして権利を主張したこともあった。たとえば、明治十七年（一八八四）に「入道江豚百廿本　是ヲ亀嶋村鯨ト申立仝村へ取候」という記録がある。亀島村は、これをタチカミクジラと強弁して独占してしまったのである。

　捕鯨の伝承は戦国期末までさかのぼるが、イルカ漁については漁株組織が保管してきた古文書のなかに「享保十七年（一七三二）七月吉日子年江豚算用帳」をはじめとして明治二十二年に至るまで三一点の史料がある（『丹後国漁業関係古文書目録』）。したがって少なくとも享保十七年には組織的なイルカ追い込み漁が行われていたことが判明するが、この少し前にあたる享保九年の「与謝之大絵図」（宮津市成相《なりあい》寺蔵）には、平田村のところに「此遠浅ニテイル

伊根湾と集落（5万分の1地形図「冠島・丹後由良」）

カトル」という書き込みがみえる。明らかに追い込み漁が行われていたことを示している。

　ここで、捕鯨とイルカ追い込み漁との関係を改めてみておきたい。宮津藩によって天保期に完成されたという『丹哥府志《たんかふし》』によると、大海より鰯を追って伊根湾内に入ってきたクジラが青島より内側に入るのを待って高梨から青島にかけて網を張る。亀山の方にも同様に網を張り、網の上に船を並べて老人・子供がその船に乗って太鼓を叩いて張り切り網の外にクジラが出ないようにする。若者が銛を投げる。初めて打つ者を一番モリとい、二番、三番よりも褒美がよい。六、七本打ってクジラに船を引かせるうちにクジラが疲れ頻《しき》りに潮を吹くようになる。そこで、さらに三〇本ほども銛を打ち込み、瀕死《ひんし》の状態になったところで網を引きまわし島の方に轆轤《ろくろ》でもって引き揚げる。浜に揚げたクジラの背に登って三尺四方ほどの肉を切って腹に水を入れて腐敗を防ぐ。

　この記述通りの状況が大正二年（一九一三）にナガスクジラの捕獲状況を撮影した写真にみることができる。伊根湾における捕鯨は近世初期に開発された網掛突取法ではなく、イルカ漁と同じようにいわゆる断切網を用いて退路を断ってから仕留めるというもので、まさにイルカ追い込み漁の延長線上に位置する技術であることがわかる。

この点で参考になるのが司馬江漢《しばこうかん》の『西遊旅譚《さいゆうりよだん》』（国立国会図書館蔵）の生月島《いきつきしま》の捕鯨の図である。江漢は天明八年（一七八八）四月に江戸を発ち、十二月末に生月島の捕鯨の現場を見た。そこに描かれた状況は、この写真にそっくりであり、また先に真脇で紹介した『能登国採魚図絵』とも同じである。イルカ追い込み漁を下敷きにして、強固な苧網が導入されることで、網取捕鯨法が成立したといえるであろう。

伊根湾口に横たわる青島

初期の捕鯨は、内湾捕鯨ともいうべきものであった。クジラが湾内に入ってくると、多数の船でさらに奥の方に追い込み、長大な網を張って湾口を塞いでから、周囲に網を取り回して追い詰め、銛を打って仕留める。この段階では、クジラは原則として一頭、イルカは群れという違いはあっても、基本は同じであった。しかし、旧来の藁網にかわる強靭な苧網が導入され、捕獲作業がより効率的になると、単に湾入を待つだけでなく、積極的に沖にでてクジラを探して網で囲むことが可能になった。これは戦国時代の海賊衆の経験がいきたのであろう。しかし、それには膨大な資本と動員力（捕獲から処理・販売まで）が必要になる。ここに企業的な経営が行われるようになり、各地に鯨組が誕生する。この動きは

伊根湾における大正２年ナガスクジラ捕獲時の状況（和久田幹夫氏提供）

生月島における捕鯨の図　（司馬江漢『西遊旅譚』より）

一六〇〇年代中ごろに盛んになり、捕鯨は近世日本の重要産業となっていくのである。

鯨食は伝統食か

時代的には近代に入ることになるが、日本における捕鯨持続論の重要な論拠である、鯨食が日本の伝統文化であるという主張について考えておこう。鯨肉が食料不足の戦後日本において重要なタンパク源であったことは確かであり、今でもクジラの竜田揚げを懐かしいといって食べる場面がしばしば報道される。しかし給食などで出された鯨肉は主として南氷洋で捕獲されたものが全国に流通した食材であって、しかも昔ながらの調理法によって提供されたものではない。つまりそれぞれの風土に根ざし、かつ長い時間をかけて継承されてきたものを伝統というならば、給食のクジラ料理は伝統食品とはいえないだろう。もちろん新たな伝統になったといえるかもしれないが、いま鯨食を支持する根拠となっているのは「伝統だから」という言いまわしである。近世の料理書にはクジラのあらゆる部位について詳細な解説と調理法が書かれている（イルカ肉の部位名もこれに準じている）。しかし、近世における捕鯨の目的の第一は灯火や殺虫用に使用される鯨油にあり、保存可能な商品として莫大な価値を生んでいたことを忘れてはならない。鯨肉は捕鯨基地周辺では当然ながら食用とされたが、遠隔地で賞味された塩漬け肉は贈答品ないし儀礼的な使用が多かったとみられる。

戦後の食料難以前における鯨食の実態について伊豆川浅吉が昭和十六年（一九四一）に行った調査結果がある。地域が限定されてはいるものの、その内容はたいへん興味深い。捕鯨地太地から鯨肉は大阪と伊勢方面と二手に分かれて搬出される。大阪では四国や九州から入荷したものと合わせて東進し、これが途中で二つに分かれ、一つは北陸線に沿って石川・富山・新潟諸県へ、他は東海道線によって伊勢のものと合流してさらに東進するらしいという。つまり調査時点で鯨肉は広い市場をもっており、その意味では国民的な食であったといえなくもない。しかし、鯨肉を食する機会は、とくに北国方面では土用の丑の日に食することが圧倒的で、これは鰻《うなぎ》を食べるのと同じ理由であり、かつ祭事・婚姻や年越しの儀礼に用いることもあった。ということは、鯨肉は捕鯨基地周辺以外では日常的な食素材ではなかったことがうかがわれる。

日本の沿岸小型捕鯨の基地である宮城県鮎川《あゆかわ》で詳細な調査を行ったフリードマンらは、鯨肉が地域のコミュニティを支える重要な媒介物となっているなど、沿岸捕鯨の意義を強調する。しかし、これは捕鯨に限った問題ではない。漁獲物をオカズワケなどと称して参加者に配分し、それがさらに親類縁者に分けられるのは漁村の通例であり、クジラだけにみられるものではないし、なにより鮎川の捕鯨業が明治以降に外来の資本によって展開されたことを考えれば、鯨食そのものを伝統食であるという論拠にはならないだろう。渡邊洋之も鮎川の捕鯨基地の調査などをもとに、「大型沿岸捕鯨や母船式捕鯨は（中略）新たな技術の導入などによって、鯨組とは全く別のものとして形成された」ものであること、鯨肉食は第二次大戦後に普及したもので「日本民族」の伝統的食文化とは言えないと指摘している。むしろイルカ食の方が、地域色を濃厚に示す伝統食であるのだが、食との関わりについては本書の最後であらためて検討していきたい。

二　近代のイルカ追い込み漁

1　近代から始まった祝祭的イルカ漁 ―沖縄県名護湾―

ヨイモンとしてのイルカ

名護《なご》湾は、日本における組織的なイルカ追い込み漁を実施していた地区ではもっとも南に位置し、地域ならではのいくつかの特色がみられる。

まず、イルカがヨイモン（寄り物）すなわち海上彼方の神からの贈り物としてとくに強く意識されていたことがあげられる。イルカ漁は単なる漁獲行動ではなく、信仰と深い関わりをもっていた。その具体的な表れとして、イルカ漁に関してヌル（ノロ）と呼ばれる南島独特の女性神職が大きな関わりをもち、イルカの到来や大漁のための祈願を行っていた。しかも例年通りイルカの回遊があるかどうかが、この地域の政治指導者の評価にもつながっていたのである。

また捕獲したイルカの肉は、村落構成員に配分するという原則があった。これらはさまざまな面から指摘されている南島の民俗の特徴に通じるものであり、それがイルカ漁においても明確にみてとれる。

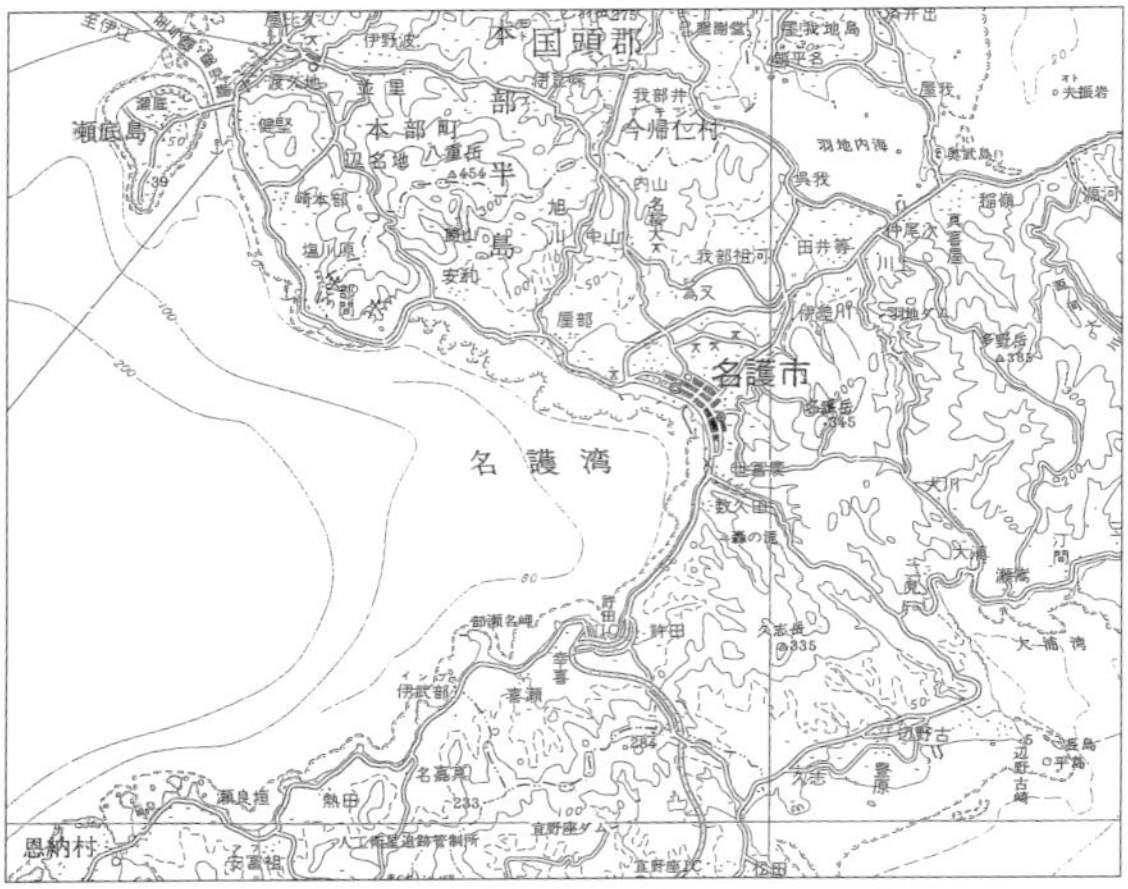

名護湾（20万分の1地形図「那覇」）

同時にときには自らの生命の危険さえあるイルカ漁に際し、参加者の精神状態が著しい高揚を示すだけでなく、事後の浜での宴会には各地共通の祝祭的な雰囲気があふれている。その意味では名護湾におけるイルカ漁は、商業的な漁獲活動以前における日本人とイルカとの関係をもっともわかりやすい形で示す事例といってよいだろう。ただし、当地のイルカ漁そのものの起源は新しいから、そこに古い民俗が表れているという意味である。

また漁そのものの技術的な面でいえば、追い込みと取り揚げに際して本土各地のような大規模な網が使用されないことが指摘できる。これは、たとえばマグロ定置網やイワシ漁、古式捕鯨などが行われていなかった名護湾の漁業活動の特質として説明できよう。

名護湾におけるイルカ追い込み漁は、明治期の現地新聞にもしばしば季節の記事として掲載されており、イルカの漁獲方法やイルカにまつわる信仰的な面から興味深い記述がみられるし、郷土誌においても言及がある。イルカ漁は昭和五十年（一九七五）代から衰退期にむかい、平成元年（一九八八）に自由捕獲が禁止された。しかし現在でも市内の食堂や民家の欄間などに、大きく引き伸ばされたイルカ漁の現場写真が掲げられているのをみかける。イルカ漁が名護湾周辺の人びとにとっていかに心躍らせるできごとであったかがよくわかるのである。

沖縄方言では、イルカのことをヒート、フィトゥ、ピトゥなどとよぶ。同じ名護市内においても旧士族につながる人々の間ではヒートという発音が多いといわれるが、ピトゥというのがもっとも一般的な表現のようである。名護湾において捕獲対象となっているのは、ほとんどがコビレゴンドウで、マゴンドウとも呼ばれる。マゴンドウ以外のピトゥの仲間としては、オキゴンドウが捕獲されることもあるが、肉質は赤く、コビレゴンドウのほうがずっとうまいという。そのほかハンドウイルカをジャーカあるいはフリッパー、マダライルカはガラサあるいはギーチャバということもある。シワハイルカは、ユークッヤ（魚を食いちぎる意味）といい一番の嫌われものだとされる。

沖縄におけるイルカ漁の歴史

沖縄におけるイルカ漁に関する本格的な記録は『沖縄群島水産誌』である。筆者は松原新之助という農商務省の技師で東京海洋大学のはるかな前身である水産講習所（一八九七年設置）の初代所長を務めている。同書にはイルカに関して次のような記述がみられる。

［一］イルカハ四時共ニ近海ヲ遊泳ス連行凡ソ八十頭是亦従来捕獲セシコトナシト云フ

［二］名護ハ名護湾海水曲入ノ極尽ニ当リ水深三四十尋ニ過キズ、ヒート（中略）ノ年々二三月ノ交ニ於テ群来スルコト頗ル多シ其大ナルハ凡ソ二尋余ニ至ル者アリト云フ捕獲ハ別ニ工夫アルニ非ラズ只近岸ニ来ルトキ船ヲ放テ其背後ニ出デ石ヲ投シテ之ヲ逐ヒ磯辺ニ近寄ラシメ銛ヲ投シテ之ヲ鏦殺《しょうさつ》（ほこで突き殺す）スルノミ如此迂遠ノ猟法ヲ以テシテ猶ホ多数ノ捕獲アリ聞ク処ニヨレバ明治

二十年ニハ八十頭ヲ獲タリト云フ但シ年々必シモ如此多獲アルニ非ラズ年ニヨリテ多少ノ差アルハ
勿論ナリ
其用途ヲ聞ケバ肉ハ皆截《き》リテ生鮮ノマ、売買シ脂肪ハ熬《い》リテ油ヲ採ル而シテ壱頭ノ採油ハ概ネ壱斗
ニ過キズト云フ

本書は沖縄におけるイルカ漁の最も古い記録であり、成立は明治二十二年（一八八九）であるが、本文中に明治二十年に八〇頭を捕獲したとあることから、少なくとも明治中期には多数のイルカを対象とした追い込みが行われていたことがわかる。この記事は、明治二十年に名護地方を襲った飢饉《ききん》（蘇鉄地《そてつじ》獄《ごく》）に際して海岸に数百頭のイルカが押し寄せて餓死線上の人々を救ったという伝承でも裏付けられる。ただし松原はこの現場を目撃したわけではないので、捕獲されたイルカの種類はマイルカかもしれないが、他の種類もきっといたに違いないと述べている。

この記録以前には、イルカ漁に関する確実な記録は知られていない。琉球王朝時代に王の食卓に供する料理材料を記した『御膳本草《ごぜんほんぞう》』（天保《てんぽう》三年（一八三二））に「ひいとは海豚魚（カイトンギョ）で塩辛く生臭く無毒」とあるという。塩蔵のために塩辛いのであろうが、これにより食べることが忌避されていたわけではないことが判明する。王府の高貴な食べ物としてはザンすなわちジュゴンが珍重されてきたことは名高いが、イルカが供されていたという記録は管見には入っていない。ただし、山本英康によると、享保《きょうほう》二十年（一七三五）に首里王府《しゅりおうふ》から出された「間切公事帳《まぎりくじちょう》」（間切番所の職務分掌規定）には、鯨や大魚の類が浜に乗りあげた場合（いわゆる寄り鯨、ストランディング）はその村の所有になるが、オバや油などは御用として買いあげるといったことが定められている。クジラに並記されている大魚とは、後述の

新聞記事でもイルカのことをさしており、またかつてイルカ追い込み漁が盛んであった静岡県沼津《ぬまづ》市の戸田《へだ》海岸に建立されている木製の「大魚供養碑」にみえる大魚がイルカをさしている例もあり、この「間切公事帳」の大魚がイルカをさしている可能性は高く、イルカが食の対象と考えられていたことは明らかである。ただし、銛《もり》などによる個別漁はあったろうが、積極的に追い込み漁を行っていた可能性は低く、その開始は、あいまいな伝承を除けば明治以前にさかのぼることはないとみてよい。

名護湾でのイルカ漁の始まり

イルカの回遊は昔から季節の順調な推移を示す表れとされたことから、漁獲対象になるはるか以前からノロの祈願の対象になっていたであろう。では、ヒート漁が開始されることになる前提条件は何であったか。名護湾では本土各地の追い込み漁と異なって網は使われない。したがって、絶対に欠かせないものは、イルカを追い込み、かつ湾口をふさぐための船及び多くの人手である。人手はさておいて検討すべきは、このあたりの海岸沿いの住民が漁のための船をもっていたかどうかである。

名護は基本的には農村であった。『名護市史』(民俗Ⅱ)によると、名護における漁業の始まりは、伝承では明治三十四、五年(一九〇一、二)に糸満《いとまん》から東江《あがりえ》に移住してきたイチマンヤー(屋号)が地元の年少者を雇い入れて追い込み漁を始めたのが最初だというが、同時に「沖縄県統計書」は、明治十三年に漁人九人、漁船四隻という数字を紹介していて、さらに統計書では数字は年々増加し、明治十六年には各一〇人・六隻、同二十三年には一一人・一一隻、翌二十四年に三七人・三三隻となっていて、明治二十年代前半に急増していることがわかる。ただし、記憶の範囲では糸満の海人《うみんちゅ》によるアギヤーが漁業の始まりとして認識されている。一人が一艘《そう》を操るごく小型の船による小漁は行われていたかもしれないが、それも明治になってようやく普及し始めたとみられる。つまり、漁のための船がほとんどなかった近世の名護では組織的な追い込み漁は不可能であったはずで、明治以降に小型漁船の数が増えだしたことが、大規模な追い込み漁を始めるきっかけになったとみて間違いないだろう。

さきにみた明治二十年に八〇頭を捕獲したという記録は、統計書の数値による限り、一〇隻足らずの小型船によって行われた、おそらくは名護における最初の組織的追い込み漁であった可能性がある。やがて普段は農業などに従事する住民が共同して船を持つようになるのである。

名護湾におけるヒート漁が記録されるようになったのは、新聞の普及も関係している。『琉球新報』の創刊は明治二十六年で当初の隔日刊が同三十九年から日刊となった。ちょうどその間の明治三十五年五月十九日付けの同紙に「ヒートの大猟」と題する記事が掲載されている。それによれば、同月二日の午前十時ころに百頭余の江豚（ヒート）が名護湾に寄り来たので沿岸の村人のうち伝馬船を所持している人びとはいずれも海に乗り出し、沖合から追い込んだ。船のない者も思い思いの器具を携えて「海中へ飛び込み四方八方から散々に打ちたれば長大なる大魚も勢ひ逃る能はず午後三時頃迄には全く捕獲したり然りして其捕獲せし頭数を□くれば許田・数久田・世富慶・東江・城・大兼久・宮里・宇茂佐の八ヶ村分並に糸満人其他の□部の者共が捕獲せしもの等を合すれば都合一百三十頭余なりき」とあり、さらに本郡においては昨年十一月風災の結果、蘇鉄を常食にしていたころだからこのような「大魚の捕獲」はまさに天から与えられた幸福ともいえる、と書いている（□は判読不明文字。名護市史編さん室から提供された記事抜粋原稿による）。表9には、記録の残る範囲でのイルカ捕獲頭数を示した。表の左側は『名

表9　名護湾におけるイルカ捕獲頭数

年次	月日	捕獲頭数	当該年頭数	資料2	月日	頭数
1960	3月　5日	70		—		—
	3月22日	96		—		—
	3月28日	77	243	—		—
1961	3月16日	140		—		—
	4月　3日	141	281	—		—
1962			0	—		—
1963	3月15日	189	189	—		—
1964	4月　8日	150		—		—
	4月25日	168	318	—		—
1965			0	—		—
1966			0	—		—
1967	4月　3日	150	150	—		—
1968	6月　5日	150	150		6月29日	150
1969	5月　1日	270		—		—
	5月　2日	70		—		—
	5月　5日	60			5月4日	60
	5月　6日	100	233（ママ）	—		—
1970			0	—		—
1971	3月25日	?		—	3月22日	90
	3月22日	100			3月27日	19
	3月27日	22	空欄		4月22日	11
					7月22日	45
1972			空欄	—	3月10日	56
					3月13日	2
					4月25日	112
1973			空欄	—	7月9日	87
1974			空欄	—	3月6日	53
1975	3月　8日	25	25	—	3月8日	27
					5月7日	22
1976	1月15日	20		—		23
	3月16日	0（ママ）				
	6月11日	40	85以上	以下記載なし		
1977	3月　6日	200				
	3月　8日	20				
	3月14日	46				
	4月　1日	120				
	4月30日	0（ママ）				
1978			追い込み失敗			

左欄は『名護市史 本編11』、資料2は西脇昌治・内田詮三「沖縄イルカ漁」より作成。
資料2の—は、左の資料と一致していることを示す。

護市史』本編11、右側は西脇昌治らによる「沖縄のイルカ漁」の数値である。後者は昭和五十一年（一九七六）までしかないが、前半は『名護市史』と一致しているものの後半にはかなりの違いがみられる。依拠した資料の違いであろうが、地区あげての大混乱のなかで頭数がどれだけ正確に記録されたか疑問がないわけではない。

西脇昌治らによれば、捕獲されるイルカの大部分はコビレゴンドウであるが、それ以外の種類で確認されているのは、昭和三十五年（一九六〇）にわずかのバンドウイルカ、昭和四十六年にコビレゴンドウとオキゴンドウが混獲、昭和四十八年にはコビレゴンドウとバンドウイルカが混獲、昭和五十一年一月には沖縄では初めてシワハイルカだけの一群二三頭が捕獲されている。

沖縄県において名護湾以外でのイルカ追い込み漁の記録では、名護とは本部半島をはさんだ反対側にあたる羽地《はねじ》の内海でも一〇年に一回くらいの割合でイルカが入るので付近の漁民が捕獲するが名護ほど慣れていないので能率が悪く、昭和四十九年三月六日に約二〇〇頭のゴンドウクジラが入ったうちの七頭しか捕獲されなかった。しかもそのうちの一頭は出生直後の個体であったという。昭和四十三年にも入ったというが詳細は不明である。また内田詮三《せんぞう》の報告では、昭和六十年五月には、この羽地に近い今帰仁《なきじん》の沖合に浮かぶ古宇利《こうり》島でユメゴンドウ四二頭が追い込み漁で捕獲されている。

これらの記録は断片的なものであり、集落ないし地域をあげての本格的な追い込み漁は、名護湾に限られてきたといってもよいであろう。

イルカ追い込み漁の記憶

平成四年（一九九二）に比嘉親平さん（昭和四生まれ）からうかがった話をまとめてみる。比嘉さんは名護町城《ぐすく》（現在の名護市城）の生まれで、ヒートではなくピトゥと呼んでいるので、しばらくピトゥと表現する。

比嘉さんの祖母は嘉永《かえい》年間の生まれで宇茂佐《うむさ》という、海に面してはいるが漁業とは関係のなかった農村地帯の出身だった。十九歳で城に嫁入りして間もないころに共同体（集落）でイルカを捕って配分があったとき、臭くて食べることができなかった。今次の大戦において米軍の砲撃のなかで亡くなったが、初めてピトゥの肉を食べたのは七十歳を過ぎてからだったという。美味しいものだから、もっと若いときから食べていればよかったと言っていた。この祖母の年齢から逆算すれば、ピトゥを一四〇年以前から捕っていたことになる。つまり間切《まぎり》時代から行われていた可能性があり、間切をあげてピトゥ捕りをやったのではないか、と比嘉さんは推定する。時期は旧三月から六月にかけてのころだが、そのころ名護湾ではイカ（シロイカ＝バショウイカ）が豊富に発生するので、これを目当てにイルカが入ってくるのではないかといわれている。

間切の下の区分がムラである。比嘉さん自身の体験によれば、このムラごとにそれぞれハギブネと呼ぶ小型船を何艘か持っていた。ハギブネは板をはいで作った船で、丸木船であるクリブネよりも大きいが足は遅い。沖にピトゥが見えると、何艘かで湾内へ追い込みをする。港の入口をナングチといい、そこから浜に向かっておしあげていく。瀬良垣《せらがき》という所の漁師が通報してくれると、名護の浜からクリブネが出て行って追い込みを始める。これは動力船が出来てからで、それ以前は数久田《すくた》の方が早く発見してこの浜から出て行く。そして、反対側の浜からも出てきて追う。間切の指揮者が旗をあげると追い込みが始まる。リーフがちょうど網のようになってイルカの退路を絶った。リーフの中に追い込めば六〜八割はとれたがそれでも逃げるものがいた。今ではリーフを壊してしまったし、埋め立てが進んで海岸の様子は大きく変わっている。現在は埋立地の東方にイルカの石像を載せた「ようこそ　安全なイルカの里へ」という記念碑と、平成十年（一九九八）建立の「ヒート之碑」が建てられている。

名護の町制時代の行事表をみると、毎年旧一月末か二月初めに名護城《なんぐすく》にお神酒をあげてウガン（御願）をたてている。これを「ピトゥ御願をたてる」といった。これが終わると漁師が大きな松の木（長さ一〇メートル以上）を海中に立てロープで四方から引っ張っておく。これがナングチの目印となり、この線から中にピトゥが入ると、旗をあげて一斉にピトゥ捕獲にかかることになっていた。昭和十年代から戦時中はここに日の丸を掲げたが、間切時代のことはわからない。これは台風期までは立っている。

ピトゥ御願が始まるとみんな道具の手入れを始める。雨期に入ると野良仕事ができないので、とくに雨の日には青年が集まって縄をなう。ソロ（棕櫚）、ヨナの繊維とか、アダンの気根《きこん》を加工しておいたものを使う。山に行けば、銛・ホコ・ヤリに使う手頃な柄を探し、牛小屋の上に確保しておく。銛はサキ、柄はグリといった（サキグリといえば柄付きの銛を表す）。銛にはタガネを使って自分の家の印を打っておく。名護市立博物館にはピトゥ捕獲用具が展示されている。たとえば、トウジャと呼ばれる銛は、鉄製片刃の離頭銛で長さは四〇センチ前後、根元に綱を通すためのたわみがある。また鉄製両刃の離頭銛は根元に鉄環があって、やはりここに綱をつける。この銛を先端につける柄の長さは二・五メートルほどである。ピトゥにとどめをさすためのホコ（鉾）はクルサーといい全長五〇センチ弱、同じく片刃の長刀状のものは刃長が四〇センチほどである。ピトゥをひっかけるための手鉤《てかぎ》はカキーといい、木製の柄の先に固定したものと、すべて鉄製で柄の末端に取っ手を設けたものがある。こうして手入れのすんだ道具は家の出口の壁際に置き、ロープも牛小屋などに個人個人で蓄えておく。獲物の分配方法にもかかわるから道具の製作と保管は真剣に行う。また、六〜八人くらいのグループで一艘の舟を持っていた例もある。

ピトゥの発見に関しては、以前は城から許田《こだ》にかけての海岸を毎日歩いている老人がいて、群れを発見すると近くに走って知らせていたが、昭和期からは電話になった。それ以前は数久田の方にもトオミバン（遠見番）がいて、この人がよく海岸を歩いていた。こういう人がピトゥの群れをたまたま発見したのだろう。合図があると一斉に各村の人が出てくる。発見した場合、互いにどんな役をするかは決まっており、獲物の分配方法も決まっていた。

ヒート之碑（沖縄県名護市）

漁に出るのはムラの船であるが、それはウミンチュが職業になってからと思われる。明治三十年代に糸満からウミンチュが来て二、三ヵ所に網元をおいて定着した。それまではほとんど農民だった。なお以前から漁にたけている人を「ウミガッテ」と呼んでいた。

群れが発見されると、ムラの方に連絡がある。あらかじめの段取りにしたがって船が出て行く。明治二十二年（一八八九）に琉球王朝の制度が解体し、それまでの伐木制限がなくなったため、銘々で木を伐って「ピトゥ船」を作りだした。一艘に対して何貫かの金を間切に対して納めることになった。時代によって違うが、名護の六村に次のような数があったと比嘉さんは記憶している。

数久田　六艘以上
世富慶《よふけ》　四艘以上
東江　一〇艘
城　一〇艘以上
大兼《おおかね》　一〇艘
宮里《みやざと》　一〇艘以上

合計すると五〇~六〇艘くらいはあったらしい。宇茂佐も屋部《やぶ》も加わることもあるが、これ以外の村からでは普通は漁の開始に間に合わない。もっともイルカの遊び方、つまり湾内での逃げ回り方によっては捕獲まで時間がかかる。なかなか思う方向に行かないので間に合えば他の村からも来る。戦後、発動機ができてからは本部からも来たという。

ピトゥ、ドーイ

ピトゥが発見されると「ピトゥ、ドーイ」という声があがる。これは「イルカだよー」という意味で、「ピトゥ、ユトゥンドー」(イルカが寄ったよー)ということもある。この知らせは次々にいい継がれる。山仕事や畑に行っている人には家族が知らせに走る。畑仕事はただちに中止となり、男たちは呼びに来た妻子に収穫したイモなどを渡し、家に走り帰ってかねて用意の道具を持って海岸に向かう。ピトゥ狩りのためにあつらえた銛のほかに、鉈《なた》や鎌《かま》なども持っていく。鉈はピトゥとの格闘中にからんだ紐《ひも》を切

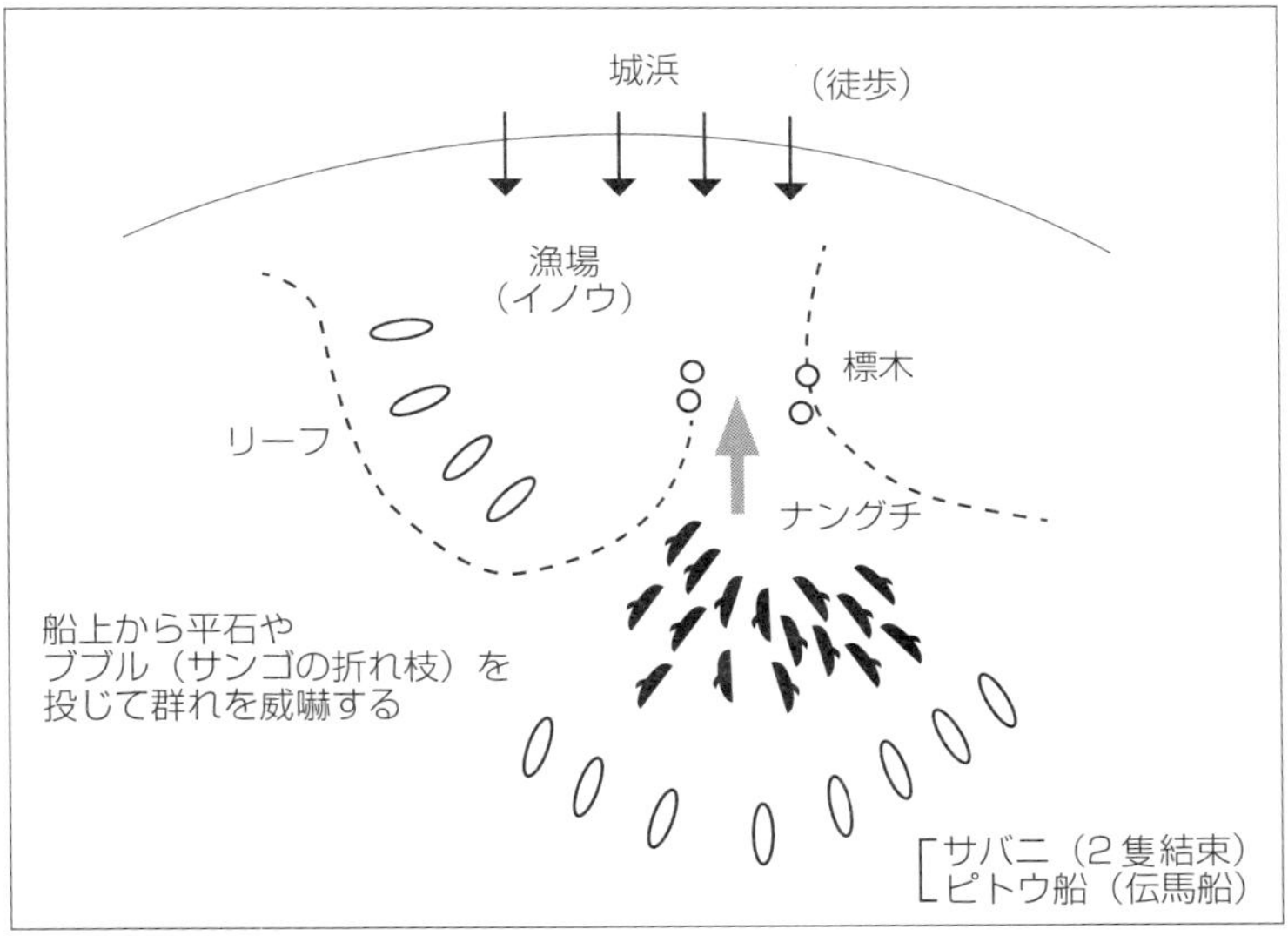

名護湾におけるヒート漁の様子（『名護市史 本編9　民俗Ⅰ』より作成）

り、鎌はピトゥの「命をとどめたりする（止めをさす）」時に使用する。船に乗らない者も道具をもって海岸に急ぐ。子供でも海岸にあるサンゴのシライシ（白い石）を船にたたきこんで支度をする。この石は綱にくくりつけ船端に垂らしてピトゥを脅したり、ピトゥの群れの方向をかえるために投げる。そして男女ともに腰下のところまで海に入って待機する。それ以上深い所ではピトゥはとれない。学校も授業がなくなる。新任の先生がたまたまこの「ピトゥ、ドーイ」にめぐり合わせ、生徒がいなくなっておろおろしたという笑い話も残っているし、結婚式のときの正装のままで海に飛び込んだ人もいたという。現在では写真でしか状況をみることができないが、ピトゥに対してツルハシを打ち込む人さえいるほどで、その興奮ぶりが伝わってくる。

分配の方法は、一例をあげると若手八人が乗るムラブネがまず船の分け前をとり、残りを船

名護湾でのピトゥ漁（名護市立博物館提供、古波蔵眞一郎氏撮影）

に乗った人が平等にとる。次に道具代として、銛は一、鎌などは〇・七～〇・五くらいの配当になり、内臓は乗船した人が貰えるということだった。

　このピトゥの肉は原則として全員に平等に分配された。なによりもピトゥはいわゆるヨイモン（寄り物）として、神が授けてくれた恵みであるから、集落の全員がその恩恵にあずかるのである。まずは一番肉といって良いところを五キログラムほど切り取り、近くの家に頼んで角切りにしたものにウイキョウとヨモギを加え、塩味で煮てもらい皆で食べる。

　食べ方では、ヨモギ・ニラなどと炒めるのが普通だが、沖縄独特のソーキ汁といって、脂身・赤身肉・肋骨《ろっこつ》などを大根・昆布などと煮込んだものも好まれる。フライや焼肉にする家もあり、またオノミの刺し身も一部の人からは珍重された。保存食としては、とくに脂身にたっぷり塩をして瓶などにつけておいた。また頭部や脂身を鍋に入れて熱し、染みだした油を杓《しゃく》ですくって集めて保存しておく。これを灯油としたり、ときには機械油としても使用した。てんぷらなどの食用にもしたが、同じ食用でも野菜いためなどには使わなかった。骨やその他の残りかすは肥料になった。また各ヒレは、厚さ一センチほどに切って塩をまぶし、一〇枚ほどずつ串に刺して数日間天日干しにして脂肪分を抜き、さらに塩をまぶして壺やカマスに入れて風通しのよいところに保存した。むかし家を建てるときにピトゥの脂身を柱と礎石の間にはさんでおくとネズミやシロアリが来ないといわれていた。以上が比嘉さんの話のあらましである。

ピトゥ御願とヌル

城地区の住民はかつては現在地の背後にある名護城に住んでいたという。名護城は十四世紀ころのグスクで名護按司《あじ》が城砦《じようさい》を構えて周辺を支配していたところと伝えるが、いつのころからか住民が次第に山を降りていったものという。しかし名護城は現在でも東江・城・大兼久の御嶽《うたき》であり、山上の平坦地には拝所があって、ピトゥ御願はそこで行われる。かつて山上にはヌルをはじめ多くの神役が居住していたが、昭和になってから次第に麓《ふもと》の村に下り、最後まで残った名護ヌルも昭和三十年代に東江に下りた。この名護城において城地区の重要な年中行事が執行されるのだが、イルカ漁に関わる祭祀も、名護ヌルによって不定期ながら現在まで行われている。それはイルカ来遊の季節を前に、今年も多くのイルカが来てほしいと願って毎年の旧暦正月明けの吉日を期して行われるものと、実際にイルカが来たときに漁と並行して行われるものとに分けることができる。

まず、毎年のピトゥ御願は、明治三十一年（一八九八）生まれの男性によると、御願行事は話者の幼年時代以前から催されており、起源は定かではないが「年少時の記憶によれば、当時は城区集落の年中行事の一環として、村屋（現在の公民館）で集落あげてご馳走を料理し、区民をはじめ、漁業者、村役場関係職員の総勢が参集して」行われた。その旧名護町時代の詳細が萩原左人によって『名護市史』民俗

Ⅰに報告されているので要点を摘記してみる。

司祭者はもちろん名護ヌルで、町長以下の役場関係者・漁業組合員・農業組合員・一般参列者などを前に、三合花米や酒瓶などの供物のほか、通常の御願に用いる一二本の香のほかに、役場と水産組合の分として各一二本を立てる。そしてヌルは「もうピトゥが寄る時期になっているので、今年も多くのピトゥを寄せてください。ナングチは礁が広く深いので千匹万匹のピトゥを寄せてください」と祈る。この後半の一節は必ず入れるという。

次に実際の漁があった場合は、ヌルは名護城の神殿にあがり、①追い込み時の御願として香炉三つにそれぞれ一二本の香を立て、さきの一節に加え、「一匹残らず城浜に寄せてください」と祈り続けるが、このときにヌルが後ろを振り向くとピトゥがヌルに気づいて引き返してしまうといわれているので、ヌルはずっと海に背を向けて祈っている。②捕獲開始時の御願は、ナングチの標木《ひょうぼく》の内側に群れが入ったときに始まり、例の一節とともに「一匹残らずナングチに入れてください、一人の怪我もなく大漁させてください、皆を満腹させてください」と祈り続ける。③捕獲後の御願は、浜での解体後にピトゥの頭が一つ届けられるので、「おかげでピトゥが寄ってくださいました。子供や孫たちも満腹できました」と唱える。御願終了後にこの頭はヌルに渡された。この捕獲に関する御願はすでに行われないが、ピトゥ御願は行政の直接参加はなくなったものの、現在でも漁業組合が中心となり、毎年二月になされており、イルカに寄せる名護の人びとの思いの深さをよく物語っている。

これにより、ピトゥ漁とヌルとの関係がきわめて深いことがわかるが、それは単にヌルがピトゥの来遊を祈ってくれるというだけでなく、ヌル自身の霊力が寄りものであるピトゥを呼び寄せることができたこと、さらにその見返りとしてヌルは報酬を得る権利があったことを示している。漁業とヌルとの関係について谷川健一は、漁獲物の管理者としてのノロ（ヌル）に注目している。たとえば、干満の差が激しい南島ではイノーと呼ぶ礁地に石垣を築いて干潮になって取り残された魚を捕る漁法が発達しており、村共有の魚垣や支配者である按司のものと同時にノロが権利を有するものもあった。このノロ垣は村の祭りの供物を供給するという目的があったが、同時にノロの役得にもなった。こうした慣行につながるのが、スク（アイゴの稚魚）が寄せたときにはその一部をノロに捧げ、あるいはクジラやイルカ・ジュゴンが捕れたときにはその頭部を神に供えるという慣行であり、谷川健一によれば、「漁獲物の管轄者としてのノロ」の一面をよく示しているという。

女性が豊漁と安全の祈願をするといっても、沖縄ではそもそも神役がノロという女性であるから、特別の意味はないかもしれない。しかし、ここで想起されるのが鹿児島県屋久島で行われているトビウオ招きである。大群をなして押し寄せる回遊魚は季節を定めた神の贈り物であるという考えは、ごく自然に発生した信仰である。なかでもトビウオに関しては南太平洋から日本沿岸にいたるまで、回遊を祈願する儀礼と多様な漁法が伝承されている。そのなかでも屋久島に伝わるトビウオ招きは、女性たちが行うという意味で、農業・漁業を通じて豊穣を祈る女性の役割をよく示しており、ノロの村落における役割にも通じるものがあったのではないか。

下野敏見によれば、旧暦四月八日、永田地区の向江の婦人たちはエビス様の前の岩の上に乗り、笹竹の先に菅笠《すげがさ》をくくりつけ、色襷《たすき》の吹流しをつけて、歌を歌いながら、沖を向いて笹竹を上下に振ってトビウオがたくさん寄ってくるように祈った。かつては屋久島全域で行われていた初夏の習俗であったという。この儀礼は、①沖からトビウオを招く呪術的行為である、②執行者は女性である、③場所はエビス様の前である、という三つの要素から構成されており、この習俗が基層においては琉球文化圏の女性優位社会に連なっていると指摘する。そして、男性優位社会のヤマト文化圏にあっては女性の要素がもっとも脱落しやすいと述べる。これに加えれば菅笠を高く掲げて振る光景は、沖において魚群を発見したときの合図である「マネ」と同じである。これはトビウオを招くと同時に、むしろ大群発見の予祝的な意味をもっていたのだろう。

女性とイルカ漁との関連については、対馬のイルカ漁における例をさきにみてきた。これらの事例は、女性の霊力が海彼からの寄りものの定期的な出現を左右するという信仰の残存ではなかったかと考えられる。なお、高知県ではカツオの不漁のときには漁師の妻たちが大漁祈願のために漁神様に陰部をさらしたという事例もあり、オカにおける女性にも重要な役割があったことをうかがわせる。

また、名護にピトゥが寄るようになった理由はこんな風に語られている。昔、名護ノロとイヒャオー(伊平屋王)は姉弟であった。イヒャオーが姉への贈り物とし名護湾に毎年イルカを寄せるようになった。名護ノロはそのお返しとしてイノシシを贈るようにしたという。谷川の報告では、「名護の祝女と伊平屋の王とは兄妹関係にあった。そこで名護では旧七月の海神祭りのときにネズミをイノシシに見立てて、小さな舟にのせ海の彼方の伊平屋島に向けて流す。するとそのお返しとして伊平屋のほうからは、旧三月ころにヒートを送ってよこすというのである」とある。

この伝承はウンジャミに関わる内容である。ウンジャミというのは旧暦七月に沖縄本島北部の各所で行われる海神祭で、海の彼方に存在するニライカナイから豊作や健康をもたらすと信じられている神を迎える行事であるが、そのうちの国頭村比地《くにがみそんひじ》のウンジャミでは、神迎えのためのさまざまな儀礼の最後に、浜に出て神を送る儀礼として、ネズミ送りが行われる。パパイヤの実を切って中に串刺しにしたネズミを入れ頭と尾だけを出したものを吊るして祈り、これを海岸に持参して海の彼方に向かって礼拝し、パパイヤに入れられたネズミを何度も砂に埋め返しては祈り、最後に海中に流す。なお沖縄県多良間《たらま》島で戦前まで行われていた野鼠駆除の日には、「畑の周囲に漁網を張り、犬と子供が鼠を追い込」んだという。ピトゥ漁では網は使用されないが、イルカとネズミが交換されるという伝承を下敷きにすると、ネズミ追い込みの様子もまったく関連がないとはいえないかもしれない。

ヒート料理のメニュー（沖縄県名護市内）

いっぽうイルカを招き寄せるためのピトゥ御願については、それと全く逆の話がある。かつて屋部でもピトゥを捕っていたというが、あるとき、子供を背負った女性がピトゥ肉を大鍋で煮ていたときに、あやまって子供を鍋の中に落として死亡させてしまった。それを契機に、集落総出によるピトゥ来遊拒否御願が催されて、この海域にピトゥは来なくなったと言われている。

谷川健一によれば、名護湾の近くの国頭郡今帰仁の海岸にも昔はイルカは毎年群れて近寄ってきた。ある年のこと、この村のノロの息子もイルカ狩りに加わっていたが、そのどさくさにまぎれて何者かに殺されてしまった。母のノロはひどく悲しんでイルカの群れが来たことを恨み、イルカを呪詛《じゅそ》しながら小石をとって海に投げつけた。その小石がだんだん大きくなり岩となった。イルカの群れは今帰仁の大井川の河口には姿をみることがなくなったという。

さきに触れたように、現在は名護湾におけるヒート漁はなくなったが、沖合でのゴンドウ漁は正式の許可漁業として専用船によって実施されており、ヒートの肉も市場で入手できレストランのメニューにも記載されている。このことについては後にあらためて述べる。

2 近代地域産業から水族館展示へ ―伊豆半島―

伊豆のイルカ漁に水産界が注目

駿河湾に面した伊豆半島西海岸には巾着《きんちゃく》型の小湾が多く、そこに開けた集落は近世には江戸と上方を結ぶ廻船の風待港として賑わったところが多い。同時にこの地形は回遊魚を対象とする網漁や追い込み漁にも適しており、イルカ漁も湾奥では中世から行われていたことをさきにみた。他の地区でも行われていた可能性が高いが、近世までさかのぼる史料はごく少ない。しかし近代以降では日本でももっとも追い込み漁が盛んになった地域であり、明治二十七年（一八九四）刊行の『静岡県水産誌』（以下『県水産誌』）は、その時点でイルカ漁がもっとも盛んな集落として田子《たご》（静岡県西伊豆町）をあげている。

田子湾は典型的な袋状をしており、かつ湾口には防波堤のような位置に田子島があり、イルカ追い込み漁にとって理想的な地形であったので、明治期には専用の網を新調してイルカ漁に本格的に取り組む

表10 『静岡県水産誌』に見える伊豆半島の明治20年代イルカ漁の実態

地区名	イルカ漁の実態・イルカの種類・製品・販路など
第１区	（熱海～網代）
網代	揚操網・ねこさい網などを使用、ツバメイルカを最多とし、稀にカマイルカを漁する。年間50円。
川奈	マグロと同様。「遠海ヨリ群船追ヒ来タリ湾口ヲ閉塞ス、然ル時ハ池中ノ魚ト同一ニシテ漁獲スルコト極メテ容易ナリ」。販路は清水に限られていたが、2、3年来、東京・小田原にかわり、清水出荷は激減した。
第２区	（富戸～白浜）
稲取	マユルカ（漁期12月～１月）を中心に年間2100円（1500尾）の水揚げ。3割を生のまま押送船にて沼津へ出荷。「海豚ノ群来スルトキハ多人数ヲ要スカ故ニ出稼ギ漁ヲ禁ジテ共ニ該漁ニ従事ス」。
第３区	（須崎～伊浜） 4、5月にマグロ・イルカ建切網。3張。
中木	当世の漁業は衰退しているが、「毎年沿海ニ群集スル海豚ヲ入間区と共力シテ漁獲スルコトヲ企ツルニアリ、若シ之ヲ為スニ於テハ今日ノ衰退モ回復スルニ至ラン乎」。
入間	海豚網、天保年間ニ新設。１張（長さ400尋、浮丈18尋、目合３尺）カツオ縄網と共有。
第４区	（雲見～井田） 入道海豚（８～１月）、真海豚（５～６月）、かま海豚（３～７月）、鼠海豚など、平年海豚1725円。
石部	イルカ平年10円。
田子	イルカ1300円（カツオの7950円につぎ第２位）。「建切網中海豚ノ漁獲ハ尤モ盛ナルモノニシテ県下他ニ比スル処ナシ」 漁獲の１割をタレとし、清水・沼津に出荷。イルカ専用の「海豚狩網ハ今ヨリ十年前ノ創設ニテ新調スルニ七十三円五拾銭」を要した。鎌海豚網は明治12年の創設（漁法の詳細な記述あり）。
安良里	海豚逐網（藁製、長さ600尋、浮丈40尋）１張。明治４年５月、1300匹余尾、同14年、入道海豚10000円余、その後大漁なく、同21年に1200匹余。清水（海上11里）へ出す。タレは、年間300円、沼津･清水を主とし、蒲原･城之腰（現焼津市）にも出す。
土肥	明治13年６月、真海豚1000尾、同15年200尾余、同19年５月、松葉海豚12、3尾、同23年５月、鎌海豚30尾。清水に出荷。
戸田	海豚漁獲量の１／６をタレ（1000斤）とし、米俵に入れ清水へ出荷。「鮪或ハ海豚漁ハ全村ノ漁者挙テ之ニ従事ス」。
第５区	（江梨～木負）建切網使用。「海豚ハ各区多少ヲ漁セザルナク古宇(150匹)・立保（150匹）ハ最モ多獲スルガ如シ」 木負（100匹）、久料・足保（50匹）でもユルカの水揚げあり。
第６区	（重須～重寺）大網使用。「無季節ニシテ重寺ニ多ク漁獲ス、此モノ四季ニ児海豚ヲ引率シテ来リ、其ノ水上ニ飛揚スルトキハ幼児ヲ胸鰭ニ抱クヲ見ル」。
第７区	（口野～内島郷）「江ノ浦以南ハ能ク海豚若クハ鰡ノ群来スルコトアルモ之ヲ漁獲スルノ術ナキヲ以テ将来之ガ良策ヲ廻ラサン」。
獅子浜	収量の３割を塩海豚とし、清水に出す。
第８区	（沼津～田子浦）塩海豚6000貫目、300円。

第１区は伊豆半島の東側のつけ根にあたり、以下海岸に沿って時計まわりに半島を１周して、西側つけ根の第８区に至る。

ようになっていた。『県水産誌』によると、田子は四四三戸、うち漁家は一九二、漁師は三七四人とある。漁獲のうち金額的には湾外でのカツオ釣り漁が卓越しており、明治二十年初めに村の全漁獲金額約一万七〇〇〇円のうちの五割近くを占めていた。いっぽう湾内に設けた立切網では、明治二十二年にカツオは四〇円余、翌年に四一八円余であったのに対し、同じ網でイルカは九八二円余、一〇一〇円余であり、沿岸の網漁ではイルカが大きな位置を占めていた。住民協力のもとに動員できる船数が多い田子のイルカ捕獲法は「最モ優リタル者ニシテ現ニ他方ノ模範」となるもので、しかもイルカは利用の道も広いために利益も多い。「現ニ海豚漁ヲ創始シタル以来住民ノ生活上ニ影響セシコト実ニ著シク漁村ノ饒《ユタ》カナルコト他ニ稀ナリ」とされ、イルカ肉の一割は「海豚のたれ」に加工され清水《しみず》・沼津《ぬまづ》に出荷された。

それに対して半島つけ根の内浦と田子の中間に位置する土肥《とい》（現沼津市）は、全戸数三七九という大きな村でありながら漁家は九八戸、しかもカツオ漁が中心である。そこで『県水産誌』は、湾は狭く将来の発展が望めない以上、遠洋漁業を発展させるか、あるいはイルカ漁に適した湾形を利用して「近郷各字ト共同一致ノ運動ヲ以テ田子ニ於ケルカ如ク海豚ノ捕獲ニ勉ムル時ハ亦以テ生計ノ一助トナル可シ」という。実際、明治十三年（一八八〇）六月にマイルカ一〇〇〇頭、同十五年には同二〇〇頭、同十九年五月ころには「松葉海豚」一二、三頭、同二十三年にカマイルカ三〇頭を捕獲している実績がある。周辺の漁村と仲が悪いのは誠に遺憾だが、一村単独で実施できないなら近村が共同してでも実施すべきであると力説している。

イルカ追い込み漁の方法

『県水産誌』はイルカ漁には二つの方法があるという。ひとつは内捕といって湾内への自然回遊を待つ方法、もうひとつは沖捕というべきもので、秋分から春分にかけてのころ、沖合にイルカが発見されるや一斉に船を出し、「海上三里乃至四五里に至り其群を囲攻駆逐して湾内」に追い込む方法をいう。

沖浦の具体例を田子の場合にみてみよう。群れを沖合で発見するや目印をたてて村に通報する。また沖合にいる他の船も群れを確認すると目印をたてて群れに向かう。村から来た漁船とともに群れを三方から囲み岸に向かって追い込みを始める。「漁者ハ一斉ニ舷ヲ叩キ、帆ヲ沈メ碇ヲ投スル等、数里ノ沖合ヨリ漸々ニ湾内ニ囲攻駆逐ス」という大がかりな追い込み作業となる。そして退路を断つ形で海豚狩網（長さ四〇〇尋、幅二四尋）を入れて群れを湾内に向かわせる。そのあとはイルカの種類によって作業が異なる。

マイルカなら、湾内に入れてから湾口を小目網（網船二艘《そう》、曳船《ひきふね》五、六艘）で遮断する。小目網は縄製で網幅三三尋、一枚の長さは二五尋、浮子網の長さが三〇一尋、鎮子《ちんし》（錘《おもり》）綱が二八七尋でともに片手（網の半分）であるので、全体ではおおよそ六〇〇尋、一尋を一・五メートルで換算すると九〇〇メートルほどになる。そしてそのまま網を引きよせて網内が狭まったところで海豚取網（伝馬船二艘に二〇人乗り込み、別に三人あて乗組みの浮子付船四艘を入れて網の上縁を保つ）を入れ、片手あて一〇〇人ほどがとりついて岸のほうに引き寄せる。

カマイルカの場合は、湾内に入ったところで鎌海豚網（船二艘、一〇人乗り）を下して退路をふさぎ、イルカが湾の奥に向かったところで網を引き揚げ、群れに近づいて外垣のようにしてさらに追う。そし

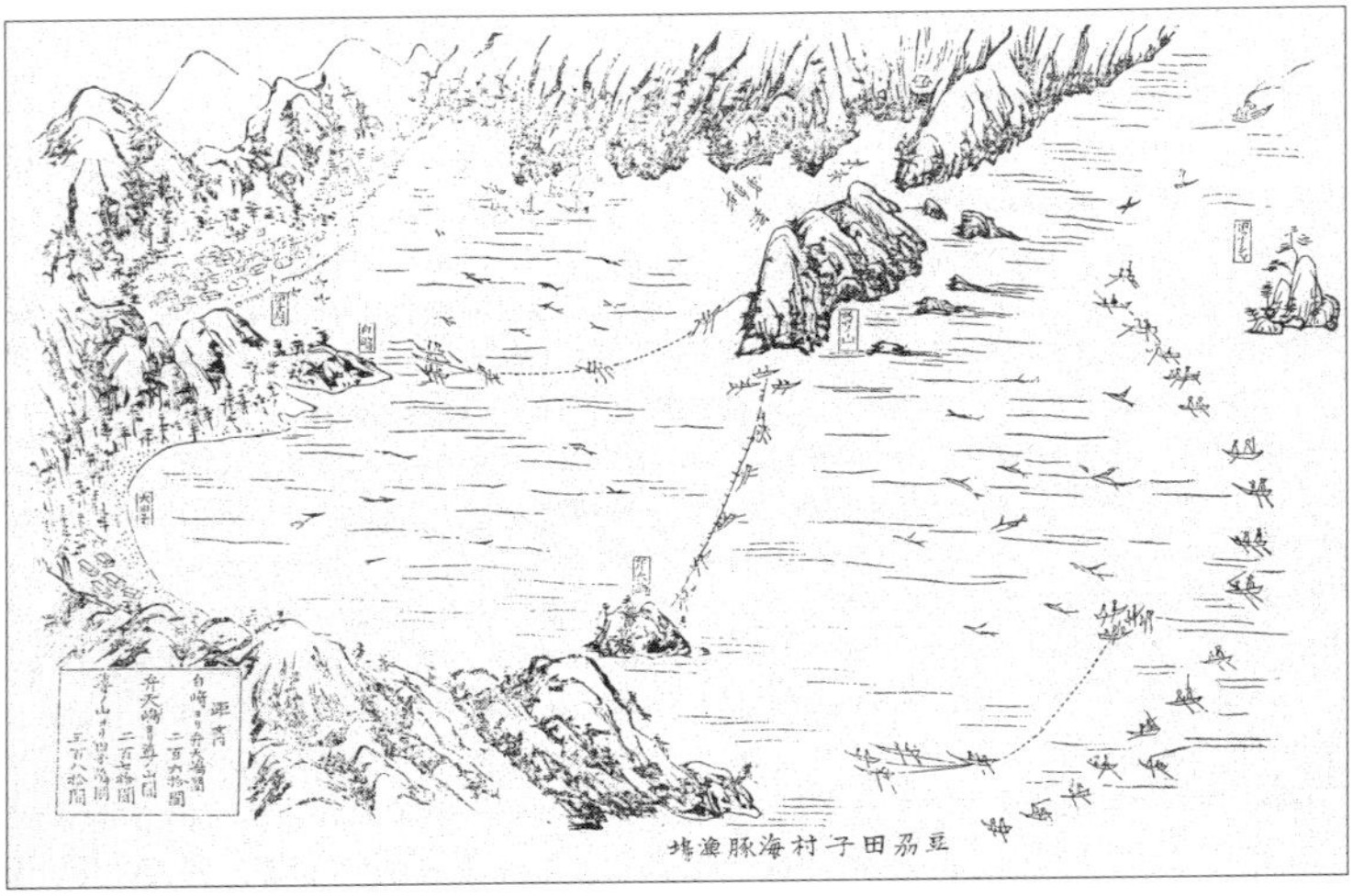

田子におけるイルカ追い込み漁の様子（『静岡県水産誌』巻2）

て小目網で湾口を塞ぎ、四艘の曳船を使ってその内側にあらためて鎌海豚網を下ろす。そして「数十艘ノ漁船ハ網ノ周囲ニ附添ヒ、船舷ヨリ数条ノ小縄ヲ垂レテ網ヲ船側ニ吊し上ケ、以テ海豚ヲシテ網ノ浮子上ヲ跳躍シテ逃逸スル事能ハサラシメ、尚此他ニ数艘ノ捕獲船ハ常ニ其網囲中ヲ巡リテ駆逐シ、或ハ網ニ罹レルヲ銛殺スル等夫々分業シ、鎌海豚網ハ漸々陸地ニ曳揚ケ、網囲中ノ面積ヲ縮小シ魚群小ナレバ此網ニテ陸上ニ曳揚ケ、魚群多ケレハ海豚取網ヲ入レテ漁獲スルコト真海豚と異ナラス」というのである。

つまり、カマイルカはマイルカに比べて行動が早く、しかも網の上を跳躍して脱出することもあるために水深が浅くなったところでは網を海上に持ち上げて飛び越せないようにし、網囲いの中で捕獲役の船がイルカの行動を制御するとともに、網にかかった個体は銛で突き殺す。最後はマイルカと同様に陸揚げする。

田子は、海豚狩網・鎌海豚網・海豚取網を各一張ずつ保有していたが、鎌海豚網というカマイルカ専用の網は例をみない。概してカマイルカは他のイルカよりも頭がいいので大変に捕らえにくいとされ、マイルカなどとの混群の場合は、カマイルカにつられて他のイルカにも逃げられてしまうことがあるので注意せよ、といわれている。土地によっては最初から捕獲をあきらめている例もある。田子の鎌海豚網は明治十二年（一八七九）に創設したもので、片手（全長の半分）の長さは二〇〇尋あまり、幅は中央部で二七尋、手先で二四尋、素材は藁《わら》（稲の茎の芯にあたるミゴ）と縄および端の方に麻を使用している。実際はこれを二枚つないでイルカを囲い込む。全長四〇〇尋であるから約六〇〇《メートル》になる。いっぽう海豚狩網は鎌海豚網よりも少し遅れて作られ、五〇尋の藁網を四枚つないで片手とするので、大きさは鎌海豚網と大差ない。

海豚専用の網が明治十年代に新設される前は、鰹立切網を転用していたらしいが、近世からイルカ漁が盛んであったという記録はない。おそらく、明治以降にイルカ漁の利益が大きいと知って、本格的に網を作ったとみられる。

イルカ漁の組織と配分方法の変遷

『県水産誌』によると、田子の大網には中網組・大網組の二つがあり、かつては湾内で別々にカツオを捕っていたが、のちに合併して鰹網を片手ずつ持ち出して操業した。しかしそれぞれ自分の方の網が傷まないように先に揚げてしまうため、遅かった方が取り揚げることになり網が傷んでしまう。そこでやはり分離すべきとの動きが出たため明治二十年（一八八七）に五十集《いさば》（魚商）の仲介であらためて合併し、

イルカ網と保管倉庫
(静岡県西伊豆町田子)

漁の指示は片組からそれぞれ五人を選出する、売買の取扱は双方一〇人ずつ出す、などと取り決めた。また、「海豚駆船」は両組の船・人数に応じて出船させることとした。群れの発見者に対する報奨、すなわち「魚見出シ賞与金」は「一番二番三番迄ヘ水揚金ノ百分一ヲ与フルモノトス、但シ割合ハ一番五分二番三番二分五厘ツ、ト定ム」とし、さらに「捕魚ノ一本タリトモ隠シ魚ヲナシタル者アル時ハ右魚取戻セシ上組合ヲ省クモノトス」した。伊豆でのドーシンボー、九州でのカンダラを防止する取り決めもなされた。

漁獲の分配については、全額を一〇〇円とみなした場合、「立切網ノ類は之ヲ大網ト称シ、一村ノ共有物ニシテ、海豚ノ如キ例之百円ノ漁獲高アルトキハ、一円ハ沖合ニテ海豚群ヲ発見シタルモノニ賞与金トシテ給与シ、漁業税トシテハ十円、網小屋敷地料トシテハ五円ヲ差引キ、残額八十四円ノ内ヨリ百円ニ付二円五十銭ノ割ニテ津元ナルモノ、所得ヲ差引キ（津元ハ其網ノ世話人ト異ナル処ナシ）、其残額ニテ諸雑費ヲ除キ後チ漁者ノ代割トナス、然レトモ代割ニ等級アリ、即チ年齢十七歳以上ノモノハ一代《シロ》トシ、十六歳ニテ七分五厘、十五歳ニテ半代、又十三四歳ノモノハ二分五厘ノ割合ナリ、若シ大網仲間ニテ疾病ノ為メ出漁セサルモノニハ半代ヲ給ス、又漁船ハ大船ヲ二代、中船ヲ一代半、小船ヲ一代トシ、網株主ハ一株ニ付二代ツヽ、他ニ世話代一代アリ、此ノ世話代ハ株主銘々ニ得ルモノニシテ全ク報酬ニハアラス」(句点筆者)。ここには若年者への配分率の差や参加できない者への配分がみられる。

ところで、戦後間もないころ、漁村の社会構造研究を各地で行っていた潮見俊隆《うしおみとしたか》がこの田子を訪れている。まさに食料難の時代、伊豆各地のイルカ追い込み漁最盛期にあたる。田子でのイルカ漁は戦中に中断したが、戦後まもなく再開されており、潮見の調査時点では明治以来の漁の体験者も多く、実際の漁に際しても旧慣が濃厚に残っていた。潮見の調査内容をまとめると次のようである。

イルカ発見の合図とともに三〇艘以上の船が追い込みにかかる。昔は人間が海中に飛び込んで追った り、網に帆を縛りつけてオモリで海中に沈め、これを脅しにして船を並べて岸に追い立てた。しかし発動機船を使う現在では、その騒音と海面を竿《さお》で叩く音で追い立てる。湾内に入ると大網を掛け廻して包囲し、岸近くに来たら中網で包囲し、最後は岸近くで取り網をかけまわし、人間が飛び込んでイルカを抱きかかえて陸揚げする。「人間に抱かれると、大へんおとなしくなって、そのまま陸上まで抱かれてくるのだそうである」と潮見は書いているが、これは伊豆各地で広く聞かれる漁師の体験談である。

イルカ漁の組織は一軒一株、全二二〇株の網株制だが、カネチュウ、カネセン、オウサカヤなどの旦那衆は株仲間には入っていない。二二〇軒が大組と中組の二組に分かれている。網は藁網で各組ごとに網仲間が平等に藁を出し合って作った。古株という言い方はあるが配当に差はない。大組の津元は芹沢

表11 シロワケの実態

田子村明治20年（1987）のシロワケ規定

海豚群発見者賞与金	1円
漁業税	10円
網小屋敷地料	5円
この残額　84円の2%（1円68銭）	
津元（この時点では網の世話人）	
この残額（82円32銭をシロ割とする）	
17歳以上	1.00シロ
16歳	0.75
15歳	0.50
13・14歳	0.25
仲間の疾病者	0.50
漁船（大）	2.00
漁船（中）	1.50
漁船（小）	1.00
網株主（1株につき）	2.00
世話代（株主銘々に）	1.00

漁獲高を100円とした場合。

『静岡県漁業誌』巻3より作成。

田子村大正中期(1920年ごろ)のシロワケ規定

追込み（150人　1艘に6,7人）	1シロ
オカマワリ（100人）	1
株（全戸1株　220軒）	2
世話シロ（全戸に配分）	1
大船	2
小船	1
津元エベス料（株シロの2割）	

1シロが1円50銭のときがあり、1軒で8円ほどになったことあり。

潮見俊隆『漁村の構造』150頁より作成。

田子村昭和20年代(1950年ごろ)のシロワケ規定

大船部	2%
もとの大組・中組	3%
残り	95%
船シロ（30トン級）	15シロ
（20トン級）	13
（10トン級）	7～8
（5トン以下）	3～4
出漁者	1
（ただし15,6歳は0.7～0.8）	

ホネオリ（各船の船頭の働きを評価し50円、100円）、ハダカシロ（陸揚げのため冬の海に飛び込んだ回数×5～10円）。

潮見俊隆『漁村の構造』151頁より作成。

家（屋号ツモト）、中組は藪田家（ネギヤ）と山本家（オウヤ）だが、漁の采配を振るのは各組の世話人である。網作りや修繕のことは世話人が津元の家に集まって相談した。津元の家がイルカ漁のすべてのヤドになった。

潮見の調査による大正時代の様子では、一艘に六、七人乗組みで約一五〇人、オカマワリ（陸揚係）の若い衆が一〇〇人ほどで、各一シロ、株（二二〇株）が各二シロ、世話シロ（網干しや修繕）が株仲間各一シロ、大船二シロ、小船一シロ。津元のみエベス料として株シロの二割で、米一俵二円の時代に一シロ一円五〇銭のことがあり、そのときは各シロを合計すると一軒で八円にもなったという。しかし大正十二、三年ごろ不漁のために大組と中組は網を漁業組合大船部に一五〇円で譲渡した。そして戦後、復活したイルカ漁は、右の表のようなシロワケとなっている。ここでも一五、六歳の少年は一シロの七、八割とされるが、一人前の若い衆に対してはハダカシロ（裸代）といって、陸揚げのために海に飛び込んだ回数を大船部の幹部が帳面につけておき、その回数に応じて一回につき五円から一〇円が支給されたという。戦後においても若い衆の働きが戦前の評価法を継承していたことがわかる。明治・大正・昭和の時期のシロワケの実態を比較したのが表11である。

賀茂村安良里

田子のさらに南に位置する安良里《あらり》は、アラリイルカ（実際はマダライルカ）の名の由来にもなったほどの土地柄である。地形的にみても見事なまでに追い込み漁に適しており、相当早くからイルカ漁を行っていたことが予想されるが地元の記録はない。ただ、文化九年（一八一二）二月二十三日に安良里からイルカを四二本積んで清水湊に来る船が、風雨が激しいために興津《おきつ》の海岸に乗り上げたことがある（『清水市史』近世史料二）。この文書は「豆州中之郷霰村　船主船頭　栄助」（霰《あられ》は安良里のこと）と乗子二人、「魚荷問屋　清水湊　新町　山本や六右衛門」の連名で、興津宿と中宿町の役人宛てに書かれたもので、この時期に、イルカが清水まで駿河湾を横断して出荷されていたことがわかり、安良里またはその近辺でイルカ漁が行われていたことを示している。ちなみに旧清水市はイルカ肉を好む人が多いことで知られるが、それは近世からこのようにして供給されていたからであろう。

明治期になると安良里では新しい海豚網を考案した者がいるとして、『県水産誌』がその網の構造を紹介している。目合五、六寸の刺し網で「海豚ハ網眼ニ罹リ苦悶スルコト暫時ニシテ呼吸ヲ絶」つので捕獲は容易であり、これを使用すれば地形に関係なく捕獲が可能になるであろうとしている。

戦後のイルカ漁についてみていこう。出漁の日時はいるか組合の世話人が相談して決める。当日は二、三トンの船に四、五人ずつ乗り組み沖を見張る。三〇～四〇艘が一斉に探索をする。群れを最初に発見した船がマネキと称する旗をあげる。一本ならマイルカ、二本ならゴンドウの印となる。これはイルカの種類によって追い込みの態勢が異なるからである。つまり、マイルカはスピードは早いが息が短い、ゴンドウは息が長くて、次にどこに浮かぶか判断しにくい。そこでマネキ一本ならば浮かぶ先を予想して深い隊形をとり、マネキ二本ならば大きく広がって船の下をくぐられないようにすることが必要になる。

なお、発見者（一番から五番まで）には、あとで水揚金の二パーセント程度の中から、それぞれの順位に応じた割合で配分がある。いるか組合では、イルカ群の発見者を確認するため「見出帳」に船名を記載した。たとえば、昭和二十年（一九四五）十月二十六日に大イルカ二九本を得たときには「一番元丸、二番大

表12　昭和20年10月～21年10月　安良里におけるイルカ捕獲数

操業日	種類	頭数
1945.10.26	大イルカ	29
1945.12.30	大イルカ	46
1946.1.3　(1回目)	マイルカ	280
(2回目)	マイルカ	680
1.13 (1回目)	大イルカ	42
(2回目)	マイルカ	12
1.14	マイルカ	135
1.25	大イルカ	35
1.28	マイルカ	500
1.31	マイルカ	32
2.4	マイルカ	不明
3.28 (1回目)	マイルカ	100
(2回目)	マイルカ	20
4.2　(1回目)	マイルカ	350
(2回目)	マイルカ	200
4.5　(1回目)	マイルカ	80
(2回目)	マイルカ	120
(3回目)	マイルカ	15
4.9	マイルカ	200
4.11	マイルカ	50
4.16	マイルカ	100
4.21	マイルカ	350
1946.4.22	マイルカ	200
4.26	マイルカ	120
4.27	マイルカ	300
4.28	マイルカ	50
*4.29	マイルカ	130
4.30	マイルカ	190
5.3	マイルカ	14
5.6(一日3回)	マイルカ	270
5.8	マイルカ	44
** 5.15	マイルカ	135
5.28	マイルカ	27
5.29	マイルカ	104
6.7	マイルカ	250
7.4	マイルカ	300
	大イルカ	60
	大イルカ	80
7.12	マイルカ	36
7.13	マイルカ	9
9.30	大イルカ	37
10.9	不明	13
		5745
	内大イルカ	329

＊戸田と共同漁、＊＊自由出漁
『賀茂村誌資料第2集　あらりのいるか漁編』より作成。

力丸、三番大屋丸、四番居山丸」という具合である。以下回を追って発見順と船名がでてくるが、毎回異なっているのをみれば、沖合で操業中に偶然発見してすぐさまマネキをあげて知らせるという習慣であったことがよくわかる。そしてこの帳面には昭和二十一年十月までのほぼ一年間で三四回に及ぶ捕獲実績が記載されており、表12のように、五七四五頭の水揚げがあったことが判明する。安良里にとってのイルカ漁がいかに大きな意味をもっていたかがあらためてわかるのである。

　イルカを港の方に追うには、音に敏感なイルカの特性を利用し、

安良里におけるイルカ追い込み漁

①扇型となり沖合から追い込む。

②湾奥の浜に引き寄せる。

③小型のイルカは若者が背負い揚げる。

④浜での解体作業。

（①〜④ 加茂村教育委員会蔵）

鉄管を水中に差し込んで金槌《かなづち》などでカンカンと叩いて脅しをかける。鉄管の先にラッパ状のものをつけ音の拡散をはかったホチョーキと称するものも使った。このホチョーキは沼津市の内浦でも、伊東《いとう》市の富戸《ふと》でも使用され、それを導入した和歌山県の太地《たいじ》では現在も使っている。港に向かって群を追いながら、逃げられないように大網を広げて押して行く。そして狭い湾内に入ったところで湾口を仕切る。さらにヒッコロバシと称するショロ（棕櫚）の網を張り、オカから引くが簡単には揚がってこない。若者が海中に入り、マイルカの場合は腹の下に潜り込み、ヒレをにぎって背に担ぎあげるとおとなしくなってしまう。人間が肌を合わせるとイルカは抵抗しないということは各地で聞かれる。

　こうして岸に揚げたイルカに包丁でさっとトドメをさす。血を一気に出しておかないと臭いが残る。その場ですぐに腹を裂き、臓物を取り出す。海から浜にかけて一面、血の海となる。大群が入ったときには一度に仕留めず、湾内に生かしておき、順次揚げていく。昭和十年（一九三五）一月二十八日のお不動さんの日に入った群れは一五〇〇頭近く、揚げ終わるのに一ヵ月近くかかった。長くおかれたイルカは食物が乏しかったとみえ腹を割いたら草履や亀の子たわしが出てきたという。この大漁は近隣に評判になり、大勢の見物人がイルカ水揚げの様子を見物に来たものであった。この大漁を記念する供養塔も建立されている。このときのものかは不明だがイルカ漁の絵葉書も作られた。なお能登半島の真脇《まわき》などでも同様な絵葉書が残っている。

イルカ追い込み漁には大量の船と人員が必要であるが、太平洋戦争の激化にともない出征者の増加と漁船の徴用、さらには海上で機銃掃射を受ける危険性も高まって追い込み漁の実施は不可能になった。しかし、終戦とともに再開され、昭和三十年から四十年ころまでは地域の重要な生業となった。伊豆半島西岸の場合、イルカは沼津の市場に出荷され、主として北は富士山の周辺へ、西は清水経由で山梨県の身延《みのぶ》地方まで、さらに静岡市から大井川上流の川根《かわね》地区（現島田市及び川根本町）あたりにまで広く流通した。これは主として生肉であり、その調理法は味噌煮ないしいったん湯がいてから醤油で煮るということが多かった。タレをつけて乾燥させた通称「イルカのたれ」も販売された。これは焼いて食する。また、富士山東麓の御殿場《ごてんば》では、集落でイルカ一本を買い取って肉を分け合い、さらに頭を煮て油をとることも行われた。

太平洋戦争後の食料難のころ、イルカは村人の健康を支えたばかりか、莫大な収入をもたらした。ある人が沼津から安良里まで帰る際、イルカ船に便乗したところ、エンジンルームの外に大きな箱が二つあったのでその上に座っていたら、舵をとる人がじっとにらんでいる。あとでわかったが、その中には一円札がギッシリ詰まっていて、天秤棒で船からおろし組合の二階でイルカ組合の役員衆が集まって、この金を数えたということであった。また、食料難下にあって栄養不足の子どもたちが多かったときでも、安良里の子どもたちはみな血色がよく健康であったのはイルカ肉のおかげであるといわれている。

現在は安良里でイルカ漁は行われていないが、港の入り口にはかつて使用した網を保管した網小屋が残っている。

イルカ漁のシロワケと若者組

イルカ漁の水揚金の配分については先に田子の例をみたが、安良里の場合では、昭和二十五年（一九五〇）九月九日、イルカ四六本で五五七七・七貫の水揚げがあった。一本平均千㌕を超えるから、ゴンドウであろう。この売値は二八万五九三一円七五銭。これがどのように配分されたかは表13のとおりである。

表13　安良里におけるイルカ漁のシロワケ（昭和25年9月9日）

水揚げ46本	5577.7貫目	
売上金	285,931円75銭	
漁業料（1%）	2,859円	組合へ
運搬船（2%）	5,718円	出荷のため
見出金（2%）	5,718円	
人足賃	38,000円	
小計	52,295円	
差引	233,635円75銭 —— A	

（正確には233,636円75銭、以下数字は原資料のママ）

若者代（Aの2%）	4,672円
差引	228,964円75銭 —— B
沖代　（Bの30%）	68,689円42銭
差引	160,275円33銭 —— C
大網代（Cの20%）	32,055円
本代　（Cの80%）	128,220円33銭

各代を該当人数で割った金額が、それぞれの1代となる。
安良里漁業組合資料より作成。

まず、漁業料・出荷経費・見出金（ナブラ発見の報酬）経費などが引かれ、その残額の二〇パーセントを若衆代として若者組に渡す。このように、ある名目の金額を所定の割合で引いた残りに対して、つぎの名目の割合をかけるというところに配分方法の特色がある。つまり、全体を一定の割合で一度に配分するのではなく、残り、残りと、次々に分母が変わっていくのである。若衆代は、濡代（ヌレシロ）ともいい、イルカを陸に引き揚げるために海中に入ることからつけられた呼称で、いわゆる若者組全体の収入となる。沖代というのは、船に乗り組んだ人に対するもの、本代とは岸に出た人に対して支給されるもので、それぞれ割りあての金額を該当人数で割ったものが一代の金額となる。

漁における実働人員として若者組が果たす役割は大きい。南伊豆町妻良《めら》の若者組が百数十年にわたって書き継いできた「若者永代相続綴」によると、明治四十五年（一九一二）五月十日に大海豚の勘定が行われ、若者組に対し三〇四円三九銭の配当があった。その使途は次のとおりである。

五五円四〇銭　宮六本幟《のぼり》新調費其他掛
二一円二〇銭五厘　大太鼓張替宮音楽道具
二四円三一銭　武田店外七店ノ掛
七九円三〇銭　若者一同へ　但し□（判読不能）付七拾五人
十六円　宿組頭役員の礼
四八円一七銭五厘　大若者勘定不足ニ付通常費へ廻ス
一〇円　小若者へ補助
合計金　二五四円三九銭

差引金　　五〇円也　預ケ金

若者組が自分達の山を持ったり、船荷の運搬をしたりして独自の財源の確保をはかっている例は各地で普通にみられることであるが、イルカ漁に際しての臨時収入は額も大きく、貴重な運営資金になったはずである。イルカ漁そのものが若者の力なくしては行えなかったのである。

若者組の活躍は伊豆半島東岸の川奈（伊東市）でも同様であった。斎藤秀治（『伊東漁業史（稿本）』）によると、川奈では沖合で船団の指揮をとる者を漁船代といったが、イルカの群れを港の沖合まで誘導し、網で包囲した瞬間から指揮権は若衆頭（大頭）に移行する。港内でイルカを取り込むのは、もちろん若い衆の役目で、トドメをさしたイルカの内臓はすべて若い衆のものとなったという。また若い衆は半公然とイルカを海中の浅瀬に投げ込んでおいて自分達のものとしてしまうドーシンボーも行った。代分けは大勘定とも称され、昔は屋割といって株主に分配した他、濡代として出漁者に一代、さらに若い衆に骨折が支給されていた。また大網組合の家に男の子が生まれると三分の代が与えられ、戦後には未引揚者家族に半代、漁期中に隣組の葬式のため休漁した者にも一代が支給された。さらに大山《おおやま》（神奈川県の霊山）阿夫利《あふり》神社へのエビス料、サイノカミの子供や念仏のお婆さん達にも祈禱《きとう》料がでたという。

明治三十七年（一九〇四）二月分の配分をみると、若い衆組に骨折りとして四〇〇円が支給され、組雑費五円五〇銭、恵比寿料一円五〇銭、宿若い衆三円五〇銭など計九一円八〇銭を引いた残りを二六二人で割り、一人あたり一円一七銭、一町内宛の名目金が五代配分されている。昭和十一年（一九三六）三回目の勘定では、恵比寿料一代半、大頭（若衆頭）二代、小頭一代半、家持惣代一代二分五厘、消防小頭同上、宿頭一代七分五厘、家持（一般）一代、宿若衆一代半となっていた。宿若衆とは、ヤドに泊まり込んでいる独身者達で、いちばん頼りにされていたことがわかる。

幕末期伊東市域のイルカ漁の記録

伊豆半島の東側、相模湾に面した静岡県伊東市の縄文遺跡からイルカの頭骨を配した遺構が発見されたことはすでにみた。その後、数千年を経る間、イルカ骨の出土は報告されているが、イルカ漁に関する具体的な資料はなく、近世中期以降になって初めて伊東市周辺でイルカ漁の記録が現われる。

伊東市松原村の延享《えんきょう》二年（一七四五）「明細帳」（『伊東漁業史』）によると、戸数は一二〇、漁船は天当船一二、天間船四、小天間船五を有し、六畳の引網を用いて三月から六、七月ころまで、シラス・サバ・アラなどをとったが「ゆるか・かつを」がとれたときには、十分一と呼ばれる税を納めることになっていたとある。沿岸の小漁には税がかけられていなかったから、イルカやカツオがとれた場合には相当の収入になるという前提で課税対象とされたのであろう。ただし、これでみる限りイルカ等を専門に狙うという漁業形態ではなかった。近くの湯川村の天明五年（一七八五）明細帳には「ゆるか網拾壱畳」の記載があり、引き網七畳でイルカ・カツオ・ウズワがとれた時には十分一を差出すと書かれている。両村の幕末期のイルカ漁について嘉永二年（一八四九）に浜野建雄《はまのたけお》が著した『伊東誌』の一節を紹介しよう。

入鹿網《いるか》　別にいるか網というはなし

両村（湯川・松原）の地引網一二艘張の地引網にて洋中へ乗出し懸るや、入鹿寄せ来る時、一番船、二番船と我先に乗出し網を下り大手を切取る也、扠《さて》、両村次第に懸廻《かけまわ》し猶又《なおまた》小舟も多く出て是を助け、陸地へ寄に随ひ先のあみを繰上げ、段々に陸地へよせ来る也、陸地成平生地引網の場に到れば、後掛と云て幾重にも地引網にてかけまわし手近くになると両村より若者大勢出て、曳ころばしという太き縄綱にて懸廻し陸地へしめつけ、数人海中へ飛入、かの入鹿を抱上げるなり、いかほど大なる魚にても一切人を害することなく、自由執われて上るなり、水際をはなるるとクシクシとなくなり、海事のむきにより千本も二千本も揚る也、入鹿にも種類多くて其形やや大なるを権造《ごんぞ》（道《ど》）と云て、三尋斗りありて頭円也、よのつねのいるかは、大なるは八九尺、小なるは六七尺、頭よりはな先細くとかり漁父是を燕という、又鎌いるかというは、いかほど大婦（夫）にかこむとも網の目を識てとまらずといえり、此漁両村に限り外村には稲取の外なし、そは地引網十二張ある故に、網数も舟数も多ければ事成れるなり、

（中略）取揚たる魚は商人共買取、江府（江戸）及小田原清水沼津辺出し売徳を見る也、又夏日の漁事は、多く肉をたれと云ものに干て仕揚る也、（中略）若者は漁事高に応じ貰ある也、されば漁事さえあれば処の繁昌にする事なりと云、其日は近村在合より見物の男女両村の浜に市をなして賑《にぎわう》也、

この漁法は近代以降と全く同じであり、近世におけるイルカ漁についての出色の記述である。ここで注目すべきは商人が買い取ったイルカは「江府」つまり江戸に送られるとあることで、近世の料理書にイルカの調理法がみえるのは、伊豆から搬入されたイルカもあったからだろう。なお『伊東誌』には「江豚」という項があり、そこでは「湯川、松原両村の網に上る。又玉さかは漁士モリにてつき取る事もあるなり」とあって、いわゆる突きん棒による漁もたまに行われていたことがわかる。

伊東市域の村々よりも南に下った東伊豆町稲取《いなとり》の海岸にはイルカの供養碑が建っている。高さ一 メートル《メートル》ほどの碑の正面には「鯆霊供養塔」、向かって右側面には「文政十丁亥（一八二七）」とある。台座は後にし

つらえたようで側面に「安政二丁卯（一八五五）」、「当村漁師中　世話人　三町若者」と刻まれている。三町とは稲取を構成する海岸寄りの集落の総称である。稲取において現在聞くことのできるイルカ漁は、近代において再開されたものであるが、イルカ漁はすでに江戸時代から行われていた。

もうひとつ、網代《あじろ》（熱海市）でイルカ漁が行われていたことを示す伝説がある。むかし、網代の漁師がひいた地引網に木造の地蔵がかかったので、これを本尊として栄圃《えいほ》寺という寺を建立した。網はイルカ漁に使うものであったので、この地蔵は「鯆地蔵」と名付けられ、毎月鯆の初穂をあげては大漁を祈っていた。

伊東市川奈における近代のイルカ漁

伊豆半島東岸の熱海に近い諸集落では近代には組織的なイルカ漁は行われなくなっていたが、より南に位置する伊東市川奈には氏神、三嶋《みしま》神社の入り口に「海豚漁記念碑」と刻された大きな石碑が建っている。この碑は大正十一年（一九二二）に川奈浦漁業組合が創立満二十年を祝して建てたもので、碑面には次のように記されている。

明治二十一季海豚漁ニ従事シ十二月十七日初漁アリ
時ノ世話人
川奈村網津元　上原重郎
漁船頭　上原嘉平
漁船頭　窪田治五七

爾来明治四十三年二至ル間年々数万円ノ漁獲アリ村内潤屋トナル

後に述べるが、川奈はその南に位置する富戸《ふと》とイルカ漁をめぐって激しい争いを繰り返し、明治三十六年（一九〇三）にはついに富戸の漁民が海上で川奈船を襲撃するという事件にまで発展している。この碑文には川奈でのイルカ漁開始は明治二十一年とあるから、わずかな期間に両村が命がけで争うほどの重要漁業に発展していたことがわかる。戦後、両村は共同して全伊豆を通じて唯一の経営体となったが、川奈における大正期のイルカ漁について、上原貞吉さん（明治三十六年生まれ）の話を中心にまとめてみよう。

海豚漁記念碑（静岡県伊東市川奈）

イルカ漁はイルカの群れの探索から始まる。朝まっ暗なうちに漁船頭（海上での指揮者）が、船を板子ではたく。一番ダタキのビーン、ビーンという音は、起きて飯の支度をせよとの合図。続いて夜が明けるか明けないかのころ、二番ダタキが聞こえる。浜に出て来い、の呼び掛けである。この音を聞くと、みんなワッパ（弁当箱）を持って集まって来る。川奈は東町・宮町・子浦に分かれていて、それぞれ数艘ずつが組を作って沖に出る。東町が東側、子浦は南側、宮町は一番沖を漕いで探さねばならない。全体でワゲイ（輪形）を作りイルカを見張る。イルカは、たいていは東町と宮町の船の間をハシマ（初島）の方からやって来る。イルカがみつかると、みんな頭をあげず、じっと見守っている。先輩が「われ、口をきくな、おとなしくしろ」と注意する。輪の中に群れが入ると宮町の船が旗を立てる。続いて東、子浦と旗をあげる。ナブラ（群）が大きいときには漁船頭が相談しあって大網を入れ、ナブラを港の方に向かわせようとする。その内側にサンマ網を張ってイルカを押し、あいた大網をあげて再びサンマ網の内側に入れる。これを繰り返している様子を、今の灯台近くに見張り小屋があって、そこに詰めている見張りが見ている。その内の一人が「ユルカが来たぞ」と大声で村の方に叫ぶ。するとホラ貝が鳴らされ、村中が目の色を変えて飛び出して来る。

港の内側に追い込んだら出口をカッキリ網で塞ぐ。一〇〇〇頭から一五〇〇頭の群れを追い込むこともあり、海中の砂がまきあがって港内はすっかり濁ってしまう。イルカはそのまま尾っぽを持って船に引き揚げ、出刃でもって殺す。それを船から浜に揚げるのは女衆の仕事で、尾っぽを持っては一本ずつしょびき揚げた。ワタ（内臓）は浜で抜くので、あたりは血の海となる。浜に面して建っている家では、漁のあと、雨戸に飛び散った血を洗い流したものだという。イルカが揚がった知らせを聞いて伊東から買い手がやって来る。組合で入札をした。たくさん入ったときには四、五日かけて処理する。

水揚げの結果は、一戸一人ずつ組合員になっているので村中にヤワリ（屋割り）という配当があり、また実際に出た人にはヌレシロが支給された。

川奈の人びとが追ったイルカは、大半がマイルカだった。カマイルカはマイルカより息が長く、捕りにくい。ハンドウイルカも大型で、あまり捕れなかった。マイルカによく似たのがアラリイルカである。

伊東市富戸のイルカ漁

富戸のイルカ漁は川奈の刺激を受け明治三十年代に始まった。漁法は川奈と同じであるが、ほとんどのイルカは南下してくるために、川奈の南に位置する富戸は不利であった。ひとつの群れをめぐって両村の間に激しい争奪戦が繰り返された。長年イルカ漁に携わってきた石井勇作さん（明治三十九年生まれ）によると、事件が起きたのは父の辰蔵さんが二五、六歳だった明治三十六年（一九〇三）十一月三十日のことである。富戸側が実力行使を決意、沖合で川奈の漁船と乱闘となり川奈側に多くの被害が出た。川奈は静岡地方裁判所に訴えたが結局は富戸側無罪で終わった。富戸ではこの後三〇年ほどイルカ漁は行わなかったが昭和十年（一九三五）に再開して戦争が始まるまで継続した。

昭和二十四年に富戸漁業協同組合が発足し、江戸時代からの伝統があるボラ漁のほかイルカ漁を事業として行うことになった。組合では無線を備えた高速の見張船を購入して積極的に捕獲を行い、同三十六年には年間で八〇〇〇頭以上を水揚げした。次頁の図は昭和四十六年から翌年にかけての探索船第七富丸の航跡である。

なお、沖から追い込んだイルカは富戸漁港防波堤の外側に網（三〇間×四〇間の長方形）で囲っておき、随時、取船を寄せて網を絞り、若者がイルカの尾をつかんで船に引っ張り揚げて浜に寄せると、町内中の人が総出で尾にロープをかけて引き揚げる。そこで血抜きをしてから一頭ずつ若い衆が背負って漁協まで運んで解体する。出荷は船を使って下田まわりで沼津、清水まで運んだこともあるが、ほとんどはトラックを使用した。小田原では小型が好まれ、由比《ゆい》や蒲原《かんばら》（現静岡市清水区）ではヒレと尾が好まれた。ヒレなどは蒸したり湯がいたりして薄く切り、醤油などをつけて食べた。これをスマシといった。なお内臓はいわゆるもつ煮にされたという。

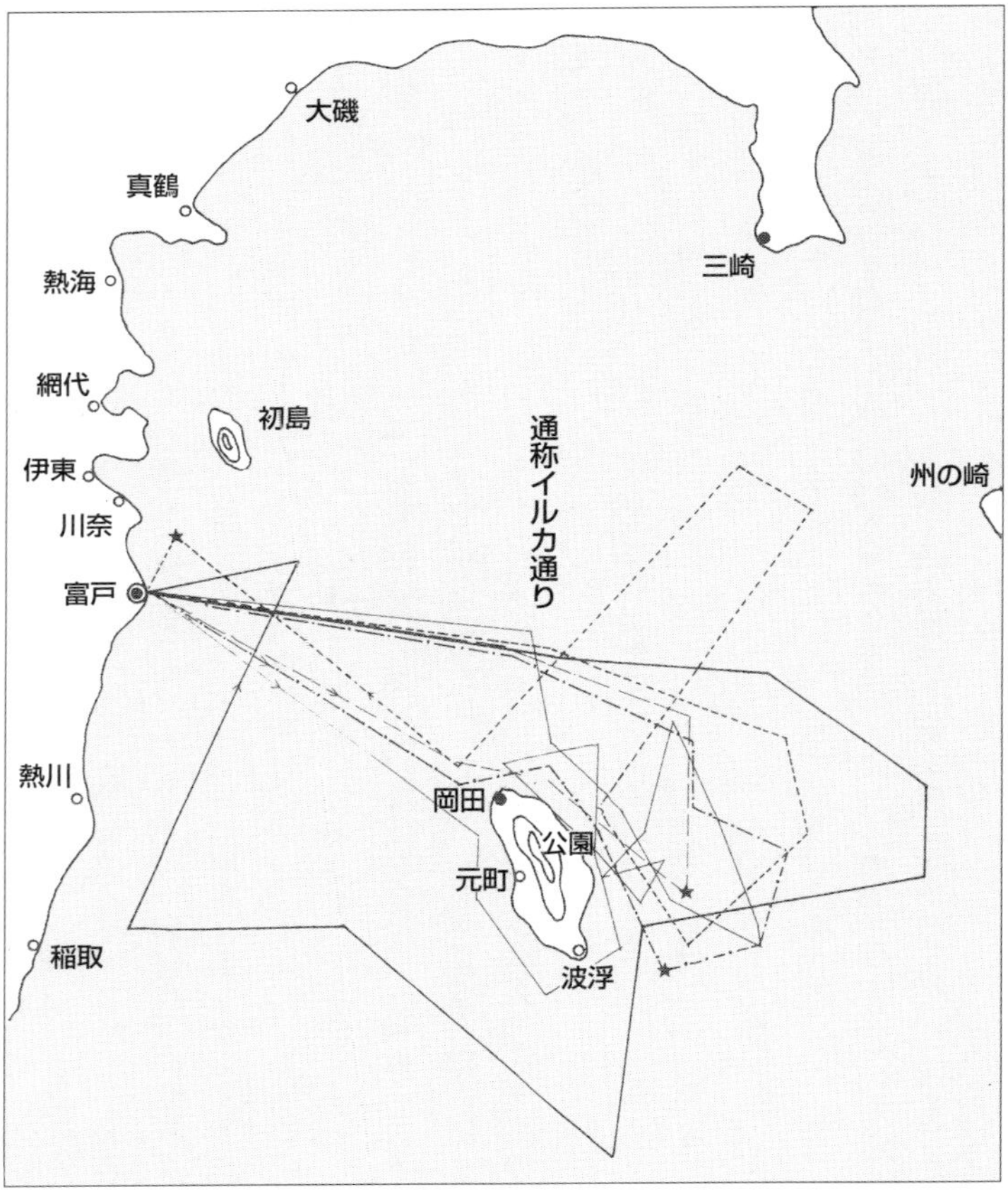

	月　日	天候	風	出港	入港	日　　誌
———	11月15日	CR	NE	0500	1430	5号公園沖にて大群を発見せるも視界悪く1匹も取れない。
—·—·—	11月20日	B	NE	0450	1330	8時半波浮南東沖にて7号発見、富戸に追い込む。140本。
··········	11月27日	B	SW			11時前に板東いるか川奈沖にて発見、富戸に追い込む。
------	12月23日	C	NE	0510	1400	8時7号フデ島沖東南東4浬にて発見、富戸に追い込む。
━━━	1月23日	BC	NE SW	0525	1245	

昭和46年末〜同47年初における「イルカ探索船第七富丸の航跡
（福木洋一原図、富戸漁協提供）

川奈とはその後もさまざまな対立を経ながら操業していくうち、次第に不漁になったので、交互に操業日をかえることとし、見張り船を二艘ずつ出すことにした。ナブラ（群れ）が大きいときだけ互いに網を出して助けることもあり、北風のときには港を利用し合ったりした。しかし、川奈側は組合員の数が多く一人あたりの配分も少ないこともあって、昭和五十九年に操業を中止し、現在は富戸が伊豆唯一のイルカ漁の基地となった。川奈の船が漁をしていてイルカを見つけると無線で連絡をくれるので、富戸側はそれに対しては経費を引いた額の三パーセントを支給することになっている。

現在、伊豆半島でのイルカ追い込み漁はこの富戸以外すべて廃絶となっている。伊豆のみならずイルカ追い込み漁の許可を受けているのは、日本ではこの富戸と和歌山県の太地のみになった。太地での状況は別に述べるが、富戸の場合も自然保護団体からの抗議もあって平成十六年（二〇〇四）以降は実際には行われていない。

イルカのスマシ（静岡市清水区由比）

なお、静岡県が熱心に運動していた伊豆半島のユネスコジオパーク構想は、認定最終段階において富戸の追い込み漁が阻害要因のひとつとされ、保留となっている。この問題は世界的に知られるようになった和歌山県太地の追い込み漁反対運動の影響もあろうと推測されるが、人と自然との共生をめざすジオパーク構想に、なぜ、地元の生業であるイルカ漁が阻害要因となるのか、本書執筆段階では明らかにされていない。

東伊豆町稲取

静岡県東伊豆町稲取のイルカ漁の歴史は、さきの文政十年（一八二七）の石碑があることからみても、川奈や富戸よりも相当溯《さかのぼ》ることは確実であるが詳細は不明である。しかし、江戸時代以来の追い込み漁は明治末年でいったん途絶え、戦争中の食料難のころに全く新しいかたちで再開された。これをそれぞれ前期と後期とにわけて述べることにする。まず、前期の様子の一端を示してみよう。稲取東町の鈴木常右衛門さん（明治四十一年生まれ）の話である。

鈴木さんによれば、稲取のイルカ漁（前期）は明治三十年（一八九七）で終わったらしい。というのは、父が若い衆（若者組）の小世話という役をやっていたときに追い込んだのが最後だったと聞いているからだ。この若い衆の組織では二十一歳（かぞえ）を小世話といい、鈴木さんの父は明治十年生まれなので逆算するとこういうことになる。当時は主としてマイルカを追っていたという。稲取岬にイルカの見張小屋があり、ワカイシ（若い衆）が見張番をしていた。そのころは夜イカ漁が盛んで、みんな昼間は寝ていたので、群れを発見するとワカイシの宿を叩いて起こしてまわる。同年輩の者たちが個人の家を借りて毎晩泊まり込むのがこの土地の習慣だった。そして一斉に船を漕ぎ出し、縄に薄い板を適当な間隔をおいて何枚もつけたものに重りを吊るし、船の上から水中を上下させてイルカを威した。あるとき、群れが途中で向きをかえ逃げられそうになったが、ちょうど河津《かわづ》の方から来た船がとっさに帆を海中に入れたところ、たちまち群れが引き返してきたことがあったという。捕獲したイルカは肉を売っていたらしい。

稲取のイルカ追い込み漁はこの後、長い中断の時期があって、再開されたのは食料難が厳しくなった戦争中のことであるという。ただし、明治末から大正初めにかけてのころ、和歌山県の太地で発明された五連装の小型捕鯨銃でゴンドウ漁を行ったことがあるが、それは次節で詳しく述べる。以下は追い込み漁の実際である。

稲取の船はスピードが遅いためマイルカを追うことはできず、かわりに息が長い（水中に潜っている時間が長い）が、行動がゆっくりしているゴンドウを狙った。川奈と富戸がともにマイルカをめぐって激しく争っていたのに対し、ゴンドウに目をつけて先進地の既得権を侵さなかったことになる。漁に加わったのは、東町・西町・田町の三地区で、各町の伝馬頭《てんまがしら》がそれぞれ海上で指揮をとり、全体を統括する漁業組合長はオカに残る。ゴンドウの探索は全船で行い、一五キロメートルほどの沖合までを範囲とする。

ナブラを発見するとフライキ（大漁旗）を掲げるが、このことを「マネをあげる」という。マネがあがったのを見つけたら僚船はそこに集まってきて自分達も確認次第、次々とマネをあげていく。ナブラの向きを判断し、一〇艘ほど集まったところで隊形を組む。総指揮はあらかじめ決めておいた伝馬頭が行う。両手に赤と白の旗を持って二本ともまわせば全船前進、右手をまわせば右翼前進という程度の約束で、ナブラが港の方に向くように行動する。隊列は弓形になって内側にナブラを抱えるようにし、孟宗《もうそう》竹《ちく》を海中に入れてサイヅチでコン、コンと叩く。竹は節が抜いてある方がよいという。ゴンドウは一五〜二〇分は潜ってしまうが、少し沖側に戻って竹を叩き続けると再び内側に浮きあがる。子連れの群れは子をかばうので追い込みやすい。港が近づいても稲取岬のところが浅くなっているため、なかなか進まない。そこで白い木の板（長さ三〇センチほど）を紐でつなぎ、端に重りをつけて海に流す。これにおじけて港口に近づくと、水深はさらに浅くなっている。ここで、人間がフンドシの端を長くたらして海中に潜ると、たちまち港内に入る。ただちに防波堤に網を張って仕切ってしまう。この網は一五《チセン》ほどの粗い目で、縦は水深に等しく七《メートル》ほど、長さは五〇《メートル》ほどである。

現在町役場があるあたりがハライ（浜）になっていて、イルカはそこに突っ込んでくる。若い衆がフンドシ一本に鉢巻き姿で海に飛び込み、ゴンドウが浜にのしあがると潮吹のところ（吸気口）にマンリキ（カギ）を引っ掛けて水から頭をあげる。急所は前ビレの脇とかいろいろいわれているが、大きめの包丁でとどめをさす。小さい船が市場の前に引っ張っていき、オカに揚げて、まずワタ（内臓）を抜き、三つくらいに輪切りにする。骨は鋸《のこぎり》で切る。目方を計ってからナマ運搬船に積んで東京に向けて出荷した。なお、長老の判断で、何本かはオカズ用として地元に残し、各戸に配分する。

食用から水族館展示用へ

ここまでみてきたように伊豆半島各地のイルカ追い込み漁は、明治以降に地域の重要な漁業となり、漁業組合と成員は重なるが独自の会計をもつ「いるか組合」を結成、沖合に探索船を出して群れを追うという、大規模な集団漁業として発展した。これは太平洋戦争中は実施困難となったが、戦後の食料難の時代、イルカ肉の需要が高まったことでイルカ漁は活況を呈した。しかし食料事情の好転にともない、イルカ肉は次第に価格が低下し、また航行船舶の増大などにより、少なくとも駿河湾内への回遊数は激減した。

そんなとき、イルカ漁の本場とも目された安良里には水族館の展示用イルカの注文が舞い込むようになった。昭和五年（一九三〇）沼津市の三津《みと》に開設された中之島水族館（現在の三津シーパラダイス）は日本で初めてハンドウイルカの飼育を始めたとされるが、『賀茂村誌・あらりのいるか漁編』によると、安良里が同館に納めたのは昭和三十六年にスジイルカ一五頭というのが最初の記録である。その後昭和四十八年までに納められたイルカは、これを含めて一一七頭に及ぶ。

また伊豆半島の先端に位置する下田市に昭和四十二年に開館した下田海中水族館には同年に「巨頭イルカ」を二七頭納入している。当時の販売価格は合計で四〇万円、一頭あたり一万五〇〇〇円弱であった。次は同四十四年で、八月十七日に追い込んだハナゴンドウのうち、下田海中水族館に一二頭、三津の水族館（沼津市）に五頭、江ノ島マリンランド（神奈川県藤沢市、新江ノ島水族館の前身）に八頭など合計三六頭が納入された。

ちなみに江ノ島マリンランドは日本で最初にイルカ飼育のために建設された水族館であるとされ、その後も同四十五年にハンドウイルカ八頭、同四十七年にシワハイルカ六頭、同四十八年にはハンドウイルカ四頭が納められ合計は一一七頭となる。なお、同書には同館が開館した昭和三十二年から同四十四年までの、イルカ捕獲日・搬入日・生存日数が記載されている。

以上三館のほか、鳥羽《とば》水族館（三重県）、みさき公園自然動物水族館（大阪府）、鴨川シーワールド（千葉県）、下関水族館（山口県）に安良里からイルカが納入されている。生きたままのイルカの搬送には細心の注意が必要であり、毛布でくるんで皮膚を保護するなどのほか、水上飛行機に乗せて運んだこともあった。

なお、山口県長門市の青海島《おうみしま》でもイルカ肉の需要落ち込みに対応し、昭和三十八年に捕獲した三二頭（種名不詳）の場合では、二二頭を下関水族館に三〇万円で売却、残りの一〇頭のうち八頭が肴魚（各戸に配分）、漁協と水産高校に一頭ずつ配分された。昭和四十三年にはハンドウイルカ二二頭が鹿児島の水族館（おそらく当時の鹿児島観光で、現在のかごしま水族館とは別）、ネズミイルカ七頭が下関水族館へと、両館あわせて六〇万円で売却された。ちょうどこのころの大日比を描いたＮＨＫの「新日本紀行」には、下関水族館から六〇頭ほど生け捕りの注文があったことに喜びの声をあげる大日比の人々が登場する。一〇三頁に掲載した算用帳の記録は昭和四十九年にカマイルカ二二頭のうち一七頭を下関水族館に納めたことで終わっている。これはそのまま組織的なイルカ追い込み漁の終焉とみてよいだろう。

このようにイルカが水族館の観客動員に欠かせぬ動物となったことで、一部では動物園の本来的機能、つまり種の保存という大きな目的のもとにイルカの繁殖が試みられ、成功例も積み重ねられている。しかし、いっぽうでは飼育日数わずか数日という個体も少なくなく、その意味では消耗品といっても過言ではない状況もかつては見られた。追い込み漁についての批判は、処理方法が残酷であるという点だけでなく、イルカという動物をどのように扱ってきたかというこれまでの歴史過程にも向けられているのである。

3　突棒・捕鯨銃・パチンコ

突棒漁

本書で取り上げるのは、イルカを群れごと捕獲する追い込み漁であり、対象となるイルカは黒潮に乗って回遊する暖流性の種類である。寒流を好むイシイルカなどは、群れをなして湾内に入ってくる習性はない。そこで沖合で一頭ずつ銛で突き取る漁法が発達した。カジキマグロ漁で知られる、いわゆるツキンボ（突き棒）漁である。この対象となるのは、リクゼンイルカ、イシイルカであり、マイルカなどに比べるとずんぐりした体形である。三陸地方ではこのイルカのことをカミヨ、あるいはカメヨと呼んでいる。ヨ、イヨは魚の古称であるから、カミヨを神の魚と解するむきもあるが、筆者が調べた限りでは神として何らかの信仰が寄せられている例は皆無である。むしろカメヨという呼称の方が広く聞かれる点からいえば、ずんぐりした体形から見て亀魚という意味ではないかとも思われるのだが、後考を俟つことにしたい。

リクゼンイルカが大量に捕獲されるようになるのは明治以降である。最初は銛を投じていたが、東北地方では北国でのラッコ猟の影響を受けて鉄砲で撃つという方法が工夫された。現在では電気銛を使用して仕留めているが、沖合での漁が多いため実態は一般人の眼に触れにくい。しかし室蘭《むろらん》沖でホエールウオッチング中の観覧船の近くで行われたのを偶然目にした人々から批判が寄せられるという事件もあった。イシイルカの年間捕獲頭数は二万頭に近い。

大槌町の突棒漁

岩手県下閉伊郡大槌町吉里吉里《きりきり》の赤浜漁港は、かつて日本一の突棒船の基地であった。『大槌町漁業史』によって概要を紹介する。吉里吉里では大正期に千葉県から優秀な突棒漁師を招いて操業を始めたが、小豆島栄作（明治二十九年生まれ）は捕鯨船に乗った経験から捕鯨用発射器をヒントに銃を組み合わせてイルカを仕留めることを思いついた。そして揺れる波間で正確に命中させるために両目をあけたままで発射するという技量を磨いた。

その結果、イルカの頭部に命中させるとただちに離頭銛を投じ、柄につけた紐の先に浮樽をつけて次々にイルカを仕留め、昭和十五年（一九四〇）には午前中の操業で一五六本のイルカを揚げたという。栄作の指導を受けた漁師たちは突棒の漁場を拡大させ、三陸沿岸を中心に南は房総沖、北は千島・樺太にまで及んだ。昭和十七年には、赤浜全戸数一二八のうち、九〇戸までが突棒船に従事していたという。対象となったイルカは、セミイルカ・マイルカ・スジイルカ（スズメ）・リクゼンイルカ（カミヨイルカ）であったが、北方ではリクゼンイルカが中心になった。戦後になってもこの銃による突棒漁は継続されたが、昭和三十二年に日米加ソの四ヵ国オットセイ保護条約調印によって密漁禁止などを目的にイルカ漁における鉄砲使用は廃止となった。突棒漁はやがて電気銛を使用するタイプとなり、さきに示した表のように平成十五年（二〇〇三）期にイシイルカ・リクゼンイルカ合わせて一万七〇〇〇頭余の捕獲枠のうち、岩手県では一万五五〇〇頭の捕獲枠をもって稼行している。

太地のゴンドウ漁

ゴンドウは、権頭あるいは午頭などと書かれるが、頭部の形が一般のイルカのイメージとは異なって丸型をしている。さきの表1に示したように、日本近海ではハナゴンドウ・オキゴンドウ・コビレゴンドウが主であるが、いずれも体長四メートルを超えるのが普通で、体重も小型イルカの数倍ある。したがってこの仲間はクジラに分類されることが多いが、多くの漁師はイルカとして捕獲してきた。他のイルカと混群を形成することもあるが、単独でも数十頭の群れを作り、湾内に入ってくることも多い。別に述べる九州三井楽の事件では、ハナゴンドウが対象であったし、沖縄県名護湾ではコビレゴンドウ（マゴンドウ）の追い込み漁が行われてきた。

和歌山県太地町太地では、いさな組合による現行の追い込み漁が始められる以前は、このゴンドウを主たる対象とする漁が行われていた。太地は捕鯨の町であり、小型のイルカよりも大型のゴンドウにより魅力を感じていたのであろう。

では、紀伊半島ではイルカ追い込み漁は行われていなかったのだろうか。明治十五年（一八八二）年末には完成していたらしい『三重県水産図解』（一九八四年に海の博物館から刊行）には、「海豕《ゆるか》」の項があり、北牟婁郡引本浦《きたむろぐんひきもとうら》（現紀北町《きほくちょう》）ではイルカが湾内に来ても傍観放棄する状態だったのを明治十一年に漁法を発明して実施するようになり、獲物は生肉のまま尾張・伊勢の津などに販売していると書かれている。ただし現在ではまったく行われておらず、伝承も聞かれない。しかし、さきにみたように三陸地方でイルカ追い込み漁が始まったのは紀州から出稼ぎにきていた鰹節職人から紀州での漁のやり方を聞いて、新規に始めたといわれている。この紀州が現在のどこにあたるのかは定かではないが、太地以外の浦で追い込み漁を行っていた可能性はある。ただし西国ではシビ（鮪）も積極的に囲い込んで捕獲する漁法が広くみられたから、それをイルカにあてはめたものかもしれない。たとえば、『肥前州産物図考』にみえるマグロを捕獲している様子はイルカ漁とほとん

愛嬌をふりまくオキゴンドウ
（沖縄美ら海水族館）

ど同じ状況である。

また、段々畑の景観で名高い愛媛県宇和島市の遊子《ゆす》半島では、近世にイルカ追い込み漁が行われていたことが「三浦田中家文書」にみえる。現地での聞き取りではイルカ漁を行っていたという伝承は全くないが、黒潮に乗って北上する鯨類や大型のマグロが湾内に入ってくることが多く、とくにマグロ漁は近年まで盛んであった。岬の上で見張っているウオミがマグロを発見するや、両手にサイ（采配）を持って沖合の船に合図を送る。群れの退路を断つための網の端の方では、両手を広げたほどの長さの丸太に紐をつけたテンボーを繰り返し海に投げ込んで、マグロを脅す。浅瀬まで追い込んだら、若者が海に飛び込み、一本ずつかかえ込む。そしてマグロの頭にカギを打ち込むとたちまち血が吹き出す。それを浜に揚げた。まさにマグロとの格闘である。大正生まれくらいの人までが実際の体験者であった。

静岡県沼津市の駿河湾でも、以前は定置網を用いてのマグロ漁が盛んであり、マグロを抱きかかえている絵が残っている。したがって、イルカ回遊のときには同様な漁法で捕獲していたと推定される。

さて、太地では湾内に押し寄せるさまざまな魚群のことを寄せ物といい、「午頭鯨」もその一つであったので、湾に入ってきた群れを網で囲って捕獲することはあった。ゴンドウは太地ではクジラの仲間とされており、クジラが回遊してくる晩秋から翌年春までの期間以外に、突棒による漁が行われていた。近世に隆盛を誇った太地のいわゆる古式捕鯨は、明治十一年（一八七八）の大脊美流《おおせみなが》れと呼ばれる大遭難事件によって衰退傾向にとどめをさされた。

その後、明治二十七年ころに羽差《はざし》の漁野富太夫が藁縄で編んだ網を用いてゴンドウの捕獲を試みている。その後、前田兼蔵がアメリカで見た銃をもとに捕鯨銃の発明に没頭し、明治三十六年に三連発小型捕鯨銃を発明した。これをもとにさらに五連銃が開発され、ゴンドウの捕獲量は飛躍的に増加し、明治四十五年に一二〇頭、大正十一年（一九二二）には七〇八頭になった。

昭和九年（一九三四）には町内でゴンドウ用の捕鯨銃で捕獲を行っている者は八人に上っている。同年刊行の『水産調査資料』では、牛（午）頭等の塩吹類の漁は、おもに三輪崎《みわさき》・宇久井《うぐい》・勝浦《かつうら》・太地で行われているとし、とくに三輪崎では、ゴンドウの群れを追っているとき、「海獣ハ子ヲ愛スルコト非常ナルヨリ、子魚ヲ突キテ全ク殺サス、海中ニ放チ置クトキハ、親ハ其場ヲハナレサルニヨリ、他船此親ヲ捕獲センガ為子魚ノ貸与ヲ求ムルコトアリ」ということもあった。この場合、親を捕獲した船は子を借りた船に十分の一を提供し、もし二頭獲れたときには一頭を提供するという取り決めがあった。銃による捕獲は戦後まで継続されていたが、現在は行われていない。

太地の五連銃（雑賀昭一氏提供）

なお沿岸にマグロを狙って仕掛けた大敷網にゴンドウが入った記録があり、明治三十二年（一八九九）には六一頭が捕獲されている。昭和八年にやはりアメリカ帰りの奥家七がマグロ旋網《まきあみ》をゴンドウ漁に応用するため会社を設立し、網で囲い込んだ中に人が飛び込んで尾羽を綱でくくり、ウインチで巻き揚げて船に取り込む方式で稼行した。同年二月十六日に三三頭、同二十日に四三頭（頭数には異説あり）を追い込んだときには、近在近郷を問わず大阪・和歌山あたりから見物人が押し寄せたという。しかし、年末に大量のゴンドウを捕獲して帰港中に積み船が遭難して死者を出す事件を起こし昭和十年に廃業した。

『太地町史』によると、昭和五十四年刊行時点で、最近のゴンドウの追い込みは町有の漁船や漁網がないため追い込み仲間所有のものを使用し、収入も仲間で配分するようにしている。船足の速い船の所有者が仲間を作り、近ごろでは、二、三〇頭のゴンドウやイルカを、多いときには五、六〇頭から一〇〇頭余を追い込み季節に関係なく操業しており、この仲間を太地突棒船組合といったとある。その後、追い込み漁は中断したが、伊豆の漁法を学ぶことであらためて組織（いさな組合）が作られて今日に至っている。

伊豆のゴンドウ漁

静岡県東伊豆町役場には、町の文化財に指定された捕鯨砲（当地では捕鯨銃ではなく捕鯨砲といった）が展示されている。昭和三十年（一九五五）ころまで、ゴンドウ丸に積まれて実際に使用されていたものである。ゴンドウ丸の船主は遠藤久四郎といい、屋号をオクという稲取の旧家の一つであった。久四郎の息子の豊蔵さん（明治四十五年生まれ）もゴンドウ丸の船頭として実際に漁をしていた。

豊蔵さんの父、久四郎はこのあたりに多かったゴンドウを捕る技術を身につけるため、太地に習いに行き、捕鯨砲を持ち帰った（なお豊蔵さんは、ゴンドウを鯨と呼び、イルカとは区別している。この言い方は太地風であって、伊豆では一般にゴンドウはイルカとみている）。豊蔵さんが幼いころ、太地から来た砲手の夫婦者がいて、豊坊、豊坊といって可愛がってくれたことを覚えている。この夫婦は技術導入のために久四郎が呼んだと考えられる。当時用いた砲は五連装で船は肩巾五尺五、六寸、長さ二五尺くらいの櫓船《ろせん》、八〜一〇人の漕ぎ手が乗った。大正七、八年（一九一八、九）ごろに五馬力の焼玉エンジンを積んだ機械船となり、その後次第に大型化して幅七尺、二二馬力ほどまでになった。豊蔵さんが父の船に乗り込んだのは十五歳のときで舵とりから始め、十八歳のときには砲も撃ったが、その後はもっぱら船頭として指揮をとる側にまわった。

使用した砲は五連装から三連装、そして単砲へと変わった。五連装では一発が当たってもゴンドウは死なないので、デンチューモリという投げ銛で突き、最後はケン（剣＝刃は一尺二、三寸、柄は一二、一三尺）で心臓を刺す。死ぬと腹に空気がたまって自然に浮いてくるので尾に綱をつけ大きな浮きをつないで次の獲物を狙う。一日に最高五本を仕留めたことがある。のちに、とどめは猟銃を使うようになった。なお、五連装をやめたのは不発があると次の銛をセットできなくなるうえに威力が弱かったからであるという。

海の状態がよければ毎日出漁した。朝、ネジラミの頃（夜がシラットスル頃＝明け方）に船を出す。伊豆大島との中間よりもオカ寄りのあたりを探索し、ナブラを発見して接近するときには、なるべく静かに目立たぬようにする。服装も白いものは避け、船方はしゃがんで声をたてぬようにし、櫓を静かに漕いで行く。沈んでいたゴンドウが船の近くにボーッと出て来るのを待つ。逃げるナブラを追うときは、何頭もいる中で大きめのものに狙いをつけ、あちこちに頭を出すほかのゴンドウに気をとられないようにする。この指示は船頭がする。「あのゴンドウ！」と決めたら後を追い、沈んでも浮くのを待つ。浮き上がる直前、海面に赤い色がさす。「アカミだぞ、出るぞ、出るぞ」、「ほら、出るぞ、撃て！」と船頭が叫ぶ。ゴンドウの真後ろではなく、斜め横から狙えば命中する率も高い。久四郎の弟二人も砲手になったので、豊蔵さんが船頭を務めた。

一日に一つのナブラが見つかればよい。撃たれたゴンドウのまわりにはほかのものが寄ってくる。子どもを撃つと親が寄り添い抱くようにしてピーピー悲しい声を出す。捕ったゴンドウは尾にロープを付けてオカまでしょびいて（引っ張って）くる。そして河口部に漬けておき翌日解体する。こうしておくと、身が柔らかくなるし、川の水は冷たいから夏でもすぐに腐ることはない。出荷するときは輪切りにして船に積み、伊豆半島を回り込んで清水港まで運んで売った。稲取から六、七時間で清水まで行けた。沼津や東京市場に出したこともある。地元の人も笊《ざる》を持って買いに来たものである。

沖縄県のパチンコ

沖縄県ではゴムの反発力を利用した一種の石弓を使用してのヒート漁が沖合で行われている。名護漁港の建設工事が始まったのは昭和五十六年（一九八一）であるが、それより一〇年ほど前から浜の埋立てが行われていた。ヒートを追い込む場所は漁港の泊《とまり》地内にかわり、捕獲の合図も名護港突堤から発せられるようになった。追い込みが成功すると見物人が遠くは那覇からもやってきたという。しかしヒートの回遊は年々減少し、平成元年（一九八九）三月二日にハンドウイルカを名護港で捕獲したのが最後の追い込み漁になった。

他方では昭和五十三年から本土の企業家が参入して突棒漁が始まった。この漁法は銛を獲物に投げつけるものと異なり、強力なゴムの反発を利用して銛を発射するもので、通称をパチンコという。それとともに捕獲した肉は地元よりも有利な本土の市場に送られることが多くなった。コビレゴンドウなどの大型イルカは小型クジラに準じる肉として扱われたらしい。ゴンドウ漁は、商業捕鯨としての大型沿岸捕鯨・遠洋捕鯨・小型沿岸捕鯨とは別に、いるか漁業として水産庁の資源管理下に置かれ、沖縄県における捕獲枠は二六頁の表のとおりである。

ヒート漁用の石弓(名護漁港)　不使用時は前後を逆にしておく。

現在、名護港所属のイルカ漁船は六隻である。名護市役所産業部によれば、イルカ漁は平成元年三月一日付けで沖縄県海区漁業調整委員会が「委員会指示第二号」を発してイルカ漁業を承認漁業制度とし、この委員会がイルカ漁で生計を立てる者を公募した。それに応募したのが六隻であり、基本的には一代限りであったのが、現在は継続的に続けることが可能となり、乗組員に引き継ぐこともできるが、新規参入は認められていない。漁場はとくに限定されてはいないが、南は久米島付近、北は伊是名《いぜな》・伊平屋《いへや》島付近が主要な操業場所となっており、おもな出荷先は福岡市場である。

これら六隻はいずれも一〇トン未満の小型動力船であるが、舳先《へさき》にパチンコを設置していることからすぐに見分けることができる。簡単にいえば、先端にツバクロと称する長さ一三センチ余の逆鉤銛《さかかぎもり》をつけた矢を銛受けレールにセットし、弦ゴムを引き絞る。あとは引き金をあげて獲物に向けて発射するという仕組みである。

Ⅱ

イルカと生きる

一 イルカ追い込み漁と村落社会

1 追い込み漁の組織

祝祭空間の現出とカンダラ

ここまで各地のイルカ追い込み漁について、おおよそ年代順に位置づけ、かつ、それぞれの事例について、特徴的な要素をまとめてきた。追込みにふさわしい地理的条件があっても、船・網・人手という三つの条件が不可欠となる。小集落で人手が足りない場合は、隣接ないし対岸の集落と共同で実施した。この条件を満たしたうえでさらに特筆すべき特徴は、村落構成員全員が参加しなければ不可能な漁業であったという点である。しかもたびたび触れてきたように、偶然の回遊に期待するこの漁は一部を除いて恒常的な生業にはなり得なかったが、そのかわり突然に思わぬ収益をもたらすものでもあった。群れの発見から追い込み、取り上げ、その後の処理などすべてに村落全員が参加する大イベントという性格をもつことになった。

獲物は自家用とされただけでなく、追い込み成功の知らせを聞いて参集した五十集《いさば》に入札によって売却され多大な収入をもたらした。したがって漁の後の宴会は、血まみれになって奮闘した作業の後の興奮で思いきり盛り上がったに違いない。捕鯨絵巻によくみるような大宴会は、あえていえば経営者のもとに集う労働者の宴会であるのに対し、イルカ漁のあとの宴《うたげ》は、上下関係に規定されない、無礼講になり得たであろう。各地のイルカ漁の勘定帳には酒、肴代金が必ず計上されている。まさにイルカ漁を契機に、捕獲から最後の宴につながる祝祭空間が現出したのであった。

イルカが湾に入ったというニュースはたちまち近隣に伝わり、勇壮な場面をみようと見物人が押し寄せた。各戸に配分されたイルカ肉は自家消費以外に、待ちかねた親類に配ったり、近くの農村に売りに行くこともあった。山口県の青海島でも、イルカ肉を近隣の村に売り歩くことがあったので、イルカ肉を食べる習慣は、漁が行われる現地だけでなく、行商の足が及ぶ範囲に拡大していく。これはいわゆる塩の道に重なっており、販売ルートに接しない地区にはイルカ食べる習慣がないという、食習慣の地域的偏りの原因になった。

イルカ漁に際して、働きが期待されたのは若者たちであった。追い込んだイルカを浜に引き揚げるというもっとも力の要る仕事には若者組織の活躍が不可欠だった。したがって個人としての参加報酬とは別に組織に対して「濡れ代」「若い衆代」と呼ぶ配当が支給され、これが若者組の活動経費となった。いっぽうで、水揚げに際して若者たちがイルカを隠しておき、のちに売却して自らの活動経費とする習慣も広くみられた。第一章で紹介した『肥前州産物絵図』にも、明らかにカンダラと思われる場面が描かれている。これはイルカに限らず漁業一般にみられたもので、伊豆半島ではドーシンボーといい、九州各地では若者が行うものをカクシカンダラといった。

江戸時代末の静岡県の伊東（伊豆半島東岸）の様子を書き留めた『伊東誌』の湯川・松原の項には、イルカがあがると子どもたちが一、二本盗みだし、サイノカミさんに供えてしまう。すると親たちはこれを取り戻すことができず、子どもたちに与えることになったとある。おそらく大人がこれを買い戻す形をとって、子どもたちのおやつ代が生み出されたのであろう。子どもたちは地域の神の威光を借りることで、正規の配分の枠外で水揚げの恩恵に与ることができた。この子どもたちの行為は、カンダラ（ドーシンボー）の起源を示しているとも考えられる。

女性がイルカ漁に深く関わる対馬では、女が腰巻をかぶせたイルカは女たちのものなるため、これをコシマキカンダラといってなかば公認であるが、度を越すようになると禁止される。対馬北部の仁田湾では、藩政時代に検分にやってきた女連《うなつら》の荒木三也という男が女のカンダラがひどいのをみて「片目は人民の眼、片目はお上の眼であるから、お上の目にかかったら処分するぞ」といったという伝承を宮本常一が報告しており、対馬の大漁湾《おろしか》に面した千尋藻などの四ケ浦民法（明治三十六年）には次のような条文があることを阿比留嘉博が紹介している。

第一項　寄魚、立魚等ニ於テ五十二人ノ若士《わかし》（若者組）ニ関スル浜盗ノ義ハ、一節一本タリトモ致サセ間敷《まじく》候事

第二項　厳然タル決議ノ上ハ、以後若士ニ与フル配当ハ一割五分ト定メ支給スベキ事

第三項　若シ万一若士逆動心ヲ生ジ、一本タリトモ浜盗ヲ為シタル時ハ、右割方ヲ決シテ与ヘザル事、斯《か》ク割方モ今般ヨリ五歩ヲ増加シタル末ハ厳然たる民法如斯《かくのごとし》

また同じく対馬の昭和二十一年の三里地区（貝鮒《かいふな》村・嵯峨《さが》村・佐志賀《さしが》村）の規約では、「従来ノカンダラ

ハ廃止シ若者ニハ報酬ヲ与フ事」とある。つまり、地区により時期の遅速はあるものの、従来のカンダラ黙認を改め、正規の報酬を与えるということにかわったのである。このことは、カンダラがかなり大がかりに行われ、目にあまるようになったことを表すのだろう。同時に、若者たちの行動がムラの役人たちのもとに統制されていく傾向を示している。

イルカ追い込み漁の類型

ところで沖縄県名護湾のヒート漁は、他の地域と異なって網を使用しない。ということは大金を投じて網を用意する算段も不要であり、小型漁船で湾内に追い詰め、かつては町長の合図で一斉に捕獲作業に入った。つまり村落こぞって参加する漁ではあるが、個人ないし小集団の競争という性格が強い。したがって船、銛や鎌などの道具を個人や仲間で用意し、捕獲したイルカもそれぞれの慣例に従って配分される。萩原左人の調査によれば、たとえば、東江では近隣組や互助会で船を所有し、イルカは浜で分配した。世富慶《よふけ》では個人の共同出資や近隣組で船を用意し、出資者と漁に出た人数を合計して割る。一部を村落に納め漁に出なかった家に均等配分した。許田では内部の小集落単位で船をもち、肉の部位ごとに各戸平等に配分した。つまり、イルカ漁は名護地区あげての行事であるが、捕獲は個別に競い合って行われ、漁獲物の分配は集落ごとに独自の方法に従っていた。まさに競争であり参加者は我を忘れて熱狂したのである。最盛期の写真には、海に飛び込んで銛どころかツルハシをふるって格闘している場面もある。また当日は黒いものを着て行くものではない、あやまって海に落ちるとイルカと間違われて殺されるなどともいった。表15は捕獲船の所有関係と漁獲物の配分規定である。

表15　ピトゥ捕獲船の所有関係と漁獲物の配分

地区	ピトゥ船の所有関係	生肉の配当
城	個人の共同出資	有権利者の役割に応じて計算
東江	近隣組・互助会	浜で分配
大兼久	個人の共同出資（株に入る）	船・漁・船の預かりの各手間を合計した総人数で割って配分
世富慶	個人の共同出資・近隣組	出資者と漁に出た人数を合計して割る。一部を村落に納め漁に出なかった家に均等に配分
数久田	近隣組	船出資者・参加者・道具提供者に５・４・１の割合で配分
許田	小集落ごと	肉の部位ごと平等に戸数割
宮里	近隣組	船の権利者に半分、残りを全戸に家族数に応じて配分
宇茂佐	近隣組（３組）	全部を浜に並べ部位ごとに全戸配分、ただし従事者には手間賃として生肉
屋部	有志の共同出資（株に入る）	カブの仲間で配分

『名護市史　本編９　民俗Ⅰ』49 ～ 57 頁（萩原論文）より作成。

しかし全国的にみれば名護湾の事例は特殊である。イルカ追い込み漁開始の契機と実際の稼行組織、さらには収益の配分規定には深い関係があり、概していえば、中心になる管理者、指導者の力が強かったものが、近代になるとともに平準な組織へと変化していったことがみえてくる。そこでイルカ追い込み漁開始時における稼行組織成立の契機に注目すると、それぞれ次のような特徴を有するものとして整理できる。

中世的特権組織型→京都府伊根《いね》（漁株）、長崎県対《つし》馬《ま》（本戸）
網元特権発展型→静岡県沼津市内浦《うちうら》（網戸《あんど》と網元）
大網組織活用型→石川県真脇《まわき》、静岡県沼津市田子《たご》
出資者創始型→岩手県山田町大浦・大船戸《おおふなと》市赤崎《あかさき》、宮城県唐桑《からくわ》
自然成立共同作業型→長崎県三井楽《みいらく》、佐賀県仮屋《かりや》湾
祝祭・享楽型→沖縄県名護《なご》湾
近代地域産業型→静岡県伊豆半島の安良里《あらり》・富《ふ》

戸《と》・川奈《かわな》など

生体捕獲併用型→現行の和歌山県太地《たいじ》

もちろんこのような単純化が不可能な例も多い。たとえば、伊豆半島の安良里では自生的に始まったイルカ漁の延長線上に組合を結成して合理的な運営を行うようになっていたし、長崎県三井楽の場合も、記録がある限りでは複数の集落が組合を組織して漁を行なってきたが、おそらくそれ以前には集落ごとに漁が行われていた可能性が高い。太地では明治期に展開されたゴンドウ漁とは別に、伊豆の漁法を導入して組合を結成し、生体捕獲と食肉用を併存させている。

そこで、組織や実際の運営状況、さらにはその変容を具体的に知ることができる三つの例をあげて、それぞれの特徴を詳しく検討することにする。まず近世以前からの漁株を有する一部の特権集団が、どのようにしてイルカ漁に必要な人員の大量動員を可能にしたかという京都府の伊根湾の事例、次は、イルカ追い込み漁という新たな漁法が最初から出資者指導の下に開始され、その経過も明らかになっている岩手県の山田湾の事例、そして三つ目に、沿岸の集落が連携して組合を結成し、詳細な規約のもとに厳密に運営してきた長崎県五島の三井楽の場合である。

2 特権的漁株組織が利益を得る仕組み ―京都府与謝郡伊根町の伊根湾―

平田漁株文書

イルカ漁に関する史料がよく残っていた京都府与謝郡伊根町の「平田漁株文書」から中世以来の特権

平田漁株文書のうち文化９年の帳面類（京都府伊根町平田漁株蔵）

的な漁株組織と一般村民との関係をみていく。

伊根に独特の漁株制があったことはすでに紹介した。あらためて確認すると、漁株は、亀島村（七五株）・平田村（三七株）・日出村（一二株）の三ヵ村合計で一二四株に固定されていた。三ヵ村のうち、イルカ漁に関わるのは亀島と平田のみで、そのうちの平田村に伝えられた「平田漁株文書」のなかにイルカ漁関係の文書二八点が含まれている。これを分析することでイルカ漁から得られる収益とその配分方法、漁株の組織と無株の一般農漁民（水呑）との関係など、近世のイルカ漁をめぐる具体的な事実を明らかにすることができる。その一端は、捕鯨とイルカ漁の記述のなかで触れているが、ここではもっとも詳細な記録（「しほ江豚渡シ帳」「万入用おほへ」「江豚油長」「江豚算用帳」「江豚之扣帳」）が残っている文化九年（一八一二）三月に二〇〇〇本以上のイルカが捕獲されたときの様子をみてみよう。なお、これらの帳面類は「漁株文書」と呼ばれてはいるが、実際に作成したのは漁株の組織ではなく、平田村の「江豚仲間」である。漁株は一部の人の特権であり、これだけ大量のイルカを捕獲・処理するための人手はない。そこで一連の作業を行うための受け皿として、村人全員参加の「江豚仲間」を結成した。平田漁株（一部の特権村民）は、江豚組合に全頭を売却して村民全体でその処理にあたる。したがって帳面は、漁株の収支を示すものではなく、漁株からイルカを仕入れたことになる江豚組合の決算である。以下に「両村漁株」というのは亀島・平田両村合わせての漁株、「平田漁株」とは、そのうち平田村の三七株だけで運営されるものをさしている。

文化九年三月の大量捕獲

イルカを囲い込んだのは文化九年（一八一二）三月十三日（西暦換算四月二十四日）と推定され、同月の十七日までかかって二一〇八本を水揚げした。このほぼ一割にあたる二一一本をイルカ追い込みに使用した船などを有する両村の株に配分（かち賃という）、さらに一部を地元商人に譲った残りが一八八三本、このうち五〇〇本を平田村が二ヵ村漁株から一本あて七匁五分で買上げ、その残り一三八三本を亀島六九一本、平田六九二本という具合に折半した。この結果、平田村が得たイルカの現物は一一〇五本となる。これをどのように処理したのだろうか。

さて、表16の内容を確認すると、平田村（海豚仲間）ではイルカを三つの方法で処理している。一つは「生江豚」として隣村の日出村や出入りの商人、あるいは消費地である宮津に販売する。二つ目は「塩江豚」に加工、三つ目は搾油である。搾油用の諸道具類購入費などは、「江豚油帳」において精算されている。これらの売り上げ総額は、銀一〇貫七〇七匁五分一厘（ママ）となった。

いっぽう、支払いの大部分はイルカ一一〇五本の代金で、これは江豚仲間から平田漁株への支払いとなる。そのほか、若者への酒代、塩購入費などを引くと支出合計一〇貫七五匁一分となる。この結果、差し引き六三二匁三分四厘（ママ）が江豚仲間全体の収益となる。これに出所不明だが五二匁六分六厘

表16　文化9年3月の平田村イルカ漁の収支決算

江豚売口		
生江豚	299本	2貫293匁2分2厘
塩江豚	11,328貫50匁（604本分）	6貫504匁9分2厘
油	10石7升4合	1貫901匁5分1厘
合計		10貫707匁5分1厘（ママ）
支払		
	江豚代	8貫281匁8分
	若者酒代	33匁4分
	塩代金	1貫170匁
	その他万入用	524匁7分
	清右衛門用捨引	65匁1分1厘
合計		10貫75匁1分
差引		632匁3分4厘（ママ）
	差引額に加算	52匁6分6厘
	〆	685匁

685匁から一人6匁ずつ配当、残額は雑費として支出。

本表の売口合計は筆者の計算と史料原本とに若干の差異があるが、ここでは史料の数字を（ママ）として記載した。

を加えた六八五匁を今回のイルカ漁の収益とし、このうち五〇四匁を村内八四人に対して一人あたり六匁ずつ配分、残りは雑費として支出し最終的には残金ゼロとした。海豚仲間が平田漁株から仕入れたイルカを何日もかけて加工し売却した後の利益ということになる。それにしては一人あたり六匁というのは少なすぎないか。じつはこの金額は村人（無株者）一人あたり（実際は一軒あたりだろう）の配分額である。したがって株を持っている者には、これの配分額に加えて、各自の持ち株比率に応じて平田漁株という組織からの配当があったと推定される。

では一株に対する配当はどうであったのか。ここで処理されたイルカ一一〇五本は、一本あたり七匁五分で平田漁株が村の江豚仲間に売却したものであり、その代金が江豚仲間の支出の大分を占めているのである。当然ながら、この金のうち六九二本分は平田漁株の収入となるが、残り五〇〇本分は平田漁株を通して両村漁株（亀島・平田両村の株総数は一一二株）に戻される。したがって、両村漁株は、この五〇〇本の代金を折半し、あらためて平田漁株に渡すことになる。また、かち賃（二二一本分で一貫五八二匁余）は一二四株に均等配分する。つまり平田漁株の一株あたりの配当は、ここにみた両村漁株からの分け前と、いったん両村漁株に支払った五〇〇本分の代価の半分を加えた額の配分金と「かち賃」の合計となるはずである。残念ながら漁株自身が作成しているはずの収支帳面は存在しないので詳細は不明ながら、これらを概算すると平田漁株では一株あたり一七三匁になる。

イルカを輪切りにする（『肥前州産物図考』より）

なお当初は一軒一株であったが、時代が下るにつれて株の分割や集積が行われていた。一株を「丸」と称し、半分は「半」、四分の一は「二半」といい、中には一三株を所有する家も出てきた。これに江豚仲間の一員としての分け前六匁がプラスされる。かりに一三株持っていたとすれば、二貫三〇〇匁以上（一両六〇匁で換算すると金三八両余）という巨額の収入が転がり込むことになる。イルカ漁は地域全体でみれば大きな収入となるのだが、伊根の場合はその大半が一部の株持ちに渡ってしまう仕組みであった。

この漁株制度は明治以降も継続したので、明治末期に大規模な定置網組織ができたときも株持ちと無株者との格差はそのまま継承された。無株者にとっては定置網からあがる収益も労働者の賃金分としてしか配分されない。こうした矛盾が、のちに株の開放を求める大きな声につながっていく。

イルカ肉の処理方法

つぎに、個別の作業内容をみていこう。イルカがどのような形で出荷されたかは明確ではないが、さきにみた九州の『肥前州産物図考』をみると、陸に引き揚げられたイルカは長い柄のついた包丁で頭を落としてからヒレをつけたまま胴体をいくつかに輪切りにしている。これを馬の背に振り分けるように積んだり、船にそのまま積み上げる形で運搬している様子がわかる。あるいは、近世に伊豆安良里から江尻（清水港）に運ばれたイルカが何本、と数えられているからそのままの形で運搬されたこともあろう。「塩江豚帳」には六〇四（本）が塩江豚として加工され一つごとに重量が書き込まれている。その多くは二〇貫目内外で、その下に「あかミ」としてほとんどに四ツ（全くないもの、一つ、三つ、五つも少々だがある）という書き込みがある。「あかミ」とは分断された肉のことだろう。二〇貫目といえば、小型イルカ一、二本あたりの重量に匹敵するが、一本ごとに処理し、ほかと混ぜずにそれを単位にそのまま売却したのか、運搬に適した重量になるようブロックを組み合わせたのかは不明である。これら塩江豚の総重量はおおよそ一万一三〇〇貫、売却代金が六貫五〇〇匁だから、一貫目あたり約五匁八分ほどになる。参考までに天保八年（一八三七）三月の「江豚水揚帳」では「塩江豚三千五百内外　但シ　拾貫目ニ付弐拾壱匁三分也」とあり、一貫目あたり二匁一分五厘となっている。

塩江豚の作り方は、すでに体験者がいないため推定するしかないが、まずは内臓を除去してから、頭と尾、さらに背びれと胸びれを切除していくつかに切り分ける方法がとられたと考えられる。なぜなら、頭はこれを煮て油をとり、尾とヒレは別途塩漬けにして保存し、湯がいて食べることもあったからである。ブロックに切り分けられた肉は塩をまぶして俵か桶に入れられて出荷されたのではないか。では、これだけのイルカを処理するためにどれほどの塩が必要だったのだろうか。

それについては、入用帳に記載があって合計一二九俵を一貫三八〇匁六分一厘で購入している。この一俵の容量は不明であるが、地域によって一俵が二斗五升入りとか、五貫目入りなどと違いがある。しかし仮に二斗五升入りとした場合、二八石二斗二升（水分を含んだ粗塩であるからせいぜい三トンくらいだろう）、あるいは四貫目入りで計算すると五一六貫目で二トン近い。それに対するイルカの重量（これにはすでに塩の目方が含まれている）は、一万一三二八貫五〇〇匁で四二・五トンである。重量比からいえば、妥当な数量といえるのかもしれない。

ちなみに『大日本水産会報告』（九八号）によると、明治中期の岩手県釜石では、イルカを生魚のまま出荷することが多いが、塩蔵するには「方言片前と称し、全体を皮着《かわつき》の儘二枚に卸し、肉部へ二三寸幅つつに割目を入れ塩分の滲入《しんにゅう》に便し、片前一枚に付塩二升五合を擦込み、半折桶に漬置くこと二週間乃至三週間にして桶より揚げ、水分を抜き神奈川筵に包み荷造りす」という。また明治末期の静岡県でのタレ（干し肉）の作り方では、一頭九貫目のイルカから三貫目の肉をとり、それに塩が五〇〇匁を要するという（同会報第三二五号）から、肉と塩の比率は六対一である。また、能登国（石川県）では入道海豚を塩蔵して各地に売っているが、その製法は「肉を裁断して之に食塩を当（等）分に和し樽に詰め重石を乗せ之を高圧」するというものだった（同報告第六三号）。

イルカから油をとる

イルカの頭は煮出して油をとる材料となる。伊根の文化九年「油帳」によると、全部で一〇石七升四合がとれ、銀一貫九〇一匁五分一厘になったとある。これらは二斗から二斗五升入りの樽に入れて隣接する立石の升屋新介・とや庄右衛門という商人に販売した合計金額で、これから樽代を引いた一貫八五一匁六分七厘が油の純売上となる。この油帳の後半には「買物覚」として、樽・俵・木・しゃく（柄杓）・たわし・鍋・桶などが列挙されているが、いずれも大規模な煮出し作業に必要なものであったと思われる。これらの費用は入用帳であらためて精算されることになる。この帳面には「頭」売却の記載もある。すなわち「あたま」として四二二個が単価三文で売られている。ここだけが貨幣表記が「文」であり、売り上げ計は一二六六文、銀に換算すれば二、三十匁程度であろうから、頭の価値は低かったことがわかる。また赤身という項もあるので、肉も随時売られたようである。なお塩江豚帳には「せんしかす」という項目がみえる。これは油をとったあとのカスということで、鯨の例をみれば食用にもなるし肥料用にも売れる。合計二八九貫九〇〇匁（風袋引き）を隣村の商人に銀一七三匁三分五厘で売却している。これは総売上に算入されている。

イルカ油の用途は灯火や鯨油同様殺虫剤としても使用されたが、とくに明治期になってもっとも注目されたのが肉よりも油であった。たとえば石川県鳳至《ふげし》郡宇出津《うしつ》の場合、ゴンドウ一頭からは三升五合、真海豚からは八合の油がとれたが、その搾油方法は「白肉（皮膚直下の脂肪層）及顋《えら》辺より採る其の製法は生肉を縦横一寸位に刻み之を大釜にて煎取す」（『大日本水産会報告』第九八号）というものだった。なお、鯨類の油は機械油として最適であり、イルカ類ではときに鯨類ともされる坊主海豚（ゴンドウイルカ・入道海豚・権頭）の頭部から「脳蓋より額上に掛け皮を剝けは半透明にして恰も煉寒天の如き脂肪あり是れ即ち機械類に用る油を有す部分なり」（同会報第六三号）という。

再び伊根の入用帳をみると、上記の作業を行うのに要したすべての費用が計算されており、その結果として算用帳の支払い項目のなかの「残銀ニ而万入用」一貫六九四匁七分という数字になっている。その内訳はじつに細かい。さきに示したさまざまな道具については、たとえば、桶だけを取り上げても六尺（二〇匁）一個、五尺（一〇匁）五個、四尺（五匁）一五個、三尺（三匁）八個の計二九個、小さな手桶・壷・たらい・よき・藁束・むしろ・半紙・ろうそくなどのほか、いかけ（鋳掛）という項目があり、さきの塩購入費などを含めた支払総額は二貫八九匁と計算されている。それに対して、油小売代・油かす・赤身の代金として二七〇匁ほどが村の収入となっているので、村全体の入用はそれを引いた残額ということになる。なお、商人に販売した以外の油小売代とは、合計一石一斗二升九合となる小口の売上代金である。五合から八升ほどの小口ばかり五五口となり平均すると約二升ずつである。一軒で必要な量だけを購入したものであろう。

魚問屋

伊根で捕獲されたイルカは、塩江豚に加工されたり、生で売却された。宮津藩は宮津に魚問屋を開かせ、四軒が納屋衆として集荷を行った。この下で実際に魚の買い集めを行ったのが追掛《おいかけ》（追懸）で、「ともぶと」という和船を使用した。追掛が増加するとともに船数が制限され、寛延元年（一七四八）に宮津追掛一一隻、伊根追掛二一隻と定められ、運上は各銀一枚とされた。なお当初は鯛・小鯛は宮津魚問屋に売ることとされたが、ほかの魚は自由販売が許されていた。しかしのちに他所売りは禁止され、すべてが宮津魚問屋に売るように命じられ、とくに伊根の農業事情から米でもって支払うことも可能とされたが、魚価をめぐる利害対立は深まっていった。江豚水揚帳をみると、かなりの本数が生のまま宮津商人に買い取られていることがみえる。また塩江豚の売り先も当然ながら宮津魚問問屋であったろう。イルカ一本の売値はおおよそ四匁から六匁程度で、漁獲時ごとに毎回異なっている。

ここでみた伊根の決算方法は、漁株という特権的な組織が無株者（水呑）をも動員して大量のイルカを処理するという特殊な状況であったが、処理に関する詳細が判明する貴重な事例である。

3　出資者主導から村人の平等経営に移行 ―岩手県下閉伊郡山田町の山田湾―

金本の登場

全国でサケ・ブリ・マグロなどが回遊してくる漁場では、網代《あじろ》の権利を有する網元が、配下に多くの網子を従えて大規模な定置網を稼行する形態が多かった。そして時代がたつにつれ網元の独占に対する網子たちの不満が高まるというパターンをたどる。次にみるのは、最初から利益をあげる目的で出資者が現われ、旧来の網元・網子の関係とは別にイルカ漁のための組織を作ったというものである。したがって最初から村落構成員全員に対する配分規定が定められ、さらには公共財にも利益の一部が配分されるなど、村落全員が参加しなくては実施できないイルカ追い込み漁の特色がよく表れている。しかも、時代がたつにつれて有力出資者の立場が相対的に低下して、イルカ漁が村全体の事業という位置づけに変わっていく傾向がみられた。

岩手県の山田湾では、イルカ漁の導入が鰹節職人の示唆を受けた有力者が資金を出して始まったことをさきにみたが、当初は出資者（金本《かねもと》）六人が水揚げの二割を得ることになっていた。しかし、その後一般漁民の強硬な要求によってこの比率は次第に漁民有利の方向に改められていく。ここで漁民が強く出ることができたのは、たとえば大網の場合は網元に対して網子が隷属ないし雇用される形態であったのに対し、イルカ漁は集落全員が参加しなければ成立しない規模であり、いわば共同事業という性格をもっていたからである。

村落構成員全員に配分

大浦の場合、幕末期と推定される「鯆控」には、その冒頭において集落構成員であれば現住していない者にも配分があったことが記されている。すなわち家屋敷と耕地を残したまま「脱走」した者には四分、帰村した場合は元通りというのは、行先が判明している場合であろう。子どもや老人だけが取り残された家でも仏壇ともども親類などが世話している場合は五分、破産しても在村している場合は五分だが村の緊急時には協力することなど、これらの規定は、いずれも村落維持を前提としたものと思われる。

実際の漁は村を六、七人ずつの小組にわけ、それぞれ小頭を相談で選び、漁に際して竹串を二〇〇〜三〇〇本持参するとあるのは、最後に捕獲したイルカの本数を数えるときの目安にするものと思われる。面白いのは、イルカ漁に際して参加者を鼓舞するために大きな旗を打ち立て、そのもとで頑張ろうと呼びかけていることで、その旗には「大全」と大書された。大は地名の大浦、全は秀全《しゅうぜん》様の全と、全く

「大全」と記した幟を立てて気勢をあげる（岩手県山田町大浦）

成熟の意味を兼ねるという。秀全様とは元文《げんぶん》三年（一七三八）にここで禅定《ぜんじょう》を遂げた修行者のことで現在に至るまで村人があつい信仰を寄せている。イルカ漁は村落全員参加の一大イベントの様相を呈していたのである。

大浦では明治十五年（一八八二）二月に二三八五本のイルカが揚がった。このとき、まずは水揚げのうち小イルカ四六本を一戸に半身ずつ配当した。おそらく家いえではイルカ汁にしたり、醤油漬けにしたり、他村の親類などに配ったりしたのだろう。次に売上金四〇三七円四八銭八厘が記され、これからまっさきに引かれているのが道路費、学校移転費などの公共費で、残り一九六七円余が住民や役職に配分されている。このうち一五〇〇円は、一戸あたり一七円の配当とある。このときの戸数は、うまく割り切れないが、八八戸ほどとみられる。ついで、船・船頭・組長・区長などへの配当があり、「当区老若男女手当」にも一五〇円が計上されている。この明治十五年において、すでに瀬主（網元）の項はなく、住民に対する配当と公共費に大きなウエイトが置かれるようになっている。

そして明治二十年に「鯆網維持方案」がまとめられた。従来の方法を改良し、「社員」と協議して定めたとあるのは、正式に鯆捕獲組合のようなものが結成されたわけではないにしろ、村人全員参加の組織の一員であるという意味を強調したものである。

全体の統率者は頭取と呼び、時の惣代が勤めるが、別称に「鯆網瀬主殿」と書かれている。近世から網を経営してきた川端家がこの時点においても権威をもっていることがわかるが瀬主シロはわずかな金額であり、かつ、網シロが計上されていないことは、この段階で網は完全に大浦の共有物になっていたからであろう。ちなみに、明治三年に行われた漁では、配分利益を一三丁に割った内から瀬主（三人分）と金主（四人）が各一丁を得ていた。つまり網元と出資者がまず半分以上をとっていたことと対比しておきたい。

イルカを浮き彫りにした懸魚（岩手県山田町霞露嶽神社）

つぎに全体組織をみると、社員を一番組から五番組までの五組に分かち、それぞれに世話掛・船頭各二を配している。大浦内部におけるこの組分けの基準は明確ではないが、おそらく家並にしたがって戸数の平均化を図っての区分であろう。

イルカ漁は誰かが湾内で群れを発見したときに開始される。これをイルカ浦入りといい、ただちに世話掛・船頭と協議し全員が参加する。捕獲の具体的方法についてはさきにみた通りである。獲物は集まってきた商人に対して、水揚げしたまとまりごとに順次、入札によって売却する。商人が集まって来るためにはある程度の日数が必要であったので、取り込みに数日かかるのが普通だった。以前は遠野からも買いに来ていた。大浦から遠野《とおの》まで馬で行けば一日の距離であるが、昔は牛で運んだという伝承がある。

「鯆網維持方案」の第四款には、仮に一一〇〇本、売り上げ四二九円五〇銭の水揚げがあったとして、モデルとなる計算式が示されている。以後は、これに従って数字を入れ替えればよいというわけである。収益の配分は表17の通りであるが、全戸・全人口にまず配分し、さらに女性・出稼ぎ人・老人などにも配分がある。もちろん船を提供したものや、指導者層にも配分されるが、網の修繕費など漁に不可欠な用具のほかに、「流行病ノ節臨時諸費、学校生徒書籍筆墨紙ノ補助」に使われた。ちなみに、この計算式にあてはめた場合、瀬主などの配分高がいかほどになったかを示してみよう。

そこでモデルの計算式にしたがって具体的な数字をみてみる。まず、四二九円五〇銭を三〇丁府にわると、一丁府は一四円三一銭七厘となる。この数字はひとまずおく。規定によって、一〇丁府は総戸数に配分（人名の合計は九四）、一〇丁府は実際の出動者などへ、残りの一〇丁府（表17のB）は細分化され、たとえば、瀬主の配当には、一・五丁府を一五等分したうちの一・五となる（表17の①）。1.5÷15×1.5=0.15丁府ということで、額にすれば二円一四銭八厘となり、全額に占める割合はわずかに〇・五パーセントに過ぎない。江戸時代には瀬主数人で全体の一〇パーセントを占めていたことと比較したい。

いっぽう、女と出稼ぎ人を出している家などには三丁府が割りあてられる。その十分の三が女七五人に対する配分であるから、女一人に対しては、3÷10×3÷75=0.012丁府となり、金額としては一厘七毛である。しかし女一人は小額であっても一家から数人の男手が出て、さらに一軒あたりに配当も加算されるわけであるから、現金収入に乏しい時代にあっては、イルカはまさに天の恵みであった。

「大浦のカンジョーナシボー」という、からかい言葉がある。これは「勘定無し坊」という意味で、大浦の子どもたちが隣接地区の人たちからいわれたものだ。昔、大浦でイルカが大漁だったとき、各戸

表17　明治20年「鯆網維持方案」によるシロ分け率

10丁府	惣戸数	
10丁府	2/3	300人分（老若問わず）
	1/3	A
10丁府	B	

A →

1/3	100人分（12歳以下）
2/3	学校生徒筆墨代

B →

3丁府	3 女75人	2 出稼人の郡在住20人	3 出稼人壮年の戸主　45人	2 出稼人老年の戸主　35人
2.5	5 惣船		5 漁業出船	
1.5	1.5 ①	8 世話掛　10人のシロ	5 船頭10人のシロ	0.5 ②
1	神社仏閣修理費			
2	臨時費（修繕・流行病対策・学校生徒補助費など）			

①瀬主シロ、②御初穂料。

に配分する水揚シロをいちいち数えないでお椀ではかったという。このことから大浦の人は銭の数え方を知らないとされて、この表現になったとされる。もちろん、やっかみ半分の表現である。

そうしたなかで、瀬主の金額が予想以上に少ないのは、全体構成員を社員と呼ぶ時代にあって、ある種名誉職的な位置づけになっていたからだとみられよう。

以上のことから、少なくとも明治初期まではおそらく川端家を軸とする瀬主が漁全体を統括する立場にあり、近世と変わらぬ形でイルカ漁が運営されてきたのだろう。その後、遅くとも明治十五年（一八八二）あたりまでに大幅な組織上の変化が起こり、イルカ網の共有化が進むとともに公租なども全員で負担することになったとみられる。さらに明治二十年までには村民が「社員」という意識をもつような変革が起こり、イルカ漁の組織そのものが再編成され、文字通り共有の漁業としての位置づけを確立したのであった。こうした変化が、さきに制度上の変遷で触れたように、県の規則にはないながらもイルカ漁の漁業権申請を出すというような結果を生んでいったのであろう。

4　沿岸集落が組合結成しての共同漁 ―長崎県五島市の三井楽―

三井楽の海豚組合

長崎県南松浦郡三井楽町（現五島市三井楽町）は福江島の北に突き出した三井楽半島にあり、半島先端部の柏《かしわ》は、古代の遣唐使船出帆の港であった。半島のつけ根東側の湾に面した浜ノ畔《はまのくり》郷の海岸がイルカ追い込み漁の舞台である。この地の人びとは古くからイルカを食料としていた。弥生中期の三井楽貝塚出土遺物のうち海産類では、ブリ・イシダイ・エイ・サメなどとともにマイルカの骨が目立つと『三井楽町郷土誌』にみえる。

なお近世の柏は、有川湾、富江黒瀬沖と並ぶ五島捕鯨の基地であった。明和《めいわ》六年（一七六九）に藩が呼子《よぶこ》（佐賀県呼子町）から生島仁左衛門を招いて操業させたもので、この際に移住してきた一団はヨコウグンと呼ばれたという。近代になってからは極洋捕鯨・大洋・日水などが近くに基地を設けていて、南極に行かない間、キャッチャーボートだけをまわして沖で撃った鯨を荒川港などで解体していた。捕鯨を中止してからはクジラも増えたような気がするといわれ、出漁中に大きなイワシクジラが船のすぐ近くに寄ってきたので驚いたという漁師の話も聞かれる。イルカ漁を行ってきた地域がクジラとも関係を有しているという例である。昔はシャチも回遊してきたそうで、高崎の浜にシャチに追われたブリの死骸が何十も揚がったというが近年その姿をみることはない。

平成二年（一九九〇）、三井楽はまったく突然に世界中の注目を集めることになった。五〇〇頭以上のイルカがまさにここで捕獲されたからである。同年十一月四日付の各新聞は、イルカ三〇〇頭大量自殺（読売）、迷走イルカまた受難（毎日）、イルカ五八三頭死の上陸（朝日）などの見出しとともに、海岸に重なり合った多数のイルカの写真を掲載した。「頭殴り解体、食用に」（中日）というサブタイトルをつけた新聞もある。そして、翌五日付イギリスの各紙が、イルカ虐殺、全世界の恥、といった見出しで大きく報道したことが日本で報じられ、三井楽のイルカ騒動は国際問題にまで発展した。これらの報道ではイルカ捕獲の主体は地元漁協

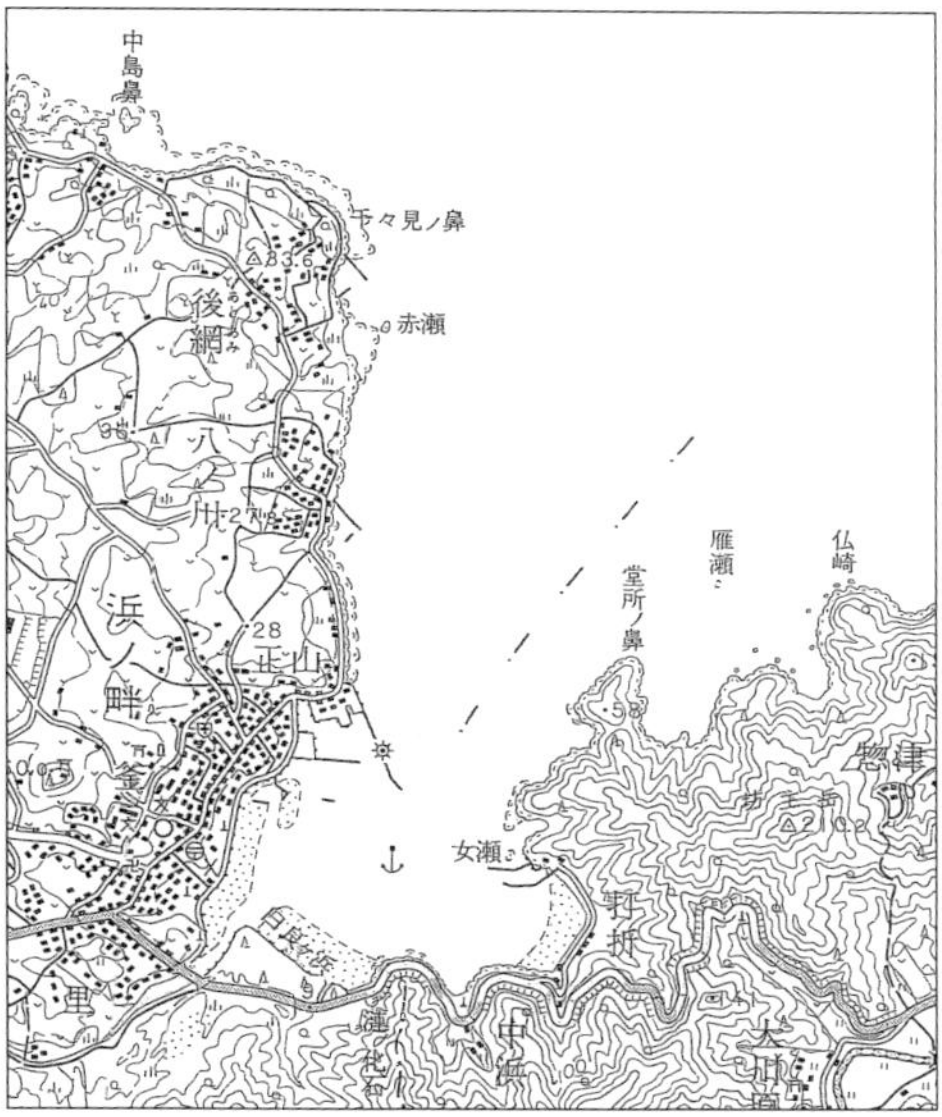

三井楽の地図（5万分の1地形図「三井楽」）

であると印象づけるような内容が多かったが、じつは当地には海豚組合という、イルカ捕獲のための組織が存在しており、両者の構成員は重複するが全く別な組織である。

報道のうちこのことに触れたものは少ない。『週刊文春』（一九九〇年十一月十五日号）が、「離島である五島列島は牛肉・豚肉の値段が高いこともあって、イルカを神の授かり物として食べる習慣がある。大切なタンパク源としてイルカの肉を分配する組織『イルカ組合』もある」と書いていた程度である。海豚組合は当時、実際には機能していなかったが、住民のイルカに対する対応はこの組織の一員であるということを抜きにしては考えられない。

海豚組合の存在は、イルカ大量捕獲の背景に地元住民のイルカ食に対する強い嗜好《しこう》があったということを示している。たとえばこんな印象を語る人もいた。「シオが引いてイルカが揚がったのは午前十一時ころで、最初はオカズ程度かと思った。欲しければとりに来いといったら、よそから車でとりに来た。玉の浦、富江からも来たものだ」と。この大事件はマスコミの報道が思わぬ波紋を呼んだものであって、昔から行ってきたイルカ漁がこんな具合に世の批判を浴びたことは、地元にとってはさぞ不本意なことであったに違いない。

イルカの回遊と捕獲

三井楽ではイルカのことを「ユッカ」と呼ぶ。たとえば、ハンズユッカ、ネズユッカなどという。この浜に来るイルカは、さきの虐殺報道の中心となったハナゴンドウのほかに、ネズミイルカ（別名ハシナガイルカ、これは美味しいという）、ゴンドウ（大型で三〇〇～五〇〇キログラムもある）などである。これらのイルカは漁師にとっては大敵で、釣りなどをしていても、イルカが現れるとパタッと釣れなくなる。ここではスルメにするマツイカをとったが、イルカが一頭でも現れるとまったく駄目になってしまう。柏出身の竹野正人さん（昭和八年生まれ）は、三井楽には一時、一〇〇〇頭ものイルカが来たこともあるという。

三井楽湾の入口の中心部は二十七、八メートルの深さがある。サンドゼまではイルカが来るがそこで警戒するようだ。一見よく似た砂浜であっても高浜、大浜にはまったく来ない。イルカが揚がるのは、白良浜《しらはま》から東隣の岐宿《きしゅく》町の打折《うちおり》の浜にかけてなので、イルカを捕獲するための組合は、三井楽と打折の住民で構成される。昔は網を使わずに船で追い込むだけであったが、追われたイルカは自然と浜に揚がったという。ときには何もしなくても浜に揚がってしまうことがある。目の中に砂が入ってわからなくなるのかも知れないという人が多い。

また三井楽にだけイルカがやってくるのは、ここにイルカの神様があるので、参詣に来るのだと竹野さんは解釈している。また元漁業組合長の石原亨さんによると、ここにイルカがやってくるのは、海からみると両側の山の間が低くなっていて、ちょうど海峡のようにみえ、通り抜けられると勘違いをするのではないかという。同じことは、沖縄県の名護湾でも聞かれた。イルカがなぜ、決まった場所にやって来るのか、それはいまだに大きな謎であり、それが後述するイルカ参詣の伝承が生まれる背景の一つになっているので

海豚神の石塔（長崎県三井楽町）

はないか。

三井楽ではイルカは季節を定めずやってくる。どこから来るのかその方角もわからないから、沖から来るとしかいいようがない。人間が追い込みをしなくても、朝見たらイルカが勝手に浜に揚がっていたということもあった。イルカには明らかにリーダーがおり、そのリード次第でどこの浜に揚がるかが決まると人びとは考えている。イルカを発見した人は大声で「イルカが来たぞ」と叫ぶ。誰いうともなく互いに連絡を取り合い、船持ちは沖に、住民は必ず浜に出る。組合員であろうとなかろうと関係ない。群れを最初に発見した船はイチバンセン（一番船）といい、五番船まで（古くは三番まで）が報奨の対象になる。漁に関する役割のない者も浜に来て見物する。昔はイルカが来るとワアワア大騒ぎになってすぐわかった。イルカは浜に上がったときに涙を流すとか、子イルカは親と一緒に捕らえられるともいう。

捕獲したイルカは浜でさばく。解体にはイルカ包丁という大きな包丁を使用した。作業後は浜が臭かった。解体後の肉は集落ごとに分配する。頭は利用せずに浜に埋めた。肉は車に積んで各集落に持ち帰り、それらを各家庭に分配する。漁に使用した銛《もり》・船・包丁などの分は集落内でまた別々に配当が貰える。その比率は集落ごとに配置されている役員が決める。男手が出なかった家や後家さんにも分けた。家の人数には関係なく均等である。各家では自家で食べるほかに親戚に配ったりする。イルカを食べる習慣は三井楽だけではなく周辺にもあったので三井楽にイルカが揚がったと聞くと、ほかの集落から親類のツテなどを頼って分けてもらいにくる。上五島から貰いに来ることもあった。子どものころはイルカの捕獲場所から離れている柏にいた竹野さんも、イルカが捕れたと聞いて、ここまで貰いに来たことがあった。

イルカの食べ方

頭の大きいニュウドウイルカよりもネズミイルカの方が柔らかくて美味しい。生の肉はいったんイルカの脂身でいためてから水炊きをし、次に人参・午蒡などの野菜を入れ、生姜やニンニクも加えて醤油味で煮た。あるいは、湯がいてからきれいに洗い、コンニャクなども入れてすきやき風にする。新しい食べ方では、新鮮なものに軽く塩を振り、バターをたっぷり使ってステーキにする。この場合は湯がく必要ない。好きな人はアカミを刺身にすることもある。心臓を塩水で洗ってそのままかぶりついて食べる人もいた。内臓のうちヒャッピロ（腸）とマメワタがうまいともいう。イルカの肉を食べるとヌクマル（温まる）ので、夜中に小便に起きなくてもいいし、とくに女性は温まるといわれている。皮に脂肪がついたままのものを「カワ」というが、これは刺身のように薄く切って熱湯をかけ、醤油で食べる。カワは、家の土台石と柱との間に置くと腐らないという（この伝承は沖縄県の名護市や五島の有川でも聞かれる）。

軒先に吊るされたタテガラ（長崎県三井楽町）

イルカのタテガラ（背びれ）は捕獲時の働きによる報奨として貰えるもので、その日のうちに湯がいて食べた。これはカワ（脂身付き）などと一緒に紐をつけ軒下に吊るしておいた。普段からカンコロ作り用に切った芋を吊るすために垂木に釘が打ってあるので、それを利用した。何年も吊るしたままでカチンカチンに固くなったものはカンナで削って湯をかけて食べる。とくに酒の肴に適している。タテガラを吊るす風景は、

表18　昭和11年発足時における海豚組合の構成者(「昭和11年海豚組合規約」より作成)

集落名	総代数（うち船持）	組合員数	船数（③実数）	昭和18年
里郷	10（1）	175	11（14）	274
釜郷	8（1）	② 176	20（24）	233
正山郷	9（1）	79	28（39）	117
八ノ川郷	9（1）	82	33（46）	91
打折郷	4（1）	20	12（12）	27
小倉郷	1（0）	7	4（4）	10
計	① 41（5）	539	108（139）	752

①組合員数のみで、非組合員の顧問1名を加えて合計42名とされる。
②実名が記載されているのは152名である。
③氏名の上に「船」と注記あるものの合計。ただし加筆の可能性がある。

現在ではほとんど見られなくなった。

イルカ肉の保存方法は他の魚種と共通している。たとえば、正月には塩漬けにしたブリ・イワシなどを丸太に太い縄で掛け、これをおろして正月の御馳走にするのだが、ブリは冬なら二〜三か月間、軒下の風通しのよいところに吊るしておけば長期にわたって食べることができ、人によってはこの方が美味いという。イワシは浜に貰いに行き、塩にして樽詰めにしておくが、イルカ肉も桶屋に注文して作らせた長径が一《メートル》前後の楕円形のイオバチに漬けこんだ家がある。あるいは、アカミ肉を四斗樽に入れ塩をして一晩置いてから軒下に吊るして保存した。食べる時は焼いてすぐに金槌で叩いてほぐし、食べやすくする。お茶請けによくだされるので片手に芋、片手にこれを持って食べたものだった。また四斗樽で味噌漬けを作ったこともあるが、上に油が浮いてきてドロドロになった。イルカの油をとることはなかった。農村部では魚を買って食べることはなかなか出来なかったので、ただで入手できるイルカの肉は貴重な蛋白源だった。イルカの肉を背負って米と物々交換するため岐宿町の方まででかけたもので、漁があってから二、三日は、こんな人がぞろぞろ行き来をしたものだった。

海豚組合規約

三井楽海豚組合は、昭和十一年（一九三六）旧十月に創立され、「海豚組合規約」を定めた。これは組合結成以前からの慣習を成文化したものと思われる。組合員は浜ノ畔郷（里郷・釜郷・正山郷・八ノ川郷）と岐宿村の打折郷・小倉郷の住民のみで一戸一株。追い込んだイルカは陸上に追い揚げるのが原則で、海上での鉾《ほこ》使用は厳禁、銛も組合長の指示にしたがうこと（事故防止のためか）。配当は、まず海豚発見から追い込みにあたった一番船から三番船への賞与（金額は役員協議）、役員報酬（水揚げ高の五分）を引いた額の二割が現場で直接捕獲した者に、残りの六割が組合員全員に、さらに残りの四割が沖に出た漁船に配当される。なお捕獲者にはタテガラとオバケ（尻尾）が与えられる。

つまり組合員は現場に出なくても一株あたりの配当があり、実働すればそれに上乗せがあるという形である。この場合、組合員の職業は関係なく住民なら希望者すべてが組合員になることができた。ちなみに、発足時の組合員数は五三九人、船の数は一〇八艘であった。なお分家をして新規に加入するには一円以上を拠出する定めであったが、昭和十四年には二円に増額されており、同十八年には組合員数は七五二人となっている。注目されるのは、組合発足後に青年団が出資していることで、昭和十四年に里郷が一〇株加入（のち三〇株に増加）、その後、釜郷二〇株、正山郷一七株、小倉郷三株、八ノ川郷二〇株が加わっている。株数の多寡は集落の戸数に比例しており、この株の配当は青年団の活動費にあてられたものであろう。

昭和二十四年（一九四九）に漁業法が改正されると、これまで住民全体が保有していた地先漁業権の時代から漁業組合中心に切り替えられ、これに対応して海豚組合の構成員も漁業組合員に限るべきだということになり、昭和二十八年の新規約では「いるか組合」とひらがなになったほか、三井楽町と岐宿町の各漁協の組合員、すなわち漁民に限定されることになった。陸に追い揚げたイルカは組合長ないし役員に引き渡され、正山中波止に船で集めて一括処理される。なお網で囲って船に揚げたイルカについては、特賞として臓腑とタテガラ、オバケが与えられる。全漁獲数の配分は以前のような順次取りのけた残りを割って行く方式ではなく、最初から全体の何パーセントというかたちで決められている。役員報酬、一番船から三番船までの特賞、四番船から二〇番船までの特賞、網操業者には各六パーセント、漁船配当四〇パーセントで平等配分、郷配当が三〇パーセントなどとなっている。なお追い込みではなく個別に捕獲した場合には、三尾以下なら組合長立会いのもとに捕獲者に与えられるが、故意に三尾以下に留めた場合にはすべて没収するとされた。その後、組合員中の死亡者も増えてきたので組合をいったん解散し、昭和五十年に新組合を発足させた。これに参加したのは三井楽町の住民だけで、合計五八六戸であった。さきのイルカ騒動には、このような背景があった。

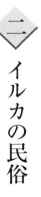

二　イルカの民俗

1　寄り物としてのイルカ

寄り物

追い込み漁の対象となるイルカ群は、ほぼ同じような季節に出現する。これは海の彼方から人間世界に向かって寄ってくる、いわゆる寄り物のひとつである。広義には海岸に漂着する流木なども意味し、難破船からの漂着物なども含めて無主のものであるとして発見者に所有権が認められたが、近世の記録によれば、あえて船を座礁させて積荷を横領する事件が起きたり、近代になってからは台風の後に木材会社の集積場から流失した材木を海岸で拾ったために窃盗罪で逮捕されたというようなことにもなった。

全国の海辺には海中から出現したという仏像や御神体を祀る社寺が数多くある。海上安全で有名な三重県鳥羽市の青峰山正福寺《あおみねさんしょうふくじ》の観音像は、鯨の背に乗って海の彼方から出現したとされるし、小泉八雲《こいずみやくも》の短編「漂流」では、難破した甚助が漂流中に板子にすがって祈り続け、無事助かった後にその板子を奉納した静岡県焼津市の海蔵寺《かいぞうじ》は、海中から出現した地蔵菩薩を本尊としている。また出雲の祭りに必ず現れるとされるセグロウミヘビや産卵のために上陸するウミガメなども寄り物の一種である。

岩手県山田町の大浦集落では、山田湾でのイルカ漁に対する新規課税について「鯆《いるか》は根源なき漂流物同様無季の浦入物」「無季拾得物」「未曽有の天賜」であるという認識を示し、恒常的な労働の成果ではないから課税する根拠がないと反論した。

沖縄では寄り物のことをヨイモンといい、グルクンなどがその代表とされたが、名護湾ではコビレゴンドウ（現地の呼称はピトゥ、ヒート）の群れが毎年春先に出現するのを待ちかねたのである。ただし、さきにみたように名護湾におけるイルカ漁自体の歴史は決して古くない。名護では毎年ノロに依頼してヒート御願を行い、イルカ群が例年通り回遊してくることを祈っていたが、この御願は漁を前提にしたものではなく、季節の順調な推移をヒートに託したイルカ漁以前からの信仰かもしれない。

ビジュル石

名護市数久田《すくた》のウガンジュ（御願所）に「ピトゥ石」があり、これを持ったときに軽いとその年はピトゥが寄り、重いとピトゥが来ないといわれていた。旧正月前後の南風が吹き朝から非常に暖かい日、ピトゥが寄るという予感がするようなときに登って石を持ってみたらしい。このピトゥ石とは、沖縄各地に見られるビジュル石の一つである。ビジュルは、その丸い頭を連想させる形から、十六羅漢の第一とされる賓頭盧《びんずる》尊者のこととされ、沖縄から奄美にかけて広く分布している。那覇市末吉のビジュルは高さ三〇チセン《ヽ》ほどの人型の黒石で（沖縄戦で消失）重軽石《おもかるいし》として用いたといい、名護市内にも九つのビジュルが知られている。

数久田《すくた》のピトゥ石は数久田公民館近く、海を見おろす丘の斜面の小さな覆屋《おおいや》の中にある。同じような形の石が三つあり、今ではどれがその石なのか確証は得られなかったが、いずれも抱え上げるには適当な大きさである。久高良宜さん（昭和二年生まれ）によると、旧三月の清明祭《シーミー》のときに、スパンパ（ツワブキ）の葉を供え、ピトゥが来るように拝んでから石を持ち上げたという。

同じく数久田の玉城安武さん（大正十三年生まれ）は、海の災害を防いでくれるように拝むのがビジュル石であり、同時に海の幸を呼び寄せるものでもあるという。集落ごとにそこの祭祀を司るネガミという女性神職がおり、現在のネガミの母親にあたる先代のネガミのころに、ビジュル石を持ち上げるようなことをしていたのではないかと玉城さんは語っていた。

ピトゥ石　持ち上げて、その軽重の感じでイルカ回遊の有無を占う（沖縄県名護市数久田）。

当時はイルカが主食のようなもので、これさえあれば飯が食えたという感じであり、油をとって灯油にもした。玉城さんの場合は、七人で構成した株でイルカ狩り用のクリ船を一艘もっていた。捕獲したイルカは集落の女衆が出て数久田の浜まで引いてきて、浜で解体した。船の持ち分として一部をとりのけ、残りは綱を引いた人も含めて参加者全員で等分した。働きに出られなかった人にも親戚が持ってきてくれるので、株持ちの人よりも肉が多くなったという老人もいたという。またイルカの背びれをネガミにあげた。背びれは干して保存しておいて煮て食べたという。この習慣の背景には、ヨイモンが時を定めて出現することが平安な暮らしに欠かせない、祝福の証拠であるという信仰があった。

名護のピトゥウガン

名護湾にイルカが回遊してくるかどうか、これが名護の首長による現実の政治の当否を評価する重要な指標になっていた。昭和八年（一九三三）十二月十日付『沖縄朝日新聞』が「海豚は物識りデス」という題で、散髪屋での甲乙丙三人の仮想談義を載せている。

甲「どうも不思議なもんですなあ、海豚って奴は城から村長が立つとすぐこれだ」
乙「全くですよ。東方から出た村長の時は一度だって寄ったことがありますかい」
丙「城の者はそれだけ天恵が深いってわけですよハヽヽヽヽ」
乙「いやあ、あの海豚って獣は唯の獣ぢゃありません。きっと神様のお使か何かでせう」
甲「違ひねえ。海豚が寄るなあ村の豊年の兆さ。全く有難いよ」

かうした話があちこちで聞かれる。（中略）同じ西方であってもその人の如何によって、或人の時は全く寄らんし、或人の時には連続的に寄るといふので、海豚は物知りである、唯の獣じゃない、などと素朴な人達が信じ切ってゐる。

この言いならわしは、当事者にとっては政治生命をも左右しかねない大事であった。たとえば、旧名護町の初代町長は東側の出身で、そのときは四年間ずっと捕れたが、二代目の西側出身の町長のときは任期中一度も来なかった。四代目の西側出身の町長のときは七年間で一回だけ来たが、自分も捕りに行くといったら役場の総務課長が「町長は押し入れに隠れときなさい。ピトゥが近寄らなくなるから」ととめた。町長は「ピトゥが私がわかるのかなあ」といったという。

この伝統は市制が敷かれてからも続いていた。名護町は周辺の五町村が合併して昭和四十五年に名護市となり、同五十六年には斬新な設計の市役所が落成し、魔除けのシーサーが海に向かって飾られた。ところが、このシーサーが名護湾に回遊してくるはずのイルカを追いやっているのではないかという疑問が市会議員から出された。この質問には名護市民の伝統的なイルカ観が反映されているので、一九八五年の市議会議事録（昭和六十年六月二十二日）によって概要をみておこう。

名護市役所　市を構成する村落と同じ数のシーサーが海を向いている。

〈質問〉（名護湾におけるイルカ漁が地域の貴重なたんぱく源や収入源であったが）ここ四、五年、名護湾にイルカの大群が姿をみせない。その反面、那覇・泊・安謝《あじゃ》港ではイルカ狩りがあったり、与那原《よなばる》海岸に押し寄せたり、また去る五月に今帰仁《なきじん》村古宇和にイルカ大群が押し寄せ、二〇年ぶりに村民はイルカ狩りで大変にぎわったそうであります。このようにイルカの寄りどころに異変が起こっているわけでございます。どうして名護湾にイルカの群れがみえないのか。疑問を持つのはごく自然だと思います。

戦前、戦後の初期の時代だと、すぐ行政庁の責任にして大騒ぎしたでしょうが、現代では食料関係に直接の支障を来たさないので、大きな政治問題には発展しませんが、いずれにしても、数年前まで定期的に二、三回名護湾に自然に寄ったイルカが姿をみせずじまいなので、それは現代の名護市民でも寂しさとイルカの寄らない疑問を抱きます。昔から行政庁が運の強い人じゃないとイルカに見放され、イルカが寄らなかったと聞いております。（現在の市長は）私の記憶では、町長就任と同時に、二、三回イルカが寄り、市長就任後も定期的にイルカが寄ったことがあります。運の強い人で、決してイルカに見放されてはいないと思います。では、原因は何であるか。昔からイルカ狩りをした市内の長老たちの声を拾ってみますと、まず市役所が現敷地に新築された年よりイルカが名護湾に姿をみせない。市役所の新築問題はともかくとして、市役所窓際に設置している五六頭（筆者注：名護市を構成する村落数）のシーサーが海に向かってほえている姿が名護湾にイルカを寄せない、一つのイルカよけの原因ではないかとささやかれて、このシーサーとイルカの問題は四年前にも一般質問で私が取り上げ、そのときの市長の答弁は、そんなことはない。迷信だ。シーサーは福を呼ぶことだから気にしないと軽い笑い話に終わりました。イルカが名護湾に寄らず五年、現状として迷信だと流していいのか、大変複雑な気持ちであります（以下略）。

この議員は、イルカ回遊の障害となっているシーサーを撤去する気持ちがあるかどうか、またイルカを囲い込んで観光に活用したらどうか、と締めくくった。それに対して市長は次のように回答した。

〈回答〉（イルカが寄るか、寄らないかは餌や海流、自然条件によるのではないか）窓際の五六頭のシーサーが怖くて来ないということがあるかということになると、これはイルカに問いてみないと何とも言えないと思う（以下略）。

市長は続けて、「かわいそうだからイルカをとるな」という投書や電話が来ること、国際捕鯨反対運動の動きにも触れながら、「自然条件が元に戻ればイルカは必ず寄るであろう」と述べた。もちろんシーサーの撤去に関しては科学的データがないということで一蹴し、イルカの観光化についても維持がむずかしいなどの理由で同意しなかった。議員はさらに再質問をして食い下がったが、市長の回答に変化はなかった。

以上は市議会での正式の質問である。イルカすなわちヨイモンの有無がいかに大きな意味をもっているかがよくわかるのである。こうした感覚は、おそらくイルカ漁がここで始まる前から存在したと思われるが、イルカ漁という食料獲得と若干の金銭的収入につながることになって、真剣さを加えたのであろう。

イルカの群れの出現は、季節の順調な推移を具体的に示すものでもあるから、沖合をイルカの群れが飛び跳ねながら通過していく姿は、海岸部に住む人々にとって待ち遠しいものであったろう。全国にイルカの千匹連れ、あるいは千本連れという伝承があるのも、こうした心意を表すもので、イルカ群の到来に何らかの理由があると考えて、岬の観音様にお参りに来たのだというような解釈を生んでいく。愛知県鳥羽市答志島《とうしじま》の浜口義巳さん（昭和八年生まれ）によると、岬に立ってみると、すごい数のイルカが見え、五、六頭でイワシを追って塊になったのを食べているのが見えた。これは「イルカの千本連れ」というのだと親父がよく言っていたという。ここではイルカに追われた魚群が団子状になって思わぬ大漁になることを「イルカまわし」といっている。

2　「海豚参詣」

イルカのぼんさん

新潟県能生《のう》町の白山《はくさん》神社北側の海岸線から七〇㍍ほどの沖合には、弁天岩と呼ばれる岩があって厳島神社が祀られている。その西方には通称一つ岩が浮かび、白山神社の祭りの日には必ず鵜《う》が一羽、この岩に上にとまっているが、これは能登羽咋《はくい》の気多《けた》神社の鵜祭りに放たれた鵜が白山神社にお参りにくるためだ、といわれている。弁天岩にはこんな伝説がある。

いるかのぼんさんがな、舞殿《まいでん》（弁天岩と向き合う海岸の地名）の港で一休みしたときに、弁天さんがあんまりきれいながで、弁天さんに見ほれていて、大事なおじゅずを忘れていってしまったとな。それで、毎年あぁしておじゅずをさがしにやって来るがだって。

この伝説の報告者は、「大正時代、裏浜に出ると近間の沖合をイルカが浮き沈みしながら進んでいく。三角形の背びれが見えたりかくれりするのが、背びれの羽根をつけた大きな車が、ぐるぐる廻って進んでいくように見えた。何頭も群れて、さざ波を立てながら、木浦《このうら》（能生町の西）の方から小泊の方へ通っていくのが多かったように思う。イルカが来るのが春だったか秋だったかよく覚えていないが、浜の子には、その季節の一つのなぐさめだった。イルカのぼんさんの話は、イルカの姿をカッカ（母）と一緒に見るようなときに聞かされたものだ」と書いている。

イルカが息継ぎするたびに頭から海中にもぐり込む様子を、坊さんが海に落とした数珠《じゅず》を拾おうとしているようにみたのであった。能生の東にある磯部《いそべ》や名立《なだち》という漁村でも「海豚共は弁天さんネ数珠忘れたスカイ取りに行くんだ」という（岡本孝太郎報告）。イルカが弁天さんに見惚《みほ》れたという話は、いかにも唐突だが、この話は柳田国男《やなぎたくにお》が早くから注目していた「海豚参詣《いるかさんけい》」の伝承の一例である。すなわち、毎年季節を定めて回遊してくるイルカの群れをみた人びとが、イルカはこの村の岬の観音様にお参りに来たのだなどと解釈していることをいう。イルカの千匹連れ、などの言い習わしのとおり、実際に数千頭を超えるイルカの大群を目のあたりにしたときの率直な感想なのである。この能生町でも長岡博男《ながおかひろお》の報告では「海豚の権現詣り」といって、海豚はみな権現様のお札を呑んでいるといわれており、青木重孝の報告では、鵜を通じて深い関係がある気多神社のある能登から能生の白山神社にお参りに行くのだという。イルカたちが弁天さんに見惚れることになったのは、白山権現に参拝に来たからだということになる。

ハンドウイルカ　島周辺に定着した群れが観察船の近くまで寄ってくる（熊本県天草通詞島）。

　このような、イルカがある特定の神社などに群れをなして参拝に来るという伝承に注目した柳田国男は、これらを「海豚参詣」と名付けたのである。

柳田国男とイルカ

柳田は『民間伝承』昭和二十六年（一九五二）七月号に「知りたいと思ふ事二三」と題して、海における寄り物や子安貝、みろく船のことなどを列挙している。これらの主題はのちに『海上の道』に結実していくわけだが、その中の「海豚参詣のこと」は、「毎年時を定めて廻游して来るのを、海に臨んだ著名なる霊地に、参拝するものとする解説は、可なり弘く分布してゐる。これも寄物の幾つかの信仰のやうに、海の彼方との心の行通ひが、もとは常識であつた名残では無いかどうか。出来るならば地図の上にその分布を痕づけ、且つその言伝への種々相を分類して見たい」と記している。

柳田は以前からイルカに関心を抱いていた。灘万の食品売場に「煎餅にしては稍々《しょうしょう》透明な、薯の切乾しよりもずつと美しい、たとへば枇杷色のセルロイドの破片見たやうな物をならべて、何かと思つたら紙の小札に、イルカとある」という書出しで、「我々の旧友の」イルカがこんな扱いを受けるのは納得できないとし、桜島の近くで出会った海豚の大群は「見えざる大なる霊に由つて、人界に、遣はされたるもの、如く、我々でも思ふことが出来るのだ」と、自らが体験したイルカとの出会いを語っている。また、昭和七年の「佐渡一巡記」では、「達者（現佐渡市）の伝次が焼けた　海豚殺したその罰で」という盆踊り歌を紹介し、昭和六年の壱岐《いき》旅行では「海豚の墓参り仏参りといふこと、是も越後の柏崎の附近、その他方々で聴いて少しづゝは私も書き留めて居る。壱岐島でも渡良《わたら》の湾内にての話があつた（中略）。何でも海の底に墓があるので、それへ御参りに来るのだといふことであつた。この動物が数多く行列を作つて、同じ方角へ進んで行く容子が、どこか物詣りの如き印象を与へたからかと思ふが、それにしても遠く懸離れた土地に数多く同じ言ひ伝へのあるのは面白いことだと思った」と記している。

戦後になってイルカについての関心はより多面的な発展を示し、昭和二十四年刊行の『北小浦民俗誌』では、大漁をもたらすエビス信仰に触れ、「佐渡では鯨を特にクヂラエビスと呼び、他にもなほいろいろのエビスサンがあつた。其中でも珍しいのは、海豚は一名をカヘシモンとも称して、是が現はれると魚群は散乱してしまふ。多分は下の方から群のまん中へ、浮き上がる習性をもつて居るからかと思ふが、漁民は之を怖れて海上ではイルカとさへも呼ばず、オエベス又はオベスサンと唱へて、節分の豆を貯へて置いて之を撒いたりする。カヘシモンだのメッコだのといふ悪称を用ゐると、愈々あばれて網を破り、舟をそこなふことが有るともいう」と記している。

なお佐渡には、イルカボンという恐ろしいものがいるという伝承がある。これはイルカの頭を坊さんに見立てた話か、あるいは「能登の富来《とぎ》海岸で昔は盂蘭盆《うらぼん》のころになると海豚が群游《ぐんゆう》するので海豚盆などといい、ウオーウオーと恐ろしいどよめきをたてるものだ」という伝承（長岡博男報告）に関係する呼称かもしれない。

こうした意識の具体的な表れが、さきにみた『民間伝承』の呼びかけになったのであり、ここには柳田の問題意識の驚くほどの継続をみることができる。彼の説く「海上の道」が明治時代にみた伊良湖《いらご》岬《みさき》に漂着した椰子《やし》の実に触発されたものであることはよく知られているが、イルカについての関心もその「海上の道」に対するのと同じ問題意識から発していたのであった。柳田は、日本におけるイルカにまつわるさまざまな伝承を収集・分析することによって、イルカに神性を認める理由を明らかにし、結果として日本人のもっとも根源的な心意をさぐることができると考えたのであった。

この点に関して宮田登は、柳田が「イルカに注目したのは、イルカの群行動が海で生活する人々に深い印象を与えたことから生じたフォークロアが数多く語られているからだった。とくに海際の聖地にイルカが参拝するという考えが、海の彼方とのあいだに心の交流をよみがえらせている。こうした思考の延長線上に、弥勒の出現を海から迎えるという信仰も位置づけられていた」と指摘する。

イルカ参詣伝承の背景

表19は、さきの柳田の問いかけに応じ、『民間伝承』誌上(一一〜一五)に報告が発表された概要と筆者の調査によるものを加えたイルカ参詣の事例である。

イルカが毎年同じころに回遊してくるという体験はおそらくほとんどの漁村で聞かれることであろう。たとえば、青森県深浦町横磯《ふかうらまちよこいそ》でも、七月中旬には毎年イルカが姿をみせ、そうするとマグロも来るようになるといっている。ここではイルカを捕獲することはなく、漁の邪魔になるともいっていない。マグロ回遊の先駆けとなる季節感のあらわれという認識であるが、谷川健一はこの感覚に大きな意義を認め、沖縄や奄美の人びとにとって期日をたがえずに海岸にやってくるスクという魚の群れは、人間の源郷であるニライカナイからの贈り物(寄り物)と考えられていると指摘している。ノロがスクを招く儀礼やとり始めの儀礼があることは、沖縄県名護市でかつて盛んであったヒート(イルカ)漁にも共通する考えである。このような季節を定めて出現する動物という点では白鳥や燕という渡り鳥にも同じ感覚で接することになる。

谷川の言によれば、常世《とこよ》は「漠然とした形だが民族渡来の記憶につながるはるかな南方の空間」であり、「波間をくぐるサメやイルカ、海草を食べ、海中の岩にいこうジュゴン、空をとぶ白鳥、これらをみて、人びとは自分のなつかしい原郷を思い出し、それらの先祖神との一体感をおぼえずにはいられなかった」とする。つまり、海豚参詣の背景として柳田が独特の文体のなかでほのめかしたことがらを、谷川は明確なことばをもって指摘したのである。

いっぽう、イルカへの関心はあたかも特定の社寺に参詣に来ているようだという解釈を超え、実際の神社の祭祀と深い関係をもつとされる場合がある。以下、二つの例を紹介したい。

村落祭祀におけるイルカ信仰

日本海沿岸には、表19に例示したようなイルカに関わる信仰伝承が多い。次は新潟県の能生から海岸沿いの道を北上した山形県西田川郡温海町《あつみまち》五十川《いらがわ》の古四王《こしおう》神社にかかわるものである。

この神社の祭日にはイルカに対して神饌《しんせん》を供えることになっており、また当日にはイルカが必ず出現するという。祭神である四道将軍《しどうしょうぐん》の大彦命《おおびこのみこと》が秋田に向けて北上の途次遭難して五十川沖の小島に漂着、そこで流木を集めて筏を組み五十川の浜に上陸した。命の一行が態勢を整え再び北に向かうことになり、村人は浜辺で最後の宴を開いて船出を見送った。五月八日の例祭における浜の行事はこの送別の模様をかたどったものである。そのころにはイルカが浜の汀《みぎわ》まで遊びにきたもので、それを大彦命の使いとみなし労をねぎらって供物をしたのだと伝える。

当社の宮司榎本元栄さん（大正十三年生まれ）によると、古四王神社は昔、八幡太郎が伊勢の五十鈴川《いすずがわ》において、ワラジと剣を古四王権現に納めてもらいたいと願ったのが始まりという。そのとき、イルカが、私が五十川に持って行きますと言ってここに来たのが四月八日のことで、大祭の浜入れ（後述）に

表19 海豚参詣伝承地

番号	伝承地	概略	出典
1	甑大明神に参詣（鹿児島県甑島）	平良部落の沖合に、春と秋の彼岸の頃回遊してくる海豚と鯨は、中甑と平良との中間にある甑大明神に参詣に来るのだからとってはならぬ（村田熙）。	『民間伝承』15～11
2*	仲間の供養（長崎県対馬）	浅茅湾では、海豚漁に際して意識的に一匹は逃がしてやる。するとこの一匹が命日に仲間を連れて供養にやってくるという（北見俊夫）。	『民間伝承』15～11
3*	市神に参詣（長崎県南松浦郡有川町浦桑）	イルカが立つ（寄って来る）のは、氏神の境内に合祀してある市拝神を拝みに来るからだという。また茂串の弁天さんは石造で地蔵の形に似ている。イルカが寄って来るときは心ある人がその顔を絵の具で赤く塗る。	竹田旦「五島有川湾の漁業組織」『民間伝承』15～8
4	墓参り（長崎県壱岐島の渡良湾内）	海の底にある墓にお参りに来る	『民間伝承』15～11
5	観音参り（広島県豊田郡豊浜町豊島）	イルカの群れがやってくるのは、観音様に御参りにくるのだと昔の人がいっていた。	一九九一年筆者調査
6	イソベサマ参り（東京都新島）	イルカは旧二月中にイソベサマへ詣るものだと伝えられており、イルカに追いかけられた時「俺はイソベサマのオマモリを持っている」といえばよいという。イソベサマとは、伊勢だという（坂口一雄）。	『民間伝承』15～11
7	イルカのウラマワリ（東京都）	新島の若郷村でいう。具体的内容は不詳だが、利島で山の神々に年頭詣りをすることを山マワリというのと関係あるかも知れないという（坂口一雄）。	『民間伝承』15～11
8	神明様参り（福井県敦賀市金ケ崎町）	金ケ崎には、春先にやってくるイルカに関して、神明様を拝みに来たのだという。	一九九一年筆者調査
9	三崎参り（石川県珠洲市）	須須神社ではイルカを神の使いとし、また「いるかの三崎参り」といって、須須神社の鳥居前の海にイルカが群れをなして集まることがあった。	坂下喜久次『三崎の歴史』

10	白山参り・権現参り（新潟県能生町）	沖合の岩に祀られている厳島神社の弁天さんに見惚れたイルカのぼんさんが海中に数珠を落としてしまったので毎年探しに来る。	能生町図書館『おらが村の昔語り』
11	観音参り（新潟県刈羽郡石地町）	椎谷の観音岬に向かう海豚の群れを「年に一度の海豚の観音詣りの行列で、海豚は観音岬の沖で三度廻って又もと来た北の方角へ帰るものだ。海豚は信心深い魚だ。観音詣りの海豚を見たときには、海豚に向かって手をあわせたものだ」といった（加藤文成）。	『民間伝承』15～11
12	八幡様参り（新潟県佐渡ヶ島）	西海岸の真野湾では、そこに現れた海豚は八幡村の八幡宮へお詣りに行くのだといわていて、「どうめっこ、かちめっこ、せんち（又はかんじょ）の板を取られんな、よおー」というような子供の歌がある。どうめっこはイルカのこと、かちめっこはイルカの悪口である（山本修之助）。	『民間伝承』15～11
13	弁天様参り（山形県西田川郡念珠ケ関村）	鼠ケ関にある厳島神社に祀られている弁天様に、十二月の末から一月にかけて海豚がやってくるのを「イルカの宮詣り」と呼んでいる。二頭がいつも湾内に入ってきて三べん廻って帰っていく。これは絶対に捕らない（都丸十九一）。中学生は「いるかがまた弁天様をまいりに来た」という（佐藤光民）	『民間伝承』15～11
14	古四王神社参り（山形県温海町五十川）	古四王神社の春の祭りに必ずイルカが浜の汀まで来て遊んでいく（佐藤光民）。	『民間伝承』15～11
15*	エビス参り（岩手県大船渡市の赤崎）	大船渡湾の一番奥にある野島という小さな島をめがけてイルカが毎年お礼参りに来て、そこをぐるっと廻って帰っていった。この島に恵比寿を祀った祠があったが、現在はセメント工場の施設に取り込まれたので、祠は赤崎の氏神の境内に移してある。	一九九三年筆者調査
16	諏訪神社参詣（青森県青森市）	諏訪神社に対し海豚がお参りにくるという。東浜に「おこ婦」という魚が毎月一度ずつ上磯より一〇匹、二〇匹と揃って堤川口から入って青森諏訪神社に参詣する。鎮守の毘沙門の前沖では姿が見えないが、そこを過ぎると現れるといわれている。このオコフというのは、方言であってイルカをさしている。	工藤白龍『津軽俗説選』（天明六年）、『青森市史』第十巻

＊があるのは、イルカ漁を行っていた地区。

川原での浜入祭（山形県温海町五十川）

イルカに神饌をあげる（山形県温海町五十川）

あたっていた。地名の五十川は、五十鈴川の鈴がとれたもので、近くに鈴という集落もある。ずっと昔はここを五十鈴川と呼んでいたらしいが、明治になってから五十川になったとも伝えている。祭りの日にはイルカは鈴の方面から群れをなしてやってくる。

明治二年（一八六九）に記された「天朝乃御尋ニ附　由緒書上帳」には、八幡太郎義家が後三年の役に勝利を収めて引きあげる際、阿邪《あじゃ》の残党を殲滅《せんめつ》し、傍らの川で身を清めた際に「呼呼心地能や伊勢之五十鈴川ニ而身を清め内外ニタ宮是ニ而詣之心成ル」と感激し、土民たちにも拝ませようといって建立したのだと書かれている。

古四王神社の祭日は、もともと四月八日だったが、大正十五年から五月八日になり、昭和四十年（一九六五）から現行の五月五日になった。五月五日に変更したときには二、三年はイルカが来なかったが、やがて祭日には必ず姿を見せるようになったと榎本さんは語る。

祭礼は四月二十日ころから準備にかかるが、五月三日の夜にクチアケ祭りといって神事があり、翌四日は神職や獅子が集落内の全戸（約一五〇軒）をまわる。獅子の頭を持つオカシラ様二軒、太鼓・笛・槍持ち・賽銭《さいせん》袋持ち各一軒でいずれも世襲の役である。この氏子まわりのあと午後八時から神社で夜宮祭を行い、拝殿の天井にあげてある神輿《みこし》をおろす。イルカにかかわるのは五月五日の例祭である。まず神社で礼式通りの神事を行い、獅子の先導で神輿の巡幸となる。かつぐのは若い衆一八人。集落内を一周してから神社前の河口部に出て、ハマイレ（浜入祭）となる。以前は実際に海岸に出て海を見ながら神事を執行していたが、現在は河口部に国道橋が架かってしまったので、その橋の内側の川原で行われる。したがって、本来は海に投じていた神饌も川に流すようになった。

川原では神輿を河口に向けて据え、その前に茣蓙《ござ》を敷き羽織袴の正装で役員はじめ関係者が居並ぶ。祝詞《のりと》を奏上し、古四王社・河内神社・薬師神社の三ヵ所および八百万《やおよろず》の神々を拝む。これが終わるとイルカに対して、五穀奉納となる。これを「オミゴク放流」と称する。

供物は、お神酒《みき》・浜焼・ハクハン（白飯）・赤飯・シトギ（粢）の五種類。浜焼とは、鯛《たい》と鱒《ます》を焼いたものと生のままの川魚をいう。これらの後ろに浜砂を盛って直径一五チセンほどの白い皿を載せ、その上を匂で切るようにする「バンザイトウ＝万歳禱?」を無言で行う。そして、神輿が三回まわる間に、五穀を半紙にくるんで川に投げる。このとき、必ずイルカが海辺近くをぐるぐるとまわっているという。普段イルカが来ることはないが、戦前には祭り当日の夜明け前になる四時半ころには必ず一、二頭は来ていたものだった。

筆者が平成十年（一九九八）に実際にこの場面に立ち会ったときにはイルカの姿を確認することはで

きなかった。しかし前年にはあいにく雨だったが浜に出た人から「イルカが来ていますよ」と報告があったと宮司は語る。ただし、イルカを目視できる人とできない人がある。イルカの種類は知らないが、黒っぽくて背びれが上に出ている。先代宮司のときには一〇頭以上も来たというが、今は二、三頭であるという。「イルカがシオを吹いたから、五穀をいただいた」「ものがわかるんだな」などとの話が交わされるのだという。

佐藤光民による異伝では、京都に帰った八幡太郎が戦に協力してくれた五十川の人びとが懐かしく、ある時八尋のワニを呼び、一足のワラジを五十川の浜に届けるように命じた。このワニが到着したのが四月八日の浜入り祭りのときだったので村人はワニの労をねぎらってオミゴクを捧げたという。このワニが伝承の途中でイルカに変わったのか、あるいはその逆なのかは不明であるが、フカの磯部参りとの関連も考えられる。

このあと、オカシラ様（獅子舞）の舞があり、最後に浜焼などを食べるナオライ（直会）で、皆が漆塗りの木盃でお神酒をいただく。終了するのは午後四時か四時半である。五月六日は、新旧のトーヤ渡しの儀式がある。拝殿に宮司・氏子総代・新旧トーヤ（各七人）・謡（一人）が神職の両脇にコの字型に向き合い、下座には氏子総代が神前を向いて座る。そして、謡の人が盃を神職に渡し、その後、古いトーヤの人が新しいトーヤにお神酒をつぎ、浜焼を配る。

ハマイレにおける儀式の流れと、このトーヤ受渡しの形態は宮座的な要素をもっており、かつては厳格に執行されたであろうことをうかがわせる。トーヤ渡しの儀礼にはイルカは関わらないが、奉献する神饌がイルカに対するものであるという認識は、イルカと沿岸住民との交歓の表れとして特筆される。

古四王神社は秋田県にもあり、越王神社とも考えられ、この地域全体の守護神として崇拝されていた可能性があるが、イルカとの関わりを説くのは、この五十川だけである。

イルカの三崎参り

つぎに事例9としてあげた三崎《みさき》参り（石川県）について詳しくみていこう。能登半島の先端部に近い珠洲《すず》市寺家《じけ》に鎮座する須須《すず》神社は、高倉宮《たかくらぐう》とも三崎権現とも称される古社である（『能登志徴《しちょう》』）。万治《まんじ》三年（一六六〇）に宮司猿女君《さるめのきみ》友胤の著した当社の縁起（植木直一郎『須須神社誌』）によると、江豚との関連を次のように伝えている（漢文体を読み下した）。

相伝テ、瓊々杵尊《ににぎのみこと》ニ嘗《かつ》テ邪神ヲ討チ玉フ時、鹿ニ乗リテ〔或獅子ト作〕軍事行イ玉フ、其ノ後彼ノ鹿化シテ石ト為ル、今大泊リノ巌是也、且ツ高座ノ社ニ入リ玉フ之時、問テ曰ク、鹿ハ居ル歟、浦人誤認テ江豚魚ト為ス〔居歟和訓《わくん》伊留賀《いるか》、江豚和訓相同、故ニ誤テ魚名ト為ス〕、此浦ニ古ヨリ江豚最モ多シ、因テ以テ此神之使者ト為ス、三崎人民之ヲ忌ミテ喰ハズ、若シ之ヲ犯サバ則チ癲狂癩瘡等之病ト為リ、死ニ至ラザル者殆ド少シ〔按ニ使者ハ所謂八幡之鳩、日吉之猿、気比之鷺、稲荷之狐、大社之蛇、春日之鹿之類是也〕

大意は、祭神はかつて鹿（一説では獅子）に乗って戦に赴いていたが、あるとき、地元の人に「シカは居るか」と尋ねたところ、誤って江豚（イルカ）が居ると答えたので、以来、神の使いは鹿から江豚に代わってしまい、鹿は海辺の大岩になってしまった。そして、三崎の人々は以後、イルカを食べることを忌むようになり、そのタブーを破ると恐ろしい病気になると信じられている、というのである。

イルカと「居るか」のありふれた語呂合わせではある。神社の正面の海岸から北の方に行った大泊《おおとまり》の波打ち際に、頂部に一本だけ松の生えた岩がある。かつては大きな岩だったそうだが、文化十一年（一八一四）の秋に崩壊して今のようになったと伝える。獅子岩伝説と題して坂下喜久次は次のような話を紹介している。

大昔、三崎権現は獅子に乗って天降った。ある時、権現が「獅子いるか」と呼んだが、あいにく獅子は眠っていて返事がなく、かわりにイルカが「居ります」と返事をした。これを恥じた獅子は岩に変じ、かわってイルカが神の使いとなったという。また、これに続けて、「いるかの三崎参り」といって、須須神社の鳥居前の海にいるかが群れをなして集まることがあった。

と記している。

ところで、『石川県珠洲郡誌』には、前引の漢文体の縁起を含めて三種の縁起が収録されているが、その第二の縁起には、当社の効験として、海漁・山狩祈願、五穀豊熟、縁結びをあげたあとで、「此の浦辺にては、江豚不食、若あやまりて喰ふ者は、或は癲狂となり、或は癩瘡等の病に死する者不少、これ大神の御使なる故なりと、誠や今も江豚が、御神輿の乗坐御船の艫舳《ろじく》（船体の前後）に群り来て仕へ奉るは、諸人の眼のあたり見る所なり」と記されている。しばらくこの類話を追ってみよう。

同じく『石川県珠洲郡誌』所引の『須須神社考証』には、「又江豚は大神の使なりとて、土人不喰、是れ大神に諸魚とも仕奉るべきは、故実猿女君《さるめのきみの》祖《そ》天宇受売命《あめのうずめのみこと》に申し故事あればなり、当海の漁業のみか、北海の大漁は当社の神徳なりと云ふも過言にあらず、故に古今取魚祭を執行して、海幸を得し事古今に顕然たり、故に漁者信仰するも亦宜諾なりと云べし、江豚の御使と云ふは、諸魚を当浦に追集るは江豚なり、故に大神の故実存せりと云ふ」とある。

同じく同書所引の『三崎みやげ』では、「明治二十九年県社昇格の慶賀祭執行のとき、数百の海豚、群をして磯近く鳥居の前の海岸に来り、游泳来往する状、恰《あたか》も俯仰敬虔《ふぎょけいけん》するもの丶如し、見るもの皆神徳の然らしむる所ならんと感じあへり」という。

これらを総合すると、三崎の権現の使いがイルカであること、そのために地元の人々はイルカを絶対に食べないこと、大きな神事に際して、それを寿《ことほ》ぐかのようにイルカの大群が出現したことがあったこと、などが伝承されていることがわかる。また、同時に、合理的な解釈として、当社がイルカを神の使いとして崇《あが》めるようになったのは、漁業神でもあることから、イルカが往々にして魚群を岸近くに追い込んで思わぬ大漁をもたらすという事実が背景にあるのだろうとされている。なお、もうひとつ考えられるのは、名護湾のピトゥ御願や五十川での祭祀などから、イルカの回遊を季節の順調な推移の表れとみて、それを地域の神の恩寵《おんちょう》とみる信仰があったのではないか。

イルカを神饌として求める高倉神社

これと対照的な伝承が三崎よりすこし南に下った鳳至《ふげし》郡真脇《まわき》町にある。ここにはさきに述べたように縄文時代の真脇遺跡から大量のイルカ骨が出土している。また近世におけるイルカ漁の様子を『能登国《のとのくに》採魚図絵《さいぎょずえ》』によって紹介したが、注目すべきは近世末期の能登地方に関する地誌として知られる『能登《のと》志徴《しちょう》』の記述である。まず、真脇高倉神社に関して、もとは同郡須須神社を勧請したものというが、正確には三崎高倉彦神を勧請したものとする。そして「江豚の説話」という項をたてて次のように記している。

○江豚の説話　此真脇村は内浦宇出津《うしつ》の磯続にて、漁人のみ居住し年中多猟なる中にも、江豚の猟所なりける。三崎にては、江豚は神の御使なりとて、捕事をかたく禁制とす。此処なる高倉神も、正しく三崎より勧請して同神を祀りたれど、如何なるわけにや此浦は三崎と引かへ神の好み給ふ江豚なりとて、捕揚る処の初穂《はつほ》をまづ神前へ備奉る例なりしが、天保《てんぽう》の比にや神主高原氏と、当所の上日寺《じようじつ》といふ真言の僧と社仕の論起りけるに、此里人は残らず上日寺の檀下なりし故に、各寺僧の方人《かとうど》を成《なし》、神主は名のみにて神供等の事、専《もつぱ》ら上日寺掌《つかさ》どる事と成し後は、さる魚類を備ふる事もなく過ぎたりしに、如何なる事にや此浦へ江豚寄来らず、更に猟なかりしとぞ。然るに産土子《うぶすな》の漁人共も、全く是神の思食に応ぜざりける故なるべしと、再び神主方と成て力を添へけるに、重て双方争論をなし、遂に社寺方の僉議《せんぎ》にかゝり、神主の利分と成りて、いにしへに復しけるが、不思議なる哉、其より後は再び江豚も多く捕揚るとぞ。此は其比水野三春話なりける。

氏神の高倉神社は少なくとも貞享《じようきよう》二年（一六八五）以前に、須須神社（高倉宮）を勧請したものだと伝えており、本社ではイルカ捕獲を禁忌にしているにもかかわらず、当社では捕獲したイルカの肉を神前のお初穂として供えている。しかも、天保《てんぽう》期に宗教上のもめ事が起こって、お初穂をあげなかったところ、イルカが来なくなってしまった。そこで神饌を復活したところ、再び漁ができるようになったという。同じ神を祭りながら、いっぽうではイルカを神使としていっさい食わず、他方ではむしろイルカを捕って初穂に供えることを慣例としている。

この正反対の対応の理由は何か。折口信夫《おりくちしのぶ》は沖縄においてイルカを儀礼的に食する風習をもつ土地が多いことを指摘している。さらに谷川健一は、イルカをトーテムとする人々が、他界からの力を体現するイルカを食することにより、マレビトのもたらす力を得ようとするのだと考え、さらにこれを鮫《さめ》の例に重ねて次のように解釈している。

人間が死ねば鮫になると信じているところが太平洋諸島にあるが、現世の人間身は他界では動物身のすがたをとると考えたらしいことは、トヨタマヒメがお産のとき大きなワニ（鮫）のすがたになったことでも推察できる。そこで人々はこれらの動物をとらえてはたべて、先祖と自分との合体感をあじわう風習が古くからおこなわれてきた。それの捕獲と血食とが毎年の折り目の祭りと結びつく一方では、ある地方や家すじに限って、これら先祖神である動物たちの血食をきびしく禁じるように変わったのではないか。

本来は信仰の対象として崇め、同時に捕食することに矛盾を感じなかったものが、時代がたつにしたがって両者が分離し、いっぽうでイルカの捕食はタブーとなり、他方では日常的な食であり同時に商品として販売されるという、きわめて対照的な対応になったと考えられる。しかし、これはほぼ同一地域における解釈であって、どちらかいっぽうのみを伝承している大部分の地域においては、さらに歴史的ないし地理的考察を加えることによって、「海豚参詣」の背景を理解することが求められる。

矛盾の背景

最初に掲げた海豚参詣の事例を振り返ってみる。このなかで、積極的なイルカ漁を行っていたのは、事例2の長崎県対馬浅茅湾《あそうわん》、同3の長崎県南松浦郡《まつらぐん》有川町浦桑《うらくわ》、同15の岩手県大船渡市赤崎であり、同

9の能登半島の場合は三崎ではイルカ漁は行っておらず、イルカ漁が盛んだった真脇にはイルカ食のタブーはなかった。

国内で大規模なイルカ追い込み漁を行っていた地域は、岩手県の山田湾から宮城県三陸沿岸、静岡県の伊豆半島、和歌山県の太地、九州の佐賀県仮屋湾、長崎県の五島・対馬などがあげられるが、日本海側では真脇以外には京都府の伊根、山口県の青海島である。だが興味深いことは、こうした追い込み漁実施地区では、一部を除いて「海豚参詣」の伝承がないことである。

イルカ追い込み漁を行っていた地区には共通する地形上の特徴がある。それは、入り組んだ海岸線をもち、かつその湾内は一定の水深を有し、しかも海岸は砂浜であるという点であり、これがイルカ追い込み漁に必須の条件でもある。

いっぽう「海豚参詣」の伝承を有する大部分の地域は、のっぺりとした海岸線に沿った村であり、イルカ追い込み漁などは考えつくことさえできない地形である。つまり捕獲する手だてがないゆえに、イルカがやってきてもそれは遠くから眺めることしかできない。その気持ちが人間が手を出すべきでない聖なる行動、すなわちお参りにきたに違いないという発想になったのであろう。

ところで、いっぽうでは信仰の対象、他方では捕食の対象となっている海の動物はイルカだけではない。ウミガメについてもきわめて類似した対応があり、しかも祖先との関連や大漁との関わりなどの点でも共通点がある。藤井弘章は太平洋側における三つの地点の調査をふまえて、捕食することはなく大漁のシンボルとして信仰の対象とする三陸地方の「信仰型」、もっぱら捕食の対象としている八丈島などの「利用型」、両者併存している高知県などの「信仰・利用型」に分類している。ウミガメについてはイルカ追い込み漁のような村落をあげての大規模な漁法はとられなかったし、生業としてもそれほど大きな位置を占めるものではなく、かつカメの生態上からみて南の方ほど数多く捕獲できるという特徴もある。

また「海豚参詣」の類例として谷川は「サメの宮参り」をあげている。しかし大群をなして回遊する神秘性と同時に一挙に獲得できる食料として、イルカにはやはり特別な思いが寄せられたと考えられる。

イルカの供養

鯨の供養については話題になることが多い。墓・位牌・過去帳などが各地に残っており、また捕鯨船の砲手が建立した「捕鯨八千頭鯨精霊供養塔」という石塔が、高知県の金剛頂寺《こんごうちょうじ》にある。鯨以外の魚類については、こうした例は比較的稀で、あっても近年になってからのものが多い。たとえば、浜名湖畔にたつ養殖鰻供養の魚籃観音像《ぎょらんかんのん》も新しいものであり、金剛頂寺にある鰹を抱いた観音像も古いようにはみえなかった。尾鷲《おわせ》市の須賀利《すがり》というマグロ漁が盛んな漁村には江戸時代のものという鮪供養塔があり、静岡県西伊豆町の田子には近世の鰹供養塔がある。寺院などの儀式としての放生会《ほうじょうえ》のような例を除けば、鯨以外の魚類に関する切実な供養というものは、比較的少ないといってよいだろう。

その中で注目されるのがイルカの供養碑である。伊豆におけるイルカ漁供養碑は、五基が確認されている。表20に従って建立者や動機などをみてみよう。

まずもっとも古いものは、東伊豆町稲取の同町役場前に巡礼供養塔と並んで立てられているもので、文政十年（一八二七）の建立になる。ただし、台座は安政二年（一八五五）に作られたもので、正面には

表20　全国のイルカ供養碑

所在地	建立年代	碑銘	建立者
岩手県下閉伊郡山田町織笠（龍泉寺門前）	平成六年	いるか供養碑	
静岡県賀茂郡東伊豆町稲取（役場前）	文政十年	鯆供養塔	当村漁師中・世話人三町若者
静岡県賀茂郡賀茂村安良里浦上	明治十五年	海豚供養之碑	
静岡県賀茂郡賀茂村安良里浦上（県道脇）	昭和十年	海豚供養碑	
静岡県賀茂郡賀茂村安良里浦上	昭和二十四年	いるか供養碑	海豚組合
静岡県沼津市土肥大藪（弁天社境内）	昭和三十四年	いるか供養碑	土肥漁業組合
静岡県沼津市戸田	文政十三年	南無妙法蓮華経大魚亡霊	
〈参考〉同盂蘭盆水向塔婆	近代毎年	当浦漁獲海豚抜苦供養	
佐賀県伊万里市山代町波瀬種ケ子島	大正十年	恵比須像の下に鯨大明神	（任網関係者）＊
佐賀県伊万里市山代町久原	昭和十八年	半跏像の下に鯨大明神	山代町松本豊八ほか＊
長崎県壱岐市（勝本町）辰之島	昭和五十三年	海豚慰霊之碑	壱岐郡海豚対策協議会他
長崎県五島市三井楽小岳	昭和二十四年	海豚累代之碑	海豚組合
長崎県五島市三井楽湾内の小島（弁天小詞付近）	昭和十一年	海豚神	
長崎県対馬市竹敷（宝泉寺境内）	昭和九年	海豚供養之墓	竹敷漁業組合
沖縄県名護市数久田（埋立地内）	一九九八年	ヒートの碑	（「イルカの里」碑と並立）

＊『伊万里市史　民俗・生活・宗教』より。

「当村漁師中・世話人三町若者」と陰刻されている。若者が建立に一役買っていることは、イルカ漁と若者組との関連を示すもので重要である。

　次は賀茂村安良里《あらり》に明治十五年（一八八二）に立てられたもので、同年一月十九日に六百余尾のイルカの追い込みに成功し一万余円の収入があったが、その供養として鎌倉円覚寺住職洪川《こうせん》が村民の依頼によって撰《せん》した旨が記されている。イルカのために戒徒となり懺悔《ざんげ》礼拝を行うという内容で、他の魚類と異なりイルカには特別な感情を抱いていたことの表れであろう。

同じく安良里にある供養碑の内、昭和十年（一九三五）のものは、同七年に一四七二本のイルカを追い込み、約一ヵ月かかって捕り終えた旨が記してある。これは今でも年輩者の記憶に生々しい、お不動さんの日の大漁を記念した石碑である。供養の文言は表題にあるのみで、供養と記念を兼ねた建立といえよう。

同じく安良里の昭和二十四年建立の碑には、昭和九年から二十四年に至る年ごとの捕獲頭数を記してあり、安良里の龍泉寺の和尚の文章である。海豚組合の発願により「昭和十七年ヨリ二十一年ニ至ル大東亜戦時漁船ノ徴用空襲下ノ不況並ニ終戦後ノ食糧事情等ニ於イテ外食糧資源ニ貢献シ内村民ヲ賑済シタル功大ナルモノアリ」ということで、文字どおり海豚に対する率直な気持ちが表れている。

イルカ供養碑（静岡県賀茂村安良里）

また、土肥《とい》町（現沼津市）のものは土肥町漁協がイルカ漁の最盛期に建立したものである。沼津市旧戸田《へだ》村にも、巾着型の湾の口を締める位置になる岬の内側に、イルカ供養の文言をしるした角柱の塔婆が毎年立られている。ここでも一時期イルカ漁が盛んであって、その供養を今でも行っていることになる。塔婆には「当浦所漁獲海豚抜苦与楽盂蘭盆会水向供養」という一節がある。なお、この傍らには、文政十三年（一八三〇）

建立の「南無妙法蓮華経大魚亡霊」と刻した石塔があり、このなかの大魚をイルカと解する考えもある。イルカ供養という点では、京都府伊根の明治十二年「江豚水揚ケ入用帳」には、線香・そうそく代、海蔵寺への支出があり、クジラの場合と同様にイルカに対する供養が行われていたことがわかる。ただし同地には鯨供養碑はあるがイルカを対象とする碑は現存していない。

イルカに関して、なぜ供養碑が立てられるのであろうか。イルカの様々な習性が人間にたいへん近く感じられるために、特別な感情をもたざるをえない、ということがまずあげられる。漁師に話を聞けば、なるほどと思うような例がたくさん出てくる。たとえば、子どもを絶対見捨てない、仲間が銛を刺されると、周りに寄り添って水中に沈まないようにしていた、というような家族や友人に対する人間のような感情。また、独自の鳴き声を発し、感情表現が人間に近いと思われること。人間が肌に触れると抵抗をやめておとなしくなるということ。哺乳動物であるから当然ではあるが、オカに揚げて殺すときの血潮、腹を割いたときの内臓の状況など、魚の一種とみなしてはいても、人間を連想せざるをえない。人間に近しい生物であるという感覚が、大量殺戮《さつりく》に対するなにがしかの免罪符を求めさせたということになろうか。

もう一つ、イルカの観音参りなどにみられるように、神性を有する動物であるという意識もあったかもしれない。しかし、こうした神性を感じている人々は、基本的にはイルカを漁の対象にはしていないのであるから、供養碑建立の背景としては、一義的なことではないだろう。

佐賀県伊万里《いまり》市にはイワシ漁などに出ている漁師がイルカの群れに遭遇し使用中の網を活用して大量のイルカを捕獲し、結果的に大きな利益を得たということで建立された供養塔が波瀬《はぜ》浦にある（『伊万里市史』）。この石碑は恵比須像の下部に「鮼大明神《いるか》」と刻んであり、背面には「時ハ大正十年十二月三十日鮼大群来ル折シモ出漁中之任網《まかせあみ》四張ヲ以テ漁ス其数三百三十本価格一万二千円也依テ記念トシテ立之」とある。また昭和十八年二月にも出漁中の鰮網《いわし》をもって三六〇本を捕り三万五〇〇〇円となったと記す「鮼大明神」碑が建立されている。このほか同市黒川町にも昭和二年二月の石碑がある。一見供養碑であるが、文言から見れば思わぬ大漁を記録し、さらなる漁獲を祈念したものとも思える。すると、三井楽にある「海豚神」の石碑も、供養というよりもイルカ再来を祈願したものとも思えてくる。

イルカ供養は、自然から命をいただくことに対する感謝という、いわば日本的なアニミズムの世界から生じたものなのか、あるいは亡魂を供養するという、やはり日本的な仏教思想から生まれたものなのだろうか。建立年代や建立主体、さらには建立の契機などをみると、大量の捕獲が行われたときに、その漁獲を誇るという記念碑的な意味をもっていることが少なくない。中村生雄は近年流行しているペット供養や大量に消費したモノの供養などは、個人から企業経営者に至るまで、消費した者にとっての精神的な解放を保証する「心理的・文化的装置」なのではないかと指摘している。これを敷衍《ふえん》すれば、イルカ供養碑の建立がいるか組合や漁業組合などが中心となって、イルカ漁参加者に精神的な解放を約束するものという色彩が濃いということになろう。

なお、山形県置賜《おきたま》地方に特徴的にみられる草木供養塔は、安永九年（一七八〇）から昭和時代に至るまで建立されているが、これを佐野賢治は植林や森林保護が草木塔発生の根拠であるとし、現代の自然保護思想に通じるものと考えている。もっともこの背景になっている「草木国土　悉皆成仏」という語は「天台本覚論《てんだいほんがくろん》」のなかで用いられ、草木は発心し成仏できるかという、きわめて理論的な問題であり、日本古来の自然観でもないという見解もある。

つまりイルカ供養碑建立の契機は、日本人の自然観・動物観の直接的表出ではないかもしれない、言いかえれば食前の「いただきます」という言葉とは必ずしも同根ではない可能性があることを考えておきたい。

エビス像を赤く塗る

イルカ漁のあとで、えびす神に豊漁を感謝する儀礼が長崎県五島列島と岩手県の山田町でみられた。長崎県五島中通島《なかどおりじま》の有川湾におけるイルカに関しては竹田亘の報告に「浦桑・茂串《もぐし》には海豚の神さんとして、弁天さんを祀っている。浦桑のは市拝神《いちはい》といって、氏神の境内に合祀してあるが、旧六月一日に魚ノ目の人々が集まってお祭りした。海豚が立つのは、この市拝神を拝みに来るのだという。茂串の弁天さんは、石造で地蔵さんの形に似ている。海豚の寄ってくるときは、心ある人がその顔を絵具で赤く塗る。高麗島《こうらいじま》陥没伝説に祭神の顔を赤く塗ったために一夜にして海中に没し去ったという著名な話があるがここでは同じような習俗が最近まで生きて残っていた。恵比須などの漁神は赤色を好むということを各地でよく聞くが、それと関連のある伝承と見てよいものであろう」とある。

同じ五島列島の福江島三井楽で海豚神といえば、捕獲したイルカの供養碑であったが、中通島ではイルカたちの参拝の対象であると認識されている。この神は市拝様と呼ばれ、浦桑の祖父君《おじぎみ》神社に合祀されている。なお有川には祖母君《おばぎみ》神社（現在は有川神社に合祀）があり、祖父君神社とは夫婦であった。神社前が埋め立てられるまでは海上に小さな岩があり木の鳥居が建っていた。その岩は有川の祖母君がここに来るときに憩った場所だという。イルカはこの市拝様を拝みに来るのだといわれている。

市拝様は事代主神《ことしろぬしのかみ》のことで、イルカ神様と呼ばれている。御神体は二尺五寸ほどの彩色の木像であるとされるが見た人はいない。元来どこに祭られていたかは不明である。近くの集落でもエベス様を祀っており、なかでも似首《にたくび》のエベス様は浦桑の分かれだともいう。有川にも恵比寿神社がある。宮田紀久宮司によると、祖父君神社は、今は埋め立てられたが海中に浮かぶ「イタヅシケ島」に鎮座していた。三つの島の中央が父の瀬、右側が母の瀬、左が子の瀬ということで、父はイザナギ、母はイザナミの尊《みこと》だという。

新しくイルカが捕れるとタテガラ（背鰭）を祖父君神社に供える。タテガラは上部に細長く切れ目を入れてそこに紐を通して軒に吊るしておく。平成六年（一九九四）の調査時点でも社務所に数年前のものが二枚保管されていた。タテガラはイルカの象徴であり、三井楽では捕獲者にタテガラが与えられるので、軒先に吊るして乾燥させ後日に食する習慣があった。

祖父君神社の例祭は竹田の報告時点では旧六月一日とあるが現在は七月一日で、このときに最も新しいタテガラを三方《さんぼう》に載せて奉納する。それは後に宮司が持ち帰る。それが社務所にあるものだった。

市拝神社は旧魚目《うおのめ》村の神様であったから、現在も祭りは旧魚目村の集落で作っている魚目漁協が主催して行う。四つの集落で、浦桑・榎津《えのきづ》・丸尾・似首である。昔は年に何回か「イルカがたった」ので、その新しいタテガラをあげたが、現在は定置網に入ったものを漁協が保存しておいて、祭日に提供することになっている。もともとイルカがたてば、とれたイルカのうちの一本をお宮に奉納する習慣だった。それまでタテガラは保管しておき、肉は漁協関係者で分けた。今はもう体験者はいないが、昔はこのタ

イルカの血を塗ったとされるエビス像

岩手県山田町霞露嶽社境内

長崎県新上五島町茂串

テガラで吸い物を作って直会《なおらい》に用いたという（鯨の吸い物は中世の料理名にしばしばみられ、静岡県沼津市戸田では勝呂家の正月祝いに紀州侯から拝領した鯨肉で吸い物を作ったという記録があるが、イルカに関する事例はない）。なお『新魚目町郷土誌』には「イルカ漁あるごとに二頭、鯨漁ある毎に一尺五寸又は三寸方のものを九個献ずることが例とされていた」とある。

この浦桑の浜にイルカが揚がると近在から大勢の人が集まって市がたった。そこで祭られたのが市拝神だといわれる。また、例祭日には網代の場所を交代するための会合が開かれ、昭和四十四、五年頃まで「押し船＝櫓押しの競漕」が行われたが、現在は行われていない。

この祖父君神社から岸壁に沿って南に歩くと茂串の海岸に出る。竹田の報告による弁天さまは海のすぐ脇に安置されていた。茂串の古老からはすでに同じような体験を確認することはできなかったが、実はここで祭っているのは弁天様ではなく、えびす様であった。わずかに赤い塗料が残っているが、それは漁のあとに塗ったものではなく、この石像を管理している人が、昔は赤かったという記憶によって何年か前に塗った痕跡だという。そこで、当人を探して確認したところ、以前そうだったという記憶にしたがったまでで、逆に神主さんにそんなことをしたら異変が起こるぞと叱られたということであった。しかし、このことから、以前には赤く塗る習慣があったことは確かだと推定される。

岩手県山田町大浦の氏神、霞露嶽《かろがたけ》神社の境内には風化しかけた恵比寿の石像がある。これは本来海岸部に安置してあったといい、イルカ漁のあと、この像にイルカの血を塗りたくり、次回の豊漁を祈願した。当社社殿の懸魚にはイルカが浮き彫りされているが、これはイルカが豊漁であったとき、その記念として奉納されたものといわれ、イルカ漁からの収益が大きかったことを示している。ただし、当地におけるイルカ追い込み漁の開始は享保十二年（一七二七）とされ、しかも紀州の技術を身につけた鰹節職人の示唆を受けたものと伝えられる。したがって、恵比寿像に血を塗る習慣が、イルカ漁固有のものであるかは判断できない。

3　イルカと女性

イルカは女の生まれ変わり

冬になると静岡市清水区の魚屋の店頭に「イルカ骨つき肉あります」という札が吊るされた。清水ではイルカは獲れないが、沼津の市場から運ばれてくるイルカ肉は、清水港経由で身延街道を北上して山梨県に送られていた。当然、清水の住民はイルカをよく食べたが、とくに女衆はフンドシを質に入れてもイルカを食えといわた。フンドシは腰巻の古称である。冷え性の女性でも、イルカを食えば下着がなくても温かいという意味になる。山口県長門市青海島では「イルカの生き血を飲むと産後の肥立ちによい」「イルカの胎児の蒸し焼きは婦人病に効く」といった。このことだけなら、猪や鹿肉についても同様な言い回しがあるから、いわゆる肉食の効能を説いた例として特筆すべきものではないかもしれない。

しかし、イルカ追い込み漁を行っていたほとんどの地区で「イルカは女の生まれ変わり」という伝承があることは、イルカと女性との間に何か特別な関係があることをうかがわせる。たとえば伊豆半島西岸の沼津市戸田《へだ》では、網で囲って海岸に追いつめたイルカを若い衆が海に入って抱き上げると、イルカは不思議に抵抗をやめる。地元では「イルカはお女郎さんの生まれ変わりだから、若い男の肌に触れると大人しくなるのだ」と伝え、体験者は「イルカの肌はすべすべしていてとてもきれいだった」といっている。

京都府の伊根では、イルカのことをオヤマと呼び「オヤマは抱くと大人しくなる」といっている。明治期の能登半島でも、漁師が海に入りイルカを小脇に抱くと、イルカは従順になり人の為《な》すにまかせるようになるので「里俗海豚を指し娼婦の化生と称するに至る」(『日本水産捕採誌』)といわれていた。三重県尾鷲《おわせ》市の引本《ひきもと》浦では「抑海豚ハ恐怖深キ魚ニテ僅カモ身ニ疵《きず》ヲ負サハ、仮令堅牢ナル網器ト雖モ破ラサルナシ、最モ穏カニ手ヲ以テ捕セハ婦女子モ獲ニ容易ナリト謂フ」といわれている(『三重県水産図解』)。

さきに詳細を報告した対馬のイルカ漁に際しても、追い込んだイルカに最初に銛《もり》を打ち込むのは嫁の役割であり、この儀礼から実際のイルカ捕獲が開始された。だが、対馬におけるイルカ追い込み漁が出稼ぎに来ていた海士によって行われていたと推定されることから、その起源は決して古いものではない。したがって、これは捕鯨においてクジラに銛を打ち込む最も重要な役割であった羽差《はざし》の姿を模倣したものので、女羽差という表現も聞かれるように、捕鯨の模倣という解釈が強い。しかし、鯨に関わる芸能においては羽差は赤い着物をまとったいわば女性の姿であることに注意したい。これは赤色が吉兆であり、石像に血を塗りたくって豊漁を祈願するという習慣や、近世の関船の舳先で猿踊りをした、あるいは静岡県の賀茂村宇久須《うぐす》の「猿っこ踊り」が真っ赤な衣装をつけて舟屋台の上で逆立ちするなどの事例を見れば、舳先《へさき》における赤の呪術が航海安全や豊漁祈願に共通する儀礼であることは確かである。したがってイルカ漁における女羽差もその系列の民俗として位置づけることもできよう。

だが、対馬における女性の銛打ちによって漁が開始される理由がそれだけとは思えない。対馬にはもうひとつ重要な事実がある。浜に引き揚げたイルカに女が自分の腰巻をかぶせるとそのイルカは女たちのものになった。その由来は、源平合戦に際し壇ノ浦で入水した平家の武者たちの奥方が、夫の亡骸を求めてふやけた水死体を陸に引き揚げたが、面相も変わっていて紛らわしいため、他の奥方にとられないようにいち早く占有の印にしたことに因《ちな》むといい、さらにはイルカは平家の落人《おちうど》の後裔《こうえい》であるとも伝えている。対馬においては、イルカと女性との間には特別な心情的なつながりがあるように思われる。何度もいうように、対馬における組織的なイルカ追い込み漁は中世末期に海士がもたらしたもので、住民がその技術を習得したのは近世初期という比較的新しい時代に属するから、女性の銛打ちそのものは近世以前の習慣ということは難しいだろう。だが、ストランディングしたイルカに対し、腰巻をかぶせて所有権を主張する習慣は、海士によるイルカ追い込み漁以前からの習慣であったということまで否定することはできない。むしろその延長線上に追い込み漁での女性の銛打ちがあるという見方も当然成り立つ。

イルカの血が意味するもの

日本の古典にイルカのことが本格的に登場するのは『古事記』の仲哀《ちゅうあい》紀である。神宮皇后の三韓遠征の後、九州で誕生した太子ホムダワケ（後の応神《おうじん》天皇）は、家臣の建内宿禰《たけうちのすくね》とともに各地を転戦しつつ現在の福井県敦賀市のあたりにやってきて都に入るときをうかがっていた。ある夜、建内宿禰の夢に地元の神であるイザサワケ大神が現われ、私の名を御子の御名と易《か》えたいという。宿禰がそのようにいたしますと答えると、大神は「太子は明日の朝、浜にお出ましください。名前交換の捧げものを差し上げます」といわれた。そこで翌朝太子が浜に出てみると「鼻毀《か》けたる入鹿魚、既に一浦に依れり」という状態であった。神が太子に御食《みけ》の魚を下さったというので、大神の名を御食大神と称《たた》えた。これが今の気比《けひ》大神である。また「其入鹿魚之鼻の血」が臭かったので、その浦を血浦といい、のちに都奴賀《つぬが》（敦賀《つるが》）というようになった。これまでなかなか都に入れなかった太子は、改名後、敵を平らげて都入りを果たし、即位して応神天皇になる。

イルカが一浦に寄ったとあるから、これはイルカ群のストランディングの可能性もあるが、むしろ地元民による追い込み漁の成果であったかもしれない。静かな波が打ち寄せる浜辺も、漁のあとは真っ赤に染まる。太子の改名はまさにこの血を背景に行われたと考えなければならない。すなわち、イルカの血は、出産のイメージではないか。この事件は、新しい太子の誕生を暗示しているのである。つまりイルカの血を媒介に太子は再生を成しとげ、新たな力を身につけることができた。ここにイルカが登場したのは、イルカが母や女性を象徴するという意識があったからにほかならない。古代における天皇霊の強化に、イルカが有している母として、女性としての力が最大限に発揮されたといえるのではなかろうか。だとすれば、のちに権勢を誇った蘇我入鹿《そがのいるか》の名が、なぜイルカだったのかを考察するヒントも、案外こんな点にあるかもしれない。

結論をいえば、イルカは日本人にとっての母なる存在であった。その意識がイルカ参詣の背景にあった。同時に、貴重な食料としてイルカを食することは、その血肉を承けることで生命力を強化できるという古来の信仰にもつながる。イルカを敬し、同時にその肉を食するということは、こうした関係においては決して矛盾しない。

結　イルカとヒト

1　イルカと生きる世界の人びと

フェロー諸島のゴンドウ漁

イルカ追い込み漁を行っているのは日本だけではない。北大西洋に浮かぶデンマークの自治領フェロー諸島では、主としてゴンドウ類を対象にした追い込み漁を実施している。漁期は夏で、住民が海岸に追い揚げたイルカの延髄を切るため吹き出す血で海が赤く染まる場面がしばしば報道されている。ここで捕獲されるのはヒレナガゴンドウで、北大西洋での漁獲の歴史は長く、とくにニューファンドランド（一九六七年に中絶）とこのフェロー諸島が有名である。フェロー諸島での漁獲の記録は一五八四年にまでさかのぼるが、実際はそれ以前から継続されていたらしい。一九三六年から七八年間の年平均では一五五二頭が捕獲されているが、とくに一九四一年には四三二五頭にのぼっていた。近年は年間八〇〇頭が捕獲されている（『クジラ・イルカ大図鑑』）。

捕獲方法は沖で群れを発見した漁船が合図をし、周辺の船が集まって陸に追い込むと駆けつけた住民が捕獲する。肉と脂身を規定に従って配分し基本的には自家で消費するが一部がスーパーなどで売られることもあるという。フェロー諸島の住民にとっては数百年継続してきた伝統的な食料確保の手段であることが強調されている。こうした仕組みは、季節を定めて海の彼方からもたらされる幸を住民で分け合うという意味で日本各地のイルカ追い込み漁と大変よく似ている。もちろん反捕鯨団体の圧力は高く、マスコミ報道にも批判的なものが多い。現地での聞き取りなどゴンドウと住民との関わりについては吉岡逸夫が詳しく紹介している。

沖縄ではヒートといわれるコビレゴンドウが捕獲対象とされてきたが、コビレゴンドウは赤道をはさむ熱帯から温帯が中心で、ヒレナガゴンドウはその両側の寒帯域に生息している。しかし、網を使用せず、海岸に追い込んでその場で処分するという点や、獲物の配分についても沖縄との類似点がみられる。

ソロモン諸島のイルカ追い込み漁

パプアニューギニアの東側、ソロモン諸島のうちマライタ島ファナレイ村では、村落をあげてイルカ追い込み漁を行っており、その実態を竹川大介が詳細に報告している。当地での追い込み漁の方法は日本各地のそれと大差がない。カヌーで漕《こ》ぎ出した沖合でイルカを発見した者が旗をあげると僚船《りょうせん》が次々と旗で合図を伝達し、群れの沖側をカヌーでとりまき、硬い石を水中で打ち鳴らして村近くまで追い込む。浅瀬に追い詰めたイルカは抱きかかえてカヌーにのせる。そして一ヵ所に集めたイルカの総数と漁に出た人が確認され、肉と歯の配分が決められる。切り分けられたイルカ肉は核家族単位に配分される。そこに山の人びとが農作物と交換のためにやってくる。大量に獲れたときには女たちがカヌーを漕いで

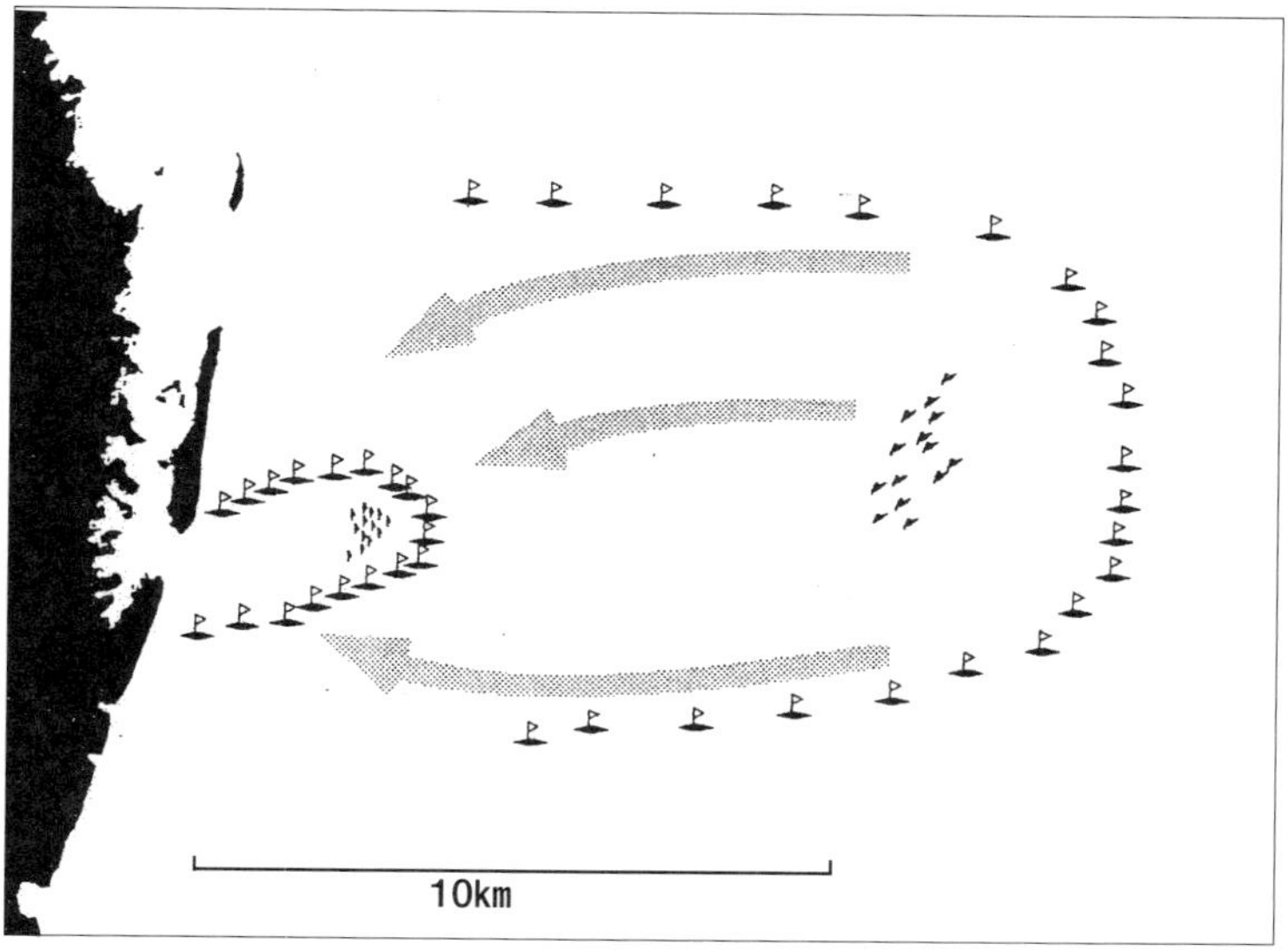

ファナレイ村の追い込み漁（竹川大介「ソロモン諸島のイルカ漁―イルカの群を石の音で追込む漁撈技術―」『動物考古学』1995年4号より）

遠くの村まで肉を売りに行くという。肉は石蒸し焼きにして食べる。

ここで重要なのは歯の処置である。主たる捕獲対象のハシナガイルカやマダライルカからは一頭でおよそ一六〇本の歯がとれるので、一本ごとに穴をあけて糸を通し束ねたものが婚資《こんし》や装飾品などに使われた。ファナレイ村の住民は、「イルカは本来獲りにいくものではなく、ほっておいても村にやってくる特殊な魚」だと考えている。そしてイルカを抱くときは軽く叩きながら優しく抱きかかえてやると、村に着いたことがわかって安心するのだという。イルカとの接し方も日本とよく似ている。ただし、ここではイルカの歯がきわめて貴重なものであり交換財として使用されているという特徴があり、やはり海の幸であるタカラガイが珍重されることにも通じている。

環太平洋地域のイルカ漁

『クジラ・イルカ大図鑑』（原本は一九九〇年刊）にはイルカの種類ごとに人間活動の影響という項が設けてあり、捕獲活動についての簡単な記述がある。ヒレナガゴンドウについてフェロー諸島の例をあげたが、コビレゴンドウ漁は、カリブ海のセント・ルシア沖で一九三〇年代に始まり一九七〇年代初期には年平均二〇〇〜二五〇頭であったがのち低下した。ハンドウイルカは西インド諸島・西アフリカ、北部インド洋のいくつかの国のほか、一九六〇年代まで旧ソ連の漁業者が黒海で大規模な商業捕獲を行い、のちにトルコの業者が引き継いだ。スジイルカは北東部大西洋で漁業者により突棒で数十頭から数百頭が捕獲されている。ネズミイルカは多くの地方で食用目的で捕獲されており、アメリカ合衆国のワシントン州とメイン州の海岸でもネイティブにより捕獲され、カナダのファンディ湾とセントローレンス湾、またアイスランド、旧ソ連領のアゾフ海やトルコ、またグリーンランドでも年間推定一五〇〇頭程度が捕獲されているという。

いっぽう、秋道智彌《あきみちともや》は太平洋をとりまく地域、すなわち環太平洋をモンゴロイドが拡散し居住してきた領域としてとらえ、かれらの海への適応の形態のひとつにクジラ（イルカを含む）との関わりかたがあるとする。そしてクジラの図像化・聖化・食法、歯の価値化など多くの事例をあげて、クジラとヒトの関わり方を考えることを主張している。イルカに関する伝承でも、日本とよく似た事例が紹介されている。たとえば、さきに日本海側でイルカを坊さんにたとえた例をみたが、ベトナムではイルカはもと僧侶であったとし、インドネシアには祖先から譲られた黄金の指輪を探しに海に行ったブタがネズミイルカになったという話がある。奄美ではイルカのことを海の豚という例があるが、中国語でイルカを海豚と書くことが影響しているかもしれない。またベーリング海に面するチュコト半島にはクジラの頭骨やあご骨がカニ爪のごとく林立する光景があったという。

イルカと共同漁するミャンマーの川漁師

日本でのイルカマワシ、すなわち魚がイルカの群れに追われて団子状に固まり、漁師が思わぬ漁獲にありつくことを意図的に行うこともある。ミャンマーの母ともいえるエーヤワディー川（イラワジ川）の中流域の、淡水にすむイルカ（カワゴンドウ、イラワジイルカ、現地ではラバイという）と「共同」して漁をしている村がある。二〇〇九年二月、そのひとつであるセンパンゴン村を訪れた。ビルマ王朝の最後の首都であったマンダレーの港から遡行すること三時間ほど、乾季のため船着き場から平地まで六、七メートルも上った先にラッカセイ畑が広がり、高床式の民家が並んでいる。全員がビルマ族で三〇〇軒ほどのうち、川漁師は五〇軒くらいだという。あちこちに網が干してあり、牛がつながれている下を鶏が走り回っている。イルカが現われるという場所は村からさらにさかのぼった先にある。漁は雨季に入って水量が増えてから本格化するが、雨季まっさかりの七・八月にはイルカは下流のミングンパゴダのあたりの広い水面に集まり、五〇頭ほどになっていたことがあるという。漁は午前九時ころと、午後の三時過ぎの二回で、ナマズの仲間などが二ビス（三・二キログラム）ほど捕れるという。現場に連れて行ってもらい、漁獲はあてにしないことにして、しばらく待っていると、黒い背中が浮き沈みするのがみえた。いつもの六頭の群れだそうだ。舳先《へさき》に立った漁師が束ねた投網を上下させて船底でトン、トン、トンと音を立て、さらにコロ、コロ、コロ、コロ、コロと高い声を出した。丸い頭がいくつか現れる。二〇メートルほど離れているが呼吸

漁師に合図を送るイルカと網を投げる漁師
（ミャンマー、エーヤーワーディー川）

音もはっきり聞こえた。イルカたちは舳先近くの水中をグルグル回っているらしい。ときどきヒレを水面に出してバシャと音を立てる。漁師が頃合いをみて投網を投げた。ゆっくり引き寄せている向こうでは、イルカが尻尾を高く持ち上げていた。イルカに追われた魚は団子状に固まる。それを網で捕るのが人間、おこぼれを食べるのがイルカという関係が長い間続いてきたのである。

　案内してくれた漁師のウ・ティン・ゴエさん（五十五歳）は、二十五歳のころから親とともにこの漁を続けてきた。親の時代に付き合っていた六頭の群れにはそれぞれ名前がつけてあった。みんな女性名で、パーピュー（頬に白い印がある）、ジェイ（背びれがカギ型）、ミガー（尾びれが開いている）、チェマー（腹に白黒のマダラがある）などである。当時は船べりを指先で軽くたたくだけで寄ってきた。二日に一回ほどイルカと漁をするだけで船半分くらいの魚が捕れたものであったが、一〇年くらい前からこの群れはいなくなった。現在の群れと何がきっかけで親しくなったかはわからないが、それでもこれだけ近しい関係を保っているのである。周辺でいま確認できるイルカは総数六、七十頭くらいらしい。電気を使った密漁の巻き添えになったり、大型船の増加による環境の変化はイルカにとって厳しい状況だ。このあたりでは漁師とイルカの群れは世代を超えて「付き合い」をしており、双方が利益を分け合っているようにみえる。同様のカワイルカとの共同漁はメコン川でも知られている。

海でも、アフリカ西岸のモーリタニアイスラム共和国に住む海辺の民、イムラゲン族はボラ漁による収入で暮らしを支えている。ボラの漁期は、毎年十一月初めから三ヵ月間ほどだが、ボラの群れが海岸近くに来ると村人は浜に並んで棒で海面を叩く。それに呼応してハンドウイルカの群れがボラの群れを追い、張っておいた網に追い込んでくれる。イムラゲン族は回遊してくるイルカがボラを海岸に追い詰めてくれるのをひたすら待つ。イルカがこなければボラ漁は成立しないのである。

またブラジルのサンタ・カタリーナ州の海岸のラグーナという所では、海に二〇〇頭ほどいるイルカの一部が、漁師と共同で漁をする。イルカが追ってくる魚に漁師が網を打って捕らえるというものだ。すでにローマ時代、河口部から海に出ようとするボラの群れを待ち構えていたイルカの群れが浅瀬に追い上げ、漁師がそれを捕るということがプリニウスによって書きとめられている。このような事例をみるとイルカと人間とが特別な関係を結んでいるようにみえる。しかし、これはあくまでも人間側の一方的な思い込みであり、魚類が天敵であるイルカに追われて密集集団となるという生態を利用しての合理的な漁業である。日本におけるイルカマワシも広い意味ではこの類型にはいるであろう。

またジム・ノルマンは、イルカをトーテムとするアボリジニは微笑みながら恍惚状態に入り、沖合のイルカに呼びかけ捕りたい魚の種類を合図したなど、イルカと精神的交流が行われていたことを報告している（『イルカの夢時間』）。

人格を付与されたイルカ

インドシナ半島でカワイルカはヒトと「共同漁」をしていたが、アマゾン川には薄いピンク色をした肌をもつイルカがいる。これは現地の言葉でボートと呼ばれているが、オスのボートは人間の女性を誘惑するために、ハンサムな若者の格好で、白い服を着て現われる。誘惑された女性は拒むことができず、子どもが産まれたときは父親に返すために川に投げ込む。そうしないとボートに危害を加えられるという。これは無意識な人口調整法ではなかったかともいわれるが、イルカをヒトと血のつながったトーテムとみていたとも考えられるだろう。イルカをトーテムとする思想は南太平洋地域にもみられる。

藤原英司によると、ニュージーランドでは、ヒトと親しく接したイルカに固有名詞をつけて親近感を示すだけでなく、そのイルカの出没する海域において特定魚類の捕獲を禁じる法令まで公布している。最初はピイロウラス・ジャックと命名されたハナゴンドウで、一九〇四年にニュージーランド総督の名で発せられた。次は、一九九五年に人間と接触を持ち始め、海辺で子どもたちと遊び、多くの観光客を呼び込んだオポというハンドウイルカを念頭においたもので、翌年三月八日に公示された。内容はオポだけでなく、所定の保護区域内において、いかなるイルカも殺したり、苦しめたりしてはならないという内容だった。しかし、この翌日、オポの死骸が発見され、自殺か他殺かという議論がおこったという。現代の捕鯨論争においてニュージーランドやオーストラリアが厳しい態度をとっていることの背景に、このような事実があったことも考えられよう。

2　観念としてのイルカ

イルカブームの時代

現在は猫ブームである。書店には「猫本」が氾濫している。時代は「癒《いや》し」という個人的な心情を商品とし、人びともそれを購入することで一種の自己満足に陥っている。

一九九〇年代はイルカが現在の猫に相当する存在だった。イルカの美しい水中写真集など、数多くのイルカ本が出版された。『イルカの夢時間』『イルカのハッピーフェイス―海からきた愛―』『イルカと逢って、聞いたこと』『イルカが人を癒す』『イルカがほほ笑む日』などその書名をいくつかみるだけで、当時の日本人がイルカにどのようなイメージをもち、またイルカに期待していたかが判明する。これを分析した川端裕人はイルカと人間の付き合い方は三極構造をなしていると述べた。すなわち、イルカ漁を行いイルカを資源ととらえる人たち、水族館で展示されたイルカをみて楽しむ、数としてはおそらく一番多いであろう人たち、そしてイルカの「権利擁護」に心をくだく人たちという三つである。そしてイルカに精神的な癒しを求めるようなタイプの人たちは、自ら閉じてしまっているという意味で、この三極から離れた「場外」に位置するとした。

しかし、今日では場外にあった人びとが、科学的な思考を停止させた情緒的集団としてイルカ保護の風潮を支えている。さらにイルカ（クジラ）をめぐる諸問題は政治や民族問題ともからんだ複雑な国際関係を背景に展開されていく。三浦淳は、イルカ（クジラ）問題のオピニオンリーダーたちの思想的背景をそれぞれ個別に概観した上で、彼らの論理の矛盾点を痛烈に批判し、「大国意識とダブルスタンダード」「反日言説としての反捕鯨」などと、イルカ（クジラ）問題が科学論として成り立ちにくい状況を活写している。ダブルスタンダードといえば、過去にはアメリカ海軍がイルカを兵器として訓練していたといわれており、最近でもロシアが同様な計画をもっていることが報じられている。

ヨーロッパ人のイルカ観

ヨーロッパ人でも、フェロー諸島の事例で明らかなようにイルカを全く食べなかったわけではない。かつて隆盛を誇った捕鯨業は鯨油が目的ではあったが、乗組員は鯨肉を食べ、イルカも捕って食べていた。森田勝昭は、新大陸アメリカに向かう移民たちがイルカ肉を食べた記録を紹介している。状況によってイルカが食材となるのは自然の成りゆきである。

しかし大多数の西欧人はギリシア神話以来、イルカに対して特別なイメージを抱いている。これについては無数ともいえる論考があるが、たとえば多田智満子は紀元二世紀のアッピアノスの「イルカを獲るとは忌むべき罪、ことさらイルカを殺す輩《ともがら》は、もはや神々に近づく資格なき者」という言葉をひくとともに、ピュタゴラスが唱えた輪廻《りんね》説に、人間の霊魂はその転生の過程でイルカの段階を通過し、初めて魂はより高い生へと生まれかわることができる、つまりイルカはこの意味で「魂の子宮」とも考えられようという。多田はイルカを愛し、宗教的崇敬の念をさえ抱いていた古代ギリシア以来の伝統は、キリスト教の伝播以降も感情的な底流として今もヨーロッパ人の間に生き続けている。だからイルカ殺害に対する彼らの「ヒステリックなまでの反応」は、「古代に培われたイルカへの深い思い入れを知らないかぎり、なかなか理解しがたいものであろう」と述べる。

西欧人の動物観について河島基弘は「十七世紀までの西洋では、動物は人間のために創造されたものであって、固有の価値を持たないと広く信じられていた」が、人間と動物には根本的な違いはないという思想が、進化論や解剖など科学分野の発展のなかから生まれたと整理している。そして一八二四年にイギリスに動物虐待防止協会が設立されて以降、動物の福祉、さらには動物権という概念が生まれ、「種差別」を糾弾する運動がおこった。これはひとり動物だけでなく、「男女差別や人種差別と同じ範疇《はんちゅう》に属する概念」であった。

この動物観は思想的には普遍的な意義を有するようにみえる。しかし現実にヒトが生き物を殺して食べる以上、ヒトと動物との間には絶対的な境界があるし、またその境界を認めなければヒトは生存できないという冷徹な認識が求められる。しかもヒトとの境界の向こう側にあるとされる動物たちの間でも、獣と家畜との違いはどこにあるのか、さらには、殺されるときに痛みを感じるか、どの程度の痛みなら許容できるかなど、果てしない議論へと入り込んでしまう。

野蛮人とイルカ

森田勝昭はメディアホエールという興味深い概念を提示した。それは版画やポスターで人気の高いラッセンの環境絵画に描かれたような鯨に関して、鯨の知性の研究などという科学的な装いが施され、高度現実感をもった映像などに、破綻のみえる現代が求める知性や瞑想《めいそう》、愛などが盛り込まれた「高エネルギーのイメージ群」であり、メディアの流す鯨像には、この「神」を強要するイデオロギーが含ま

「ザ・コーヴ」の舞台となった入江（和歌山県太地町）

れていると指摘する。
　このホエールはドルフィンと置き換えることもできる。イルカの愛すべき容姿や行動には多くの人をひきつける魅力があるし、さらに青い海原を自在に遊弋《ゆうよく》するイルカの写真や絵画が加われば、イルカを捕らえたり、ましては食べるなど、とても考えられないという風潮が広まるのも無理はない。さらに森田の言をかりれば、一九七〇年代以降になると鯨・イルカ食は「悪」という概念ができあがり、それは人間の文化の自己破壊、人間中心主義の倫理を否定する「未開人」の行為、つまりカニバリズムととらえられるようになったというのである。
　このようなイルカ像に現実のイルカ追い込み漁を重ね合わせ、強烈な感情移入のもとに自らの運動の正当化を図ったのが、映画「ザ・コーヴ」である。この映画は、二〇一〇年にアカデミー賞長編ドキュメンタリー賞を受賞した。その内容は、アメリカ人動物愛護家リック・オバリー（テレビで大人気を博した「わんぱくフリッパー」でイルカの調教を担当し、のち保護運動に転じた）とその仲間が和歌山県の太地のイルカ追い込み漁の現場に潜入し、現地の反対にもかかわらず、隠し撮りなども駆使し入江（コーヴ）で行われるイルカ捕獲の様子をまとめたものである。合間には、イルカ肉が水銀に汚染されているという情報を水俣病《みなまたびょう》に重ねたり、国際捕鯨委員会でのやりとりなども挿入し、全体を通じてイルカ漁廃絶の主張をきわめて主観的にまとめたものであった。映画の基本姿勢については、ドキュメンタリーとは名ばかりの秘境探検物語で、日本人を未開人と見立てた「西洋人による文化的帝国主義のにおいがぷんぷんする」（『朝日新聞』）、「根底に文化的な人種差別」（『中日新聞』）という批評もなされている。運動家たちの行動は、太地の現状やイルカ漁の歴史を知らない観客には、まさに文明からほど遠い原住民のイルカ殺しの習慣を糾弾する正義の勇者たちの大活劇と受けとられただろう。イルカの血で海面が赤く染まるシーンは、日本人に対してもイルカ漁に対する嫌悪感を最大限にかきたてる効果があった。だが、太地でイルカ漁に携わる漁師と長年にわたって交流し、イルカ漁を密着調査してきた関口雄祐は、この映画を「イルカ漁への反対をもりあげるための煽動」と断じている。

実際にイルカ漁を行っている人々の暮らしに入り込み体験的に漁のありようを認識すれば、イルカ漁に対する理解は深まる。国立民族学博物館の岸上伸啓らは、「クジラを捕ることや食べることは本当に悪いことなのか」という問いかけのもとに研究会を開き、多くのフィールドワーカーの研究報告を集成している。これは乱獲に至った近代の商業捕鯨以前の鯨類とヒトとの関係、具体的には動物を捕って食うというヒトが生存のために繰り返してきたことを客観的な事実として明らかにする成果である。

「ザ・コーヴ」の日本公開が決まると、保守系団体がこの映画を反日的だとして反対運動をおこし、上映中止を決めた館もあったことから表現の自由という普遍的な命題がからみ、一映画のレベルを超えた社会問題にも発展した（たとえば、『創』二〇一〇年八月号）。この映画が話題になる前には日本人の多くがイルカ追い込み漁には全く関心がなかったし、イルカを食べることすら知らなかった人が多い。その

表 21　太地における追い込み漁によるイルカ捕獲頭数と生体販売頭数
（生体販売数／全捕獲頭数）

種類	2014 年度捕獲枠	同 2015 年	2005 年	2006 年	2007 年	2008 年
マゴンドウ	147	117	2/40	8/198	5/243	1/99
スジイルカ	450	450	2/397	479	384	5/535
ハンドウイルカ	509	462	36/285	80/285	77/300	57/297
ハナゴンドウ	261	256	340	232	8/312	8/216
マダライルカ	400	400		13/400		6/329
オキゴンドウ	70	70		24/30		
カマイルカ	134	134				16/21

種類	2009 年	2010 年	2011 年	2012 年	2013 年	2014 年
マゴンドウ	1/219		6/74	7/172	1/88	2/41
スジイルカ	321	2/458	8/406	2/508	1/498	367
ハンドウイルカ	98/352	168/395	25/76	131/186	84/190	78/172
ハナゴンドウ	8/336	10/271	17/273	24/188	12/298	7/260
マダライルカ		16/125	2/106	98	45/126	35/145
オキゴンドウ			10/17			
カマイルカ	13/14	17/27	21/24	2/2	29/39	4/5

水産庁・国立研究開発法人　水産研究・教育機構「平成 27 年度国際漁業資源の現況」より作成。

意味では、日本におけるイルカ漁の一面を国民に知らしめたということはいえる。

　西欧人がイルカに対して特別な思い入れをもってきたことは理解できる。だが、日本においてもそれとは異なるイルカ観のもとでイルカとの関係を培ってきた。もし、一方的に西欧的な発想に従うことを強制されるならば、それは「文化帝国主義」そのものだろう。それに対して、日本人はイルカの供養をし、自然から授かった命に対する感謝の念を以て食べているではないか、という強い反論がある。しかしこれは西欧人のイルカは優れた動物だから殺してはいけないというイルカ保護論の裏返しに過ぎないということに気づかねばならない。いずれも心情的、感覚的な言説、という共通点があるからだ。

　この論理では埋めることができない差異は、イルカに限らず民族や宗教などの多様性の表出に過ぎないのである。豚・牛など特定の動物食を忌避する宗教上の規制は珍しくない。しかし彼らが他の民族に対して自らの食習慣を強制することはない。イルカなどに対する特別な感情は、ギリシア以来の西洋人の「信仰」を下敷きにしたものであり、科学的な論理を持たないものである。加えるにクジラ・イルカを地球環境問題のシンボルにまつり上げただけでなく、環境ビジネスとも揶揄《やゆ》されるようなプロ集団の活動が、事態を複雑化させている。イルカに対する偏愛も、この流れの中に位置づけられよう。

この節の最後に、太地のイルカ漁についての客観的な数値をあげておこう。さきに全国におけるイルカ漁捕獲枠を示したが、そのうち静岡県伊東市の富戸《ふと》（伊東漁協）では追込み漁の捕獲枠はあるものの平成十六年度（二〇〇四）以降は捕獲実績はない。したがって生体販売を行っているのは太地のみである。表によれば生体販売が圧倒的に多いのがハンドウイルカであるが、これは最も親しまれている種類であり、捕獲後は生簀《いけす》で給餌しながら飼育に適応させたうえで、世界各国に運ばれていく。本書冒頭で追い込み漁によって捕獲されたイルカを日本動物園水族館協会加入の水族館で入手しないことになったことをみたが、協会非加盟の施設には出荷される。ちなみに平成二十七年（二〇一五）度漁期には九三六頭が捕獲され、このうちハンドウイルカなど一一七頭が販売された。最近五年間の平均は年間一五〇頭ほどだという（『産経新聞』二〇一六年五月十三日）。

3　食べ物としてのイルカ

食材の嗜好と嫌悪感

かつてのイルカブームのさなか、野崎友璃香は「私の住む東京からわずか一五〇キロくらいしか離れていないところで、イルカが殺され、食べられている」と驚き、自ら静岡県伊東市までやって来てイルカ漁の残酷さに驚く。後日送られてきたイルカを食べて「まるで人肉を食べるような辛い体験だった」けれど味という観点では、イルカの肉は私たちの食生活に必要ではないと書いている。同じ言語を話し、しかも居住地から「わずか一五〇キロ」しか離れていない所に住む人間が理解できないことを世界に求めることがいかに困難であるかがよくわかる。

何を食べるか、という点に限ればイルカよりもはるかにヒトと親しい関係を作ってきた犬を食べる習慣も珍しいものではない。ベトナムのハノイ市内では街頭の店で犬肉を売っているし、ラオスや韓国などでも犬肉食は珍しくない。中国広西チワン族自治区玉林市では毎年の夏至に「犬肉祭」が行われ、大量の犬が食用に供されている。ちなみに犬肉は一頭あたり一〇〇〜一六〇元だという(『産経新聞』二〇一六年六月二十二日)。日本でも、むかしから赤犬は美味いということはよく聞かれ、中世には犬食もかなり一般的だったらしい。現在は特別天然記念物であるツシマヤマネコも以前は食用に供されていた。どんな生き物を食べるかは、地域によっても時代によっても千差万別である。筆者のミャンマー山岳地帯での体験でいっても、犬・ネズミ・カエル・甲虫類の幼虫・アリ・セミなど、手近な食材として市場で入手できる。一般的な感覚からすれば、何となく忌避したくなるが、考えてみれば、イナゴ、蜂の子、蚕のサナギなど昆虫食は私たちの身近にある。ヒトはヒト以外の生物すべてを食資源としてきたことを、あらためて確認しておきたい。

食べ物の本質と将来の食資源

食物という漢字は、クイモノ・タベモノという二通りの読み方ができる。クイモノと読めば、「人をクイモノにする」「クイモノがねえぞ」などというように、何となく下品な感じがするが、タベモノにはそんな印象はない。もともと「食う」は口中に物を入れ噛んで腹中に納めるという単純な行動を意味するが、タベモノの「食べる」は、「たぶ」すなわち「賜」が語源であり、上位の者から飲食物をいただくという謙譲語として用いられた。食物の確保が天候などの自然現象によって左右される時代にあっては、食べ物は人智を超えた天の賜物、具体的には超自然であるカミから与えられたものであると認識された。「いただきます」という言葉は、まさに「たべもの」をいただくという意味である。この感覚は、日本人だけのものではなく、キリスト教徒が食前に捧げる神への祈りとも共通するものであろう。食は常に自然（カミ）との対話の中にある。

ヒトは食物連鎖の頂点に君臨する。ヒト以外の生物はすべてヒトの食の対象となるということである。しかし何を食べるのかはヒトが住んでいる地域の生態系によって規定され、さらにその中で信仰上の規制が働いたり、個人の嗜好によっても選択され時代によっても変化する。現代ベトナムの若者は犬食は若者には時代遅れだといい、日本でもイルカ食や鯨食は今や少数派である。しかし、だからといって捕ってはいけない、食べてはいけないというのは論理の飛躍であり、価値観の押しつけとなる。

ここで考えておかねばならないのは、近い将来、世界的な食料危機到来が予測されているという現実である。すでに昆虫食が勧められるような時代になってきている。すべての食素材は、地球規模での資源管理の対象にせざるを得なくなるであろう。そのためには常に科学的方法により、つまりは宗教や民族の嗜好を超越した国際的合意のもとにあらゆる食素材の現状把握と資源量の予測を行っていく必要がある。調査捕鯨はそのためにある。

SF作家アーサー・C・クラークが一九五七年に出版した『海底牧場』（邦訳はハヤカワ文庫、一九七七年など）では、タンパク質資源として大量の鯨を管理し鯨乳を採取したり食肉処理している海底牧場の様子が描かれ、予測される世界的な食料不足についての鋭い問題意識がうかがわれる。食肉処理については批判的ではあるが、食資源として鯨類を活用するという発想は何も日本人だけのものではないことがわかる。

クジラを護れずしてどうして地球が護れるのか、という言説はプロパガンダとしては非常にわかりやすい。だが、イルカやクジラという特定の種だけを護ることがなぜ、他の野生動物以上に地球環境を護ることになるのかという説明はできない。もし個々の種についての保護活動を具体的な行動で示すということならば、鯨類よりもアフリカゾウの将来の方が深刻である。自らに危害が及ばないという前提で捕鯨船に突っ込んでくる人たちは、象を撃ち殺し象牙だけを切り取る密猟者の銃の前に立ちはだかるのが先ではないか。

私たちがクジラ・イルカに対してとるべき態度は、鯨類を含む全生物を絶滅からどう守るか、さらには食資源としてどのように管理していくかという、普遍的な目的をもった内容へと深めていくことだろう。他の生命をいただいて生存してきた人類は、この避けることのできない現実を受けとめることで、動物との関係を再構築していくしかない。イルカもまたヒト以外のすべての動物の一つにすぎないからである。

あとがき

イルカ追い込み漁を行っていた地区は、ほぼ例外なく深く入りこんだ小湾の浜辺に沿っている。二〇〇五年に訪れた岩手県大船渡市赤崎の志田良子さんの家は、かつてイルカ漁の瀬主《せぬし》（網元）をしており、村落挙げての追い込み漁に際して経理や終了後の宴会のヤドにもなっていた。志田さんのお宅に保存されていた近世から近代に至るイルカ漁関係の文書は、漁の実態や漁獲物の配分を詳細に示す貴重な記録であり、本文にもその目録を掲載してある。志田家の母屋はさすがに豪壮な造りで、背後に立派な庭園があった。ときたま、そこに鹿が顔を出すそうだ。

「ずいぶん大きい建物ですね」

「これでも明治の大津波で傷んでしまったので、何割か縮小したのですよ」

と言われた。そういえばお宅近くの海岸に丙申（一八九六年）大海嘯《だいかいしょう》の慰霊碑があった。まさに史上名高い三陸大津波の被災地だったのである。

そして二〇一一年三月十一日、東日本大震災。大船渡湾の沿岸も壊滅的被害を受けたと報じられた。もちろん志田さんの消息はわからない。震災後何日目だったか、たまたまカーラジオから志田良子さんの名前が流れてきて、思わずドキンとした。「おばあちゃん、連絡がとれないけど元気ですか」という、お孫さんからの呼びかけの便りだった。その後、御無事であったことがわかり、先般、お宅にうかがってお元気な顔を拝見した。あの住まいは、流されはしなかったが向きが変わってしまい、修繕もできないので取り壊し、少し高い場所に小ぶりな家を新築したのだという。イルカ関係の文書も流失は免れたものの濡れてしまったので、一枚一枚丁寧に乾かしたということだった。

大船渡市の北に位置する下閉伊郡山田町大浦の郷土史研究家、川端弘之さんのお宅にも何度か伺って、そのたびに貴重な資料を御提供いただいた。その川端家も被災した。あの日、弘之さんは図書館に来ていて自分の車が津波に浸かるのを見ていた。奥さんは高所にあった親戚に行っていたため、お二人とも無事だった。その後、御夫婦は長い間仮設住宅にお住まいだったが、つい先日、ようやく元の場所に家を建てることができましたというお便りをいただいた。お二人の仮住まいは五年に及んだ。

イルカ追い込み漁に適した地形は、そのまま津波被害想定地区にあてはまる。近代になってから最もイルカ追い込み漁が盛んであった伊豆半島の駿河湾側も同じような地形であり、震災後一斉に発表された津波高の想定で二〇《メートル》以上とされた所もある。ときに数千頭を捕獲できる追い込み漁の僥倖《ぎょうこう》は、このような自然の脅威と引き換えにもたらされるものでもあった。

私がイルカ追い込み漁に関心を持つにいたった理由は本書冒頭に記したとおりだが、じつは柳田国男の説くところの海上の道につながる「海豚参詣」という民俗の研究にも、大きな魅力を感じていた。沖合を群行するイルカの背後に、遙かな南の故郷への思いを重ね合わせるという、ロマンにあふれた主題である。これについては必ずしも柳田の仮説どおりにはいかず、たいへん即物的な叙述になってしまったが、イルカをめぐる歴史的事実を積み重ねるという意味では、なにがしかの貢献ができたのではないか。新たな視点にたった後輩諸氏の研究に期待したい。

いっぽう、イルカ追い込み漁の実態についての現地調査を重ねるなかで、イルカに対する認識が、当事者と非当事者（無数の心情派を含む）との間で決定的に異なっているということを痛感した。自分のなかでは、イルカを可愛いと思う心情と、イルカを食べるということには何の矛盾もない。その意味では、当事者に準じる立場にあるといえるだろう。だが私の胸に内在する、この相反するような素朴な感覚は、じつはヒトと食という関係を考える上で、もっとも基本的なことではないだろうか。私たちは身近にいる牛や豚にやさしい視線を注ぎながら、夕食にはその肉を賞味する。イルカやクジラだけが特別であるとは思えない。動物に対して自らの主義主張による接し方をするのは全く自由だが、その価値観や感覚を他に押し付けては対話は成り立たない。今では不可侵の地位を与えられてしまったようにみえるイルカであるが、そのイルカを題材にすることで、逆に他の生命を奪わなければ生きていけないヒトという存在をあらためて認識させられた。その意味で本書が、近い将来に必ず直面するであろう食の問題を考えるうえでの基礎的な資料の一つになれば望外の幸せである。

最後に、厳しい出版事情のなかで、前著『番茶と庶民喫茶史』に引き続いて一書にまとめてくださった吉川弘文館および編集担当の皆様の御苦労に対し、心より御礼申し上げる。

平成二十八年十一月吉日

中村羊一郎

参考文献

本書は筆者による次の論考を総合して書き下ろした。本書では左記に掲載してある詳細な注及び海豚組合の規約や関連文書の多くは省略した。

「イルカ漁とイルカ食」(『季刊 Vesta』二一号)味の素食文化センター、一九九五年
「「イルカ参詣」とイルカ祭祀」(『静岡県民俗学会誌』二三号)二〇〇四年
「玄界灘におけるイルカ漁と漁業組織」(『静岡産業大学国際情報学部研究紀要』七号)二〇〇五年
「対馬におけるイルカ漁の歴史と民俗」(『静岡産業大学情報学部研究紀要』八号)二〇〇六年
「陸中海岸におけるイルカ漁の歴史と民俗 上」(同九号)二〇〇七年
「陸中海岸におけるイルカ漁の歴史と民俗 下」(同一〇号)二〇〇八年
「沖縄県名護湾におけるイルカ追い込み漁の歴史と民俗」(同一一号)二〇〇九年
「長門国青海島におけるイルカ漁の歴史と民俗」(同一二号)二〇一〇年
「丹後国伊根におけるイルカ漁と漁株制」(同一三号)二〇一一年
「沼津市内浦及び西伊豆町田子におけるイルカ追込み漁について」(同一四号)二〇一二年

以下、本文中に執筆者名を掲げた文献を中心に主要参考文献をあげる。自治体史は省略した。

秋道智彌『クジラとヒトの民族誌』東京大学出版会、一九九四年
浅賀良一「安良里とイルカ漁」『伊豆における漁撈習俗調査I』、静岡県教育委員会、一九八六年
阿比留嘉博「対馬のイルカ漁」(『えとのす』三〇号)新日本教育図書、一九八六年

アンソニー・マーティン編著、粕谷俊雄監訳『クジラ・イルカ大図鑑』平凡社、一九九一年
伊豆川浅吉「近畿・中部地方に於ける鯨肉利用調査の報告概要」(『日本民俗文化資料集成一八　鯨・イルカの民俗』)三一書房、一九九七年
井上こみち『海からの使者イルカ』ライトプレス出版社、一九九一年
岩崎浅之助編『赤崎村史料』赤崎村、一九一九年
岩崎英精『丹後伊根浦漁業史』伊根漁業共同組合、一九五五年
潮見俊隆『漁村の構造』岩波書店、一九五四年
宇田川洋『イオマンテの考古学』東京大学出版会、一九八九年
内田詮三「沖縄近海の海生哺乳類と板鰓類」(『生物の科学　遺伝』一九九〇年四月号)裳華房、一九九〇年
宇野脩平編著『陸前唐桑の史料―日本漁村史料　第二集―』常民文化研究第七二、日本常民文化研究所、一九五五年
江後迪子『信長のおもてなし―中世食べ物百科―』(歴史文化ライブラリー)吉川弘文館、二〇〇七年
大高吟之助『伊東漁業史』上巻、私家版、一九七〇年
大田区立郷土博物館特別展図録『明治時代の水産絵図』一九九五年
小川鼎三『鯨の話』文芸春秋、二〇一六年(初出中央公論社、一九五〇年)
沖縄県水産試験場『沖縄県の漁具・漁法』一九八六年
折口信夫「民俗史観における他界観念」全集第一六巻、中央公論社、一九六六年
粕谷俊雄『イルカ―小型鯨類の保全生物学―』東京大学出版会、二〇一一年

賀茂村教育委員会『賀茂村誌資料第二集　あらりのいるか漁編』二〇〇〇年
川島秀一『追込漁』（ものと人間の文化史）法政大学出版局、二〇〇八年
河島基弘『神聖なる海獣―なぜ鯨が西洋で特別扱いされるのか―』ナカニシヤ出版、二〇一一年
川端裕人『イルカとぼくらの微妙な関係』時事通信社、一九九七年
岸上伸啓編著『捕鯨の文化人類学』成山堂書店、二〇一二年
北見俊夫『日本海島文化の研究―民俗風土論的考察―』法政大学出版局、一九八九年
釧路市立郷土博物館『釧路市立郷土博物館報』一九六六年六月号
栗野克己・永浜真理子「相模湾のイルカ猟―伊東市井戸川遺跡を中心に―」（『季刊考古学』一一号）雄山閣、一九八五年
後藤江村『伊豆伝説集』郷土研究社、一九三一年
斎藤秀治『伊東漁業史（稿本）』
佐野賢治『宝は田から―〝しあわせ〟の農村民俗誌　山形県米沢―』春風社、二〇一六年
沢四郎『釧路の先史』釧路市、一九八七年
静岡県漁業組合取締所『静岡県水産誌』静岡県図書館協会復刻、一九八四年（原本は一八九四年刊行）
渋沢敬三編著『豆州内浦漁民史料』全四冊、アチックミューゼァム彙報一九三七年（『日本常民生活資料叢書』一五～一七巻収載）三一書房、一九七二～七三年
下野敏見『トビウオ招き』八重岳書房、一九八四年
祖田修『鳥獣害　動物たちと、どう向き合うか』岩波書店、二〇一六年

関口雄祐『イルカを食べちゃダメですか―科学者の追い込み漁体験記―』光文社、二〇一〇年
高橋美貴『近世漁業社会史の研究―近代前期漁業政策の展開と成り立ち―』清文堂出版、一九九五年
竹川大介「イルカ漁の一日―狩猟の正体あるいは幸福をめぐって―」(『季刊民族学』一九―四)千里文化財団、一九九五年
竹川大介「ソロモン諸島のイルカ漁―イルカの群を石の音で追込む漁撈技術―」『動物考古学』一九九五年四号
多田智満子『動物の宇宙誌』青土社、二〇〇〇年
田辺悟『イルカ(海豚)』(ものと人間の文化史)法政大学出版局、二〇一一年
谷川健一「『古琉球』以前の世界」網野善彦ほか共著『海と列島文化―琉球弧の世界―』六、小学館、一九九二年
谷川健一『神・人間・動物―伝承を生きる世界―』(講談社学術文庫)一九八六年
谷川健一『民俗の思想―常民の世界観と死生観―』(同時代ライブラリー)岩波書店、一九九六年
谷川健一編『日本民俗文化資料集成一八　鯨・イルカの民俗』三一書房、一九九七年
永岡治『伊豆水軍物語』中公新書、一九八二年
中園成生・安永浩『鯨取り絵物語』弦書房、二〇〇九年
中村生雄『祭祀と供犠―日本人の自然観・動物観―』法藏館、二〇〇一年
中山友則『有川鯨組の推移』私家版
名護市立博物館『ピトゥと名護人』一九九四年(このうち「ピトゥ座談会」のみ谷川健一編『日本民俗文化

資料集成一八』に収載)
西沢利栄・小池洋一『アマゾン―生態と開発―』岩波書店、一九九二年
西村次彦『五島魚目郷土史』西村次彦遺稿編纂会、一九六七年
西脇昌治・内田詮三「沖縄のイルカ漁」(『琉球大学理工学部紀要』理学編二三号)一九七七年
農商務省水産局『日本水産捕採誌』岩崎美術社、一九八三年(原本は一九一一~一二年刊行)
農商務省水産局『日本水産製品誌』岩崎美術社、一九八三年(原本は一九一三~一六年刊行)
能生町教育委員会『能生白山神社春の大祭』一九八二年
能生町図書館『おらが村の昔語り』一九九六年
能登町教育委員会『真脇遺跡・本編』一九八六年
野崎友璃香『イルカと逢って、聞いたこと』講談社、一九九八年
野本寛一『生態民俗学序説』白水社、一九八七年
萩原左人「ピトゥの民俗誌」(『名護市史・本編九　民俗Ⅰ』)二〇〇一年
羽原又吉『日本漁業経済史』上巻、岩波書店、一九五二年
日野義彦『対馬拾遺―国境に生きる人々―』創言社、一九八五年
福木洋一「イルカ漁(伊東市富戸)」(『静岡県史民俗調査報告書第六集・富戸の民俗―伊東市―』)静岡県、一九八八年
福木洋一「イルカ漁について(伊東市川奈)」『伊豆における漁撈習俗調査Ⅱ』静岡県教育委員会、一九八七年

福田英一「戦国期駿河湾における漁業生産と漁獲物の上納―駿河国駿東郡口野五カ村を中心として―」(『中央史学』一八号)一九九五年三月
藤井弘章「地域差と時代差からみたウミガメの民俗―海村・離島追跡調査から―」(『民俗学研究所紀要』二五号)二〇〇一年
藤原英司『海からの使者イルカ』(朝日文庫)一九九三年(元版は一九八〇年)
フリードマン(M・R)編著、高橋順一訳『くじらの文化人類学―日本の小型沿岸捕鯨―』海鳴社、一九八九年
松崎憲三『現代供養論考　ヒト・モノ・動植物の慰霊』慶友社、二〇〇四年
松原新之助『沖縄群島水産誌』(出版社不明)、一八八九年
三浦淳『鯨とイルカの文化政治学』洋泉社、二〇〇九年
三重県勧業課『三重県水産図解』海の博物館、一九八四年(原本は一八八三年成立)
美津島の自然と文化を守る会『対馬の村々の海豚捕り記』一九八七年
美津島の自然と文化を守る会『美津島の自然と文化(第三輯)』一九八五年
宮田登「日本民俗論―海からの視点」(『岩波講座　日本通史』第一巻―日本列島と人類社会―)岩波書店、一九九三年
宮本常一『対馬漁業史』(著作集二八)未来社、一九八三年
宮脇和人・細川隆雄『鯨塚からみえてくる日本人の心―豊後水道海域の鯨の記憶をたどって―』農林統計出版、二〇〇八年
村山司『イルカ―生態、六感、人との関わり―』中央公論新社、二〇〇九年

森田勝昭『鯨と捕鯨の文化史』名古屋大学出版会、一九九四年
柳田國男『海上の道』(『柳田國男全集』一)ちくま文庫、一九八九年(原本は一九六一年刊行)
山本英康「海生哺乳類と人との関係」(名護市歴史博物館編『ピトゥと名護人』)一九九四年
吉岡逸夫『白人はイルカを食べてもOKで日本人はNGの本当の理由』講談社、二〇一一年
渡邊洋之『捕鯨問題の歴史社会学―近代日本におけるクジラと人間―』東信堂、二〇〇六年

索　引

あ 行

か　行

さ行

た　行

な　行

は　行

ま　行

や　行

ら　行

わ　行

図版一覧

著者略歴

一九四三年　静岡県に生まれる
一九六五年　東京教育大学文学部卒業
現在　静岡産業大学総合研究所客員研究員・博士（歴史民俗資料学）

〔主要著書〕
『茶の民俗学』（名著出版、一九九二年）
『番茶と日本人』（吉川弘文館、一九九八年）
『イルカの眼』（羽衣出版、二〇〇九年）
『ミャンマー、いまいちばん知りたい国』（東京新聞、二〇一三年）
『番茶と庶民喫茶史』（吉川弘文館、二〇一五年。平成二十七年度三徳庵茶道文化学術賞受賞）
『年中行事としきたり』（思文閣出版、二〇一六年）

イルカと日本人
追い込み漁の歴史と民俗

二〇一七年（平成二十九）二月一日　第一刷発行

著　者　中《なか》村《むら》羊《よう》一《いち》郎《ろう》
発行者　吉川道郎
発行所　株式会社　吉川弘文館
郵便番号一一三—〇〇三三
東京都文京区本郷七丁目二番八号
電話〇三—三八一三—九一五一〈代表〉
振替口座〇〇一〇〇—五—二四四番
http://www.yoshikawa-k.co.jp/
組版・製作＝本郷書房
印刷＝藤原印刷株式会社
製本＝ナショナル製本協同組合
装幀＝古川文夫

ISBN978-4-642-08305-8

番茶と庶民喫茶史

中村羊一郎著

A5判・三六八頁／八〇〇〇円（税別）

〈残部僅少〉

従来、茶文化の研究は「茶の湯」の文化や歴史を指していた。しかし「日常茶飯事」というように、茶は人々の暮らしの中で当たり前の存在である。庶民の茶（番茶）はいかなる製茶法で作られ、利用されてきたのか。茶の木のあるところ日本全国各地はもとより、中国やミャンマーなども現地調査。「食べるお茶」など、お茶の持つ独自の文化を探究する。（日本歴史民俗叢書）

事典 人と動物の考古学

西本豊弘・新美倫子編

四六判・三〇八頁／三二〇〇円

原始時代より、人は動物とともに生活してきた。発掘された骨や遺物などから、明治初頭までの人と動物との多様な関わりを描く。これまで知られることのなかった日本人と動物の歴史をわかりやすく解説する読む事典。

日本人の宗教と動物観 殺生と肉食

中村生雄著

四六判・二一四頁／二六〇〇円

人は、動物を殺し、食べることで、みずからの〝いのち〟を保っている。日本人がタブー視していた「殺生肉食」という考え方に注目し、仏教と肉食、捕鯨と鯨供養などを分析。自然や動物と日本人との関係を明らかにする。

神々と肉食の古代史

平林章仁著

四六判・二六〇頁／二八〇〇円

古来、日本人は肉食を忌み避けたとされている。だが、神話の神々は生贄を食べ、墓にも肉が供えられていた。信仰を中心に肉食の実態を解明し、のちに禁忌となる過程を考察。祭儀と肉の関係から、古代文化の実像に迫る。

馬と人の江戸時代 〈歴史文化ライブラリー〉

兼平賢治著

四六判・二二四頁／一七〇〇円

江戸時代、馬は将軍から百姓まで多様な身分の人々と寄り添い生きていた。名馬の産地、盛岡藩領の南部馬に注目。武具・農具としての役割や、人馬をとりまく自然環境を読み解き、馬と人の営みから見える江戸社会を描く。

犬の日本史 人間とともに歩んだ一万年の物語 〈読みなおす日本史〉

谷口研語著

四六判・二四〇頁／二二〇〇円

人間に歴史があるなら犬にも歴史がある。縄文犬の登場、記紀神話と白い犬、平安京の犬、中世の犬追物ブーム、南蛮犬の渡来、犬の超能力、狂犬病など、様々なエピソードで綴った、犬と人との一万年に及ぶ交流史を復刊。

犬と鷹の江戸時代 〈犬公方〉綱吉と〈鷹将軍〉吉宗 〈歴史文化ライブラリー〉

根崎光男著

四六判・二七二頁／一八〇〇円

江戸時代、犬・鷹・人間との関係には将軍権力が密接に絡み合っていた。「犬公方」綱吉や「鷹将軍」吉宗の積極的な鳥獣政策に翻弄される庶民生活。両者の諸政策を対比し、元禄～享保年間に揺れ動いた政治や文化を描く。

（価格は税別）

吉川弘文館